国家科学技术学术著作出版基金资助出版

声爆预测与低声爆设计方法

韩忠华　钱战森　乔建领　著

科学出版社

北　京

内 容 简 介

本书围绕超声速民机声爆预测与低声爆设计方法，主要对作者所在团队近十年的研究工作进行了总结。同时，为了拓展内容，给读者提供更宽广的视野，本书还对国内外相关领域的一些最新进展进行了概述。全书共七章。第 1 章为引论，介绍声爆的基本概念和主要特征，传播过程中大气效应对声爆的作用，以及声爆的影响和研究意义。第 2 章至第 5 章为声爆预测的数值模拟方法。第 2 章介绍修正线化声爆预测理论、Carlson 简化声爆预测方法和波形参数法等快速预测方法；第 3、4、5 章介绍高可信度声爆预测方法，包括基于 CFD（计算流体力学）的近场声爆计算方法、基于广义 Burgers 方程的远场传播方法和考虑大气边界层湍流效应的传播方法。第 6 章为声爆试验及测量技术，介绍声爆风洞试验和飞行试验的技术特点、难点、测量方法和关键影响因素。第 7 章为低声爆设计理论与方法，介绍低声爆反设计方法、优化设计方法、声爆抑制技术以及国外代表性的超声速民机低声爆布局方案与设计软件。

本书可作为科研院所研究人员、高等学校教师和研究生的参考书，也可作为本科生或研究生学习相关课程的辅助教材。

图书在版编目(CIP)数据

声爆预测与低声爆设计方法/韩忠华，钱战森，乔建领著. —北京：科学出版社，2022.1

ISBN 978-7-03-071315-5

Ⅰ. ①声… Ⅱ. ①韩… ②钱… ③乔… Ⅲ. ①飞机噪声-最优设计-研究 Ⅳ. ①V211

中国版本图书馆 CIP 数据核字(2022)第 004168 号

责任编辑：赵敬伟 杨 探／责任校对：彭珍珍
责任印制：吴兆东／封面设计：无极书装

科学出版社 出版
北京东黄城根北街 16 号
邮政编码：100717
http://www.sciencep.com
北京建宏印刷有限公司 印刷
科学出版社发行 各地新华书店经销
*
2022 年 1 月第 一 版 开本：720 × 1000 B5
2022 年 1 月第一次印刷 印张：14 1/4
字数：287 000

定价：158.00 元

(如有印装质量问题，我社负责调换)

序　一

自 1947 年美国 X-1 验证机首次实现超声速飞行以来，超声速飞机的发展已逾半个多世纪，世界各国已发展了大量各种用途和形式的军用飞机，但超声速飞机在民用领域的发展远不如在军用领域成熟。20 世纪苏联和欧洲其他国家曾分别发展了“协和号”和“Tu-144”的超声速民航客机，但因经济性和环保性等问题最终不得不停飞。现阶段民用航空市场仍然被高亚声速客机所垄断，虽然近年来高亚声速客机在气动外形布局及新型超临界翼型等方面不断改进，且不断吸收各种新技术来提高客机的竞争力，但却始终存在一个无法突破的速度极致问题。事实上国外关于新一代超声速民机的技术研究从未停止，特别是近年来又发起了多个研究项目。

由于历史原因，我国民航领域的技术积累相对不足。进入 21 世纪后，为了打破大型民航飞机受制于人的被动局面，我国启动了大型民用飞机研制重大专项。自国务院 2007 年批准大型飞机研制科技重大专项以来，“大型飞机”工程作为创新型标志性工程，承载着中国人民的“航空梦”。但迄今我国所发展的仍是采用亚声速巡航的常规民用客机。我国地域宽广，人口众多，随着国家“一带一路”政策的实施，与世界各国的交流日益频繁，特别是我国民用航空技术的不断进步，相信超声速民用飞机的研制也将提上日程。为此，近年来超声速民机的技术问题也逐渐得到国内相关研究机构的重视。

在空气动力学领域，超声速民航飞机的发展至少存在两个方面的关键技术问题需要解决。一是超声速飞行特有的、主要涉及环保性的声爆问题，也是这部著作的主题；二是包括低声爆的超声速气动性能优化布局设计问题。美国、俄罗斯、欧洲其他国家和地区在声爆研究上已持续了 70 余年，日本在近年来也投入了很大的力量，我国在该领域起步较晚，但近年来还是取得了较显著的进展。新一代超声速民航飞机要想成功实现商业运营，声爆这一核心瓶颈问题仍有待于进一步的突破。随着未来国际民用航空界对“绿色环保性”更为重视，声爆问题将成为新一代超声速民机商业运营的门槛，这是国际航空界的共性问题。为了总结现有研究进展，梳理进一步的研究方向，有必要在学术层面针对声爆问题进行系统性总结和论述。

该书是我国第一部关于声爆研究的较为系统的学术专著，作者是我国航空科技领域的青年工作者，从事该领域的研究已有十余年。其内容涉及声爆的基本概念、数值预测方法、地面实验方法和布局设计方法等方面，既介绍了国际同行的研究进展，也有作者自己的研究成果，既可作为该领域研究生的入门教材，也可供本领域专业人员开展深入研究的参考。

希望该书能为我国超声速民机技术发展起到促进作用，同时也呼吁更多读者关心并支持超声速民用航空技术，并积极投身我国航空强国事业发展。

李椿萱

2021 年 7 月于北京航空航天大学

序　　二

放眼全球，世界格局正发生前所未有的变化，我国面临的国际环境日益复杂。我国虽然已经稳居世界第二大经济体，但要跻身世界强国，建设航空强国成为战略需求。发展在全球范围具有竞争力的商用飞机产业，无疑是建设航空强国的重要成分，相关航空科技探索和创新的任务艰巨而急迫。

自国务院 2007 年批准了大型飞机研制科技重大专项，“大型飞机”工程成为承载着中国人民的“航空强国梦”的重大工程。迄今为止，支线客机 ARJ-21 已经营运，干线客机 C919 正在取证，宽体客机 C929 也正在研制。而未来发展更高速度的民机，成为了我国航空事业必然趋势。更快的旅行速度是人类永恒的追求，超声速民用飞机曾活跃于航空运输舞台数十年。2003 年“协和号”超声速客机退役后，美国、俄罗斯、欧洲其他国家、日本等国家和地区纷纷启动新一代超声速民机研究计划，始终致力于超声速民机重返蓝天。以美国为例，美国国家航空航天局 (NASA) 已制定“N+X”代超声速民机发展规划，预计于 2035 年左右实现下一代超声速民机的商业运营，所研制的 X-59 QueSST 超声速民机技术验证机将于 2022 年首飞。这意味着超声速民机已成为未来民用航空运输的重要方向，超声速民机的回归已有明确时间表。

超声速民机技术是航空科技领域新的战略制高点，对我国国民经济发展具有重要战略意义。2019 年，中国科协将“绿色超声速民机设计技术”列入该年度 20 个“对科学发展具有导向作用、对技术和产业创新具有关键作用的前沿科学问题和工程技术难题”。但是，总体上我国在超声速民机领域的发展思路尚不明晰，技术上明显落后于美国、俄罗斯及欧洲其他国家等航空强国和地区，尤其是相关专业技术人员的规模不到美国的十分之一，投入的研究经费更是与美国等存在量级差距，对我国发展新一代超声速民机提出了严峻的挑战，这促使我们总结人类在超声速民机技术领域的现有成果，并论证未来的发展规划。

新一代超声速民机要实现商业运营，目前仍面临一系列苛刻的技术难题，其中声爆问题是首先需要突破的核心瓶颈问题。“协和号”超声速民机商业运营失败的一项重要原因即是巨大的声爆强度遭到多国抵制。随着未来民用航空对“绿色环保性”更重视，解决声爆问题成为实现新一代超声速民机商业运营的门槛。美国已在声爆方面持续了长达约 70 年的研究，我国起步较晚，但进步显著。因此，有必要在学术层面针对声爆问题进行系统性地梳理和论述。该书应该是我国第一部关于超声速民机技术和声爆研究的学术专著，系统总结了国际国内最新研究成果，尤其是作者的研究成果，具有很高的学术价值，对于工程设计也具有重要的参考意义。

我本人对超声速民机技术研究具有浓厚兴趣，曾带领学生在 21 世纪初开始超声速民机技术的相关研究。很高兴地看到，本书作者作为年轻一代的学者，在我们这代人的研究基础上，在高可信度远场声爆预测、风洞实验与飞行试验测试、低声爆设计技术方面取得了可喜的进展。我欣然为该书作序，希望该书能为我国发展新一代超声速民机技术奠定基础和提供借鉴。

2021 年 8 月 7 日

序　三

超声速和高超声速飞行可大大减少长距离飞行时间，从而显著提高民用航空运行效率，并为乘客提供舒适便利的旅行，对全球化发展具有不可估量的意义。

1976 年 1 月“协和号”投入商业运营轰动了整个航空界，标志着超声速民机的研究尽管经历艰难，也已取得了非常先进的技术创新和进步。然而，“协和号”在运营中暴露出包括声爆在内的一些致命弱点，使之不得不于 2003 年退出航线服务。

国际上的航空强国并未中断对超声速民机发展的追求，不仅针对性地开展了相关研究，还于近期制订了未来几代超声速民机的发展规划、相应的技术要求和预估的指标。

尽管超声速民机近期还只可能是传统跨声速飞行市场的一个补充，但随着现代科技的发展，全球跨洋跨洲交流的密切，其市场前景灿烂。

声爆是超声速飞行中固有的现象，对周围环境和人们生活有很大影响，甚至有破坏作用。国际民航组织 (ICAO) 禁止民用飞机在大陆上空进行会产生可觉察声爆的超声速飞行。美国适航机构 (美国联邦航空局 (FAA)) 严禁民机在美国大陆上空进行马赫数超过 0.99 的飞行。可见，尽可能降低超声速民机产生声爆强度的方法和措施是超声速民机外形设计非常重要的关键技术之一。超声速民机的设计也必然会从低阻、增升的传统民机外形设计思想转变为低阻、增升、低声爆及满足绿色航空要求的设计思想。

我国民机设计和制造单位已成功研制出了 ARJ21 和 C919 等跨声速飞行大型客机, 熟悉和掌握了传统民机的研制规律和设计制造的先进方法。而为使我国在超声速民机研制上赶上国际航空强国，还必须重视加强对声爆现象的研究，特别是在民机设计中降低声爆强度的原理、方法、技术措施等的研究。

学术界和航空界对声爆的研究已有 70 多年的历史，取得了丰硕的研究成果。但这些成果都散布于相应的科学论文中，对初接触声爆课题的研究设计人员快速进入状态并进而全面了解造成了较大困难。正是在这种情势下，韩忠华教授等在对声爆问题进行了艰难深入研究的基础上撰写了《声爆预测与低声爆设计方法》一书。该著作全面、系统地阐述了声爆预测、实验测量和低声爆设计方法等。介绍了基于 Whitham 给出的声爆现象线性理论、Carlson 简化声爆预测方法和 Thomas 波形参数法等快速测定声爆的方法；还介绍了基于 CFD 方法计算近场流场，再求解广义 Burgers 方程计算远场传播，以获取声爆分布的高可信度方法，并进一步探讨了声波传播过程中大气湍流等影响因素；从而为飞行器设计提供了近似和精确两类估算声爆的实用方法。在此基础上，该书进一步讨论了低声爆设计的方法。介绍了较为简单的 JGSD (Jones-George-Seebass-Darden) 最小声爆线化理论及将其应用于超声速民机的低声爆外形修型设计方法；还介绍了高可信度的 CFD 反设计方法。更可贵的是：还具体给出了他们自主研发的以代理模型为基础的低声爆优化设计方法。

该书还概述了测量声爆的风洞实验和飞行试验的方法，给出了部分测量结果。这非常有助于读者明了理论、计算、实验、飞行试验等是研究声爆现象的相互依赖，互为补充的协同方法和手段。

韩忠华教授等所撰写的《声爆预测与低声爆设计方法》内容详实，理论和应用紧密结合；又重点突出，简明扼要。是对了解、研究和应用声爆现象的一本难得的优秀著作。我衷心地推荐此书给有兴趣、有志于研究声爆及其在超声速民机中应用的同仁们。

朱自强

2021 年 8 月 9 日

前　言

声爆是超声速飞行器特有的声学现象，是由激波和膨胀波系传播到地面而形成的一种强压力脉动。20 世纪 50 年代，美国飞行员耶格尔驾驶 X-1 验证机首次实现载人超声速飞行后，声爆现象受到人们广泛关注。强烈的声爆会严重影响人们的正常生活，破坏生态环境，甚至会损坏建筑物。20 世纪 70 年代中期，以“协和号”为代表的第一代超声速民机投入运营，但由于其声爆强度大、经济性差等严重问题，最终于 2003 年退役。虽然第一代超声速民机退出了历史舞台，但人类从未停止过对超声速民机技术的探索。近年来，国际上掀起了一股针对新一代绿色超声速民机的研究热潮。美国国家航空航天局 (NASA) 制定了“N+X”代超声速民机发展规划，对声爆强度做了严格限制。2019 年，中国科学技术协会将“绿色超声速民机设计技术”列为 20 个重大科学问题和工程技术难题之一，其中“绿色”的重要内涵之一是低声爆。声爆问题成为制约新一代绿色超声速民机发展的核心瓶颈问题，而如何准确预测声爆并使声爆强度降低到可接受范围是重中之重。

国际上对声爆的研究已有 70 年的历史，而国内起步于 21 世纪初。公开发表的文献表明，西北工业大学和北京航空航天大学在国内较早开展了声爆的相关研究。近年来，中国航空工业空气动力研究院、中国空气动力研究与发展中心、中国航空研究院、航空工业西安航空计算技术研究所、中国航天空气动力技术研究院等也相继启动了声爆研究。国内虽然起步较晚，但发展迅速，目前已经取得了令人振奋的研究进展。然而，针对声爆预测和低声爆设计方法的论述，常见于期刊文章和声学相关书籍中零散的章节，目前尚未见到专门的学术著作。所以，撰写本书的目的是系统地阐述声爆预测与低声爆设计的基本理论、方法及前沿技术，希望为我国发展超声速民机提供基础理论与方法支撑。

本书在内容上可分为三部分，主要介绍声爆预测方法、声爆试验测量和低声爆设计相关内容。针对超声速民机不同设计阶段的要求，本书将修正线化声爆预测理论、Carlson 简化声爆预测方法和波形参数法归为声爆的快速预测方法，而将基于 CFD (计算流体力学) 技术的近场声爆预测和基于广义 Burgers 方程的远场传播归为声爆的高可信度预测方法。本书将会在第 2~4 章分别对这两类方法进行介绍，并尽可能让读者可以参照本书去实现这些方法。当声爆穿过大气边界层时，大气湍流可能会改变原本的波形结构，为此本书将在第 5 章介绍考虑大气湍流的声爆预测方法。除数值计算方法外，试验也是声爆研究的重要手段，本书将在第 6 章详细阐述声爆的风洞试验、飞行试验及测量技术。最后，本书将在第 7 章抛砖引玉地介绍降低声爆强度的一些措施和设计方法。

本书面向已经具备高等数学、空气动力学、计算流体力学和数值分析方法等方面基本知识的读者。作为科研院所研究人员、高等学校教师和研究生的参考书，也可作为本科生或研究生相关课程的辅助教材。

感谢北京航空航天大学李椿萱院士、朱自强教授，中国航空研究院孙侠生副院长、李岩部长、徐悦副总师、张文琦主任，美国迈阿密大学 Gecheng Zha 教授，西北工业大学宋笔锋教授、宋文萍教授对本书撰写的指导和鼓励。感谢西北工业大学的冯晓强、丁玉临和张力文博士研究生，王雪鹤、范杰和陈晴硕士研究生，以及中国航空工业空气动力研究院的高级工程师冷岩和刘中臣等在本书撰写过程中的大力支持。本书工作还得到了“国家科学技术学术著作出版基金”项目的资助，在此对国家科学技术学术著作出版基金委员会表示感谢。

西北工业大学韩忠华教授为本书的主要撰写人，负责第 2、3、7 章的全部内容以及第 1、4 章的部分内容。航空工业空气动力研究院钱战森负责第 6 章的全部内容和第 1 章的部分内容。西北工业大学乔建领博士研究生负责第 5 章的全部内容和第 4 章的部分内容。

本书除了对作者所在团队十余年的研究成果进行了总结外，同时也尽力对声爆研究领域国内外最新进展进行了概述。但限于作者的经验和水平，难免存在一些不足或纰漏，敬请广大读者批评指正。

作 者

2019 年 9 月于西北工业大学、中国航空工业空气动力研究院

符 号 表

A	声线管面积
B	$B=\sqrt{Ma^2-1}$
c_0	环境大气声速
F	Whitham F 函数
h_{v}	巡航高度
K_{R}	地面反射因子
L	升力或升力分布
l	飞机长度
Ma	自由来流马赫数
P	无量纲声压，$P=p'/p_{\mathrm{ref}}$
p_∞	自由来流压强
p_0	环境大气压强
p_{v}	巡航高度压强
p_{g}	地面观测处压强
p_{ref}	参考压强
Δp	声爆超压值
$\Delta p_{\max}$	声爆超压峰值
p'	声压，与声爆超压值的定义相同；引入声压的目的是方便描述声爆传播方程
r	近场信号提取位置到飞机的距离
S	等效截面积分布
$\tilde{S}$	反等效截面积分布
S_{L}	等效截面积的升力分量
S_{V}	等效截面积的体积分量
s	声射线坐标
T_0	环境大气温度
t	波形传播的时间
t_{shock}	激波上升时间
t_{d}	声爆波形的持续时间

t'	波形的延迟时间，$t' = t - \int \mathrm{d}s/c_0$
α	攻角
β	非线性系数，$\beta = 1 + (\gamma - 1)/2$
γ	大气比热比
ρ_∞	自由来流密度
ρ_0	环境大气密度
σ	无量纲的声射线坐标
τ	无量纲延迟时间
φ	势函数
ϕ	周向角，即声爆传播的侧向角度
ψ	网格线与自由来流的夹角
ϑ	飞行航迹角

目　录

第 1 章 引　论

1.1 声爆现象

声爆是超声速飞行器特有的声学现象 [1−4]。在超声速飞行时，飞行器各个部件 (机头、机翼、尾翼和进气道等) 及发动机羽流都会对周围空气产生强烈扰动，形成一系列激波和膨胀波系。在向地面传播过程中，这些波系发生相互作用，同时受到地球大气的影响，最后在地面形成前后两道激波，如图 1.1(a) 所示。当这两道激波扫掠过地面时，观察者会听到类似爆炸的声音，所以称之为“声爆”。在头激波处，大气压缩导致压强陡增 (高于环境压强)；随后，大气膨胀使压强降低 (低于环境压强)；在尾激波处，大气再次压缩，压强恢复到环境大气水平。超压 Δp 是指声爆压强相对环境压强的增量，其在时间序列或空间序列上的分布称为声爆信号①。当飞行器作定常超声速飞行时，地面声爆信号通常呈现出类似字母“N”的形状，称为“N 型波”，如图 1.1(b) 所示。

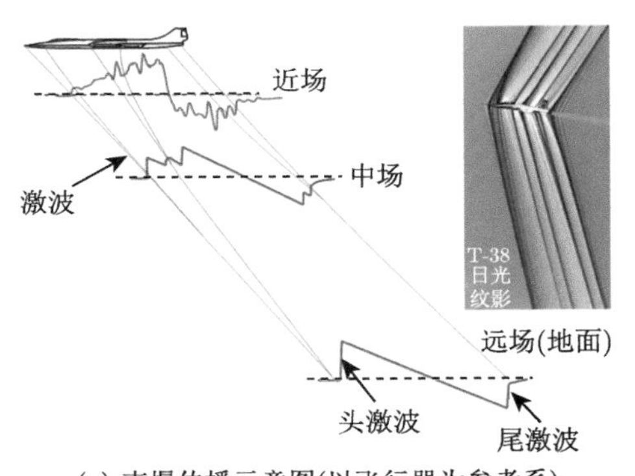

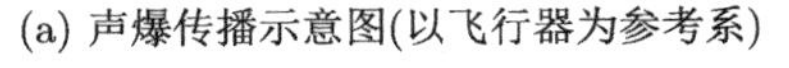
(a) 声爆传播示意图(以飞行器为参考系)

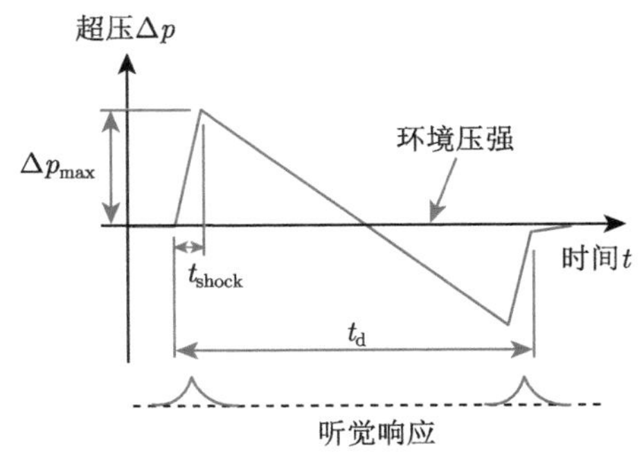

(b) “N型波”示意图(以观察者为参考系)

图 1.1　声爆“N 型波”形成及主要描述参数示意图

“N 型波”是目前声爆研究重点关注的波形之一。描述“N 型波”的参数主要有超压峰值 $\Delta p_{\max}$、激波上升时间 t_{shock} 和波形持续时间 t_{d}。超压峰值是指声爆产生的最大压强扰动与环境压强之差；激波上升时间是指激波处压强阶跃所经历

① 以飞行器为参考系时，为了更好获取部件与空间中激波、膨胀波系之间的联系，一般将超压在自由来流方向上的分布称为声爆信号；而以观察者为参考系时，考虑到观察者对声爆的听觉响应，主要将声爆信号定义为超压在时间序列上的分布。尽管在不同参考系下定义了声爆信号，但其本质上等价。

的时间；波形持续时间是指声爆扰动从开始到结束所经历的时间。这三个参数对衡量地面声爆强度、指导低声爆设计具有重要作用。尤其是激波上升时间，它对声爆的频谱分析及主观噪声等级计算具有重要影响，在声爆预测中需要加以准确模拟。典型超声速飞行器在巡航高度飞行时，地面声爆超压值的量级为 50~150 Pa (比一般的噪声强得多)，持续时间大约为几十到几百毫秒。由于存在头尾两道激波，一般情况下，人们会听到两次连续的爆炸声。然而，当持续时间小于 0.1s 时，人耳无法区分头尾激波引起的压强变化，只会听到一次爆炸声。

图 1.1(a) 是从空气动力学的角度出发，以飞行器作为参考系，来描述激波、膨胀波系的产生和传播，其好处是便于获取飞行器附近的声爆信号。然而，为了方便分析声爆在真实大气中的传播过程，一般以地面为参考系。通过引入几何声学理论中的声射线概念，追踪声爆传播的路径，使得考虑分层大气和风梯度对声爆传播的影响更加容易。图 1.2 展示了以地面为参考系来描述声爆传播过程的示意图。

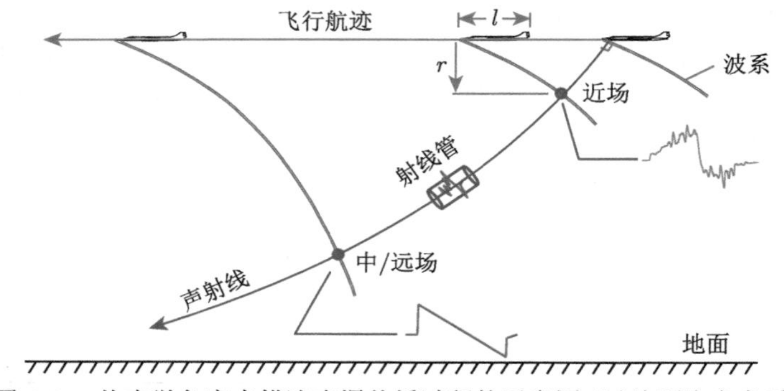

图 1.2　从声学角度来描述声爆传播过程的示意图 (以地面为参考系)

飞行器超声速巡航时，声爆对地面的影响区域称为声爆毯 (sonic boom carpet)，按形成方式主要分为初级声爆毯和次级声爆毯，其中次级声爆毯包含了二级和更高级的声爆毯。初级声爆毯由飞行器下方的声射线直接传播到地面形成，一般能在较短时间内观测到。该区域内声爆强度较大，同时也会受到飞行高度、巡航马赫数 Ma 和大气风剖面等因素的影响。次级声爆毯由飞行器上方的声射线形成和飞行器下方的声射线经地面反射后间接形成，一般在 10~15 min 后才能观测到。次级声爆的频率较低 (0.1~1.0 Hz)，人耳一般感觉不到，但能够与动物器官或建筑物发生共振，严重情况下会对生命和建筑物造成损害。二级以上声爆毯的声爆强度相对较弱，因此人们主要关心初级和二级声爆。

当飞行器做超声速机动飞行时，如加速、俯冲或转弯，一定情况下会出现激波的聚焦，地面某些观测点会观察到 “超爆” 现象。超爆的波形类似字母 “U” 形，称为“U 型波”。“U 型波”的强度一般比“N 型波”大，其超压峰值可达“N 型波”的 2~5 倍。

图 1.3 为飞行器从亚声速进入超声速再恢复到亚声速时地面声爆毯的分布情况，包含了超爆、初级声爆毯和二级声爆毯。图中声射线为声爆在大气中传播的一系列射线向垂直于飞行轨迹的平面上进行投影后的情况，展示了初级声爆毯和二级声爆毯的形成。其中，实线标识的声射线在地面覆盖的范围为初级声爆毯。由于大气存在分层效应，机体上方的声射线以及初级声爆经地面反射后的声射线，在大气中会发生向地面弯曲的现象，如图中虚线所示。声爆沿虚线标识的声射线传播到地面所形成的影响区域为次级声爆毯。在各级声爆毯之间会存在一个无声爆的区域，这一区域内没有传播到地面的声射线。

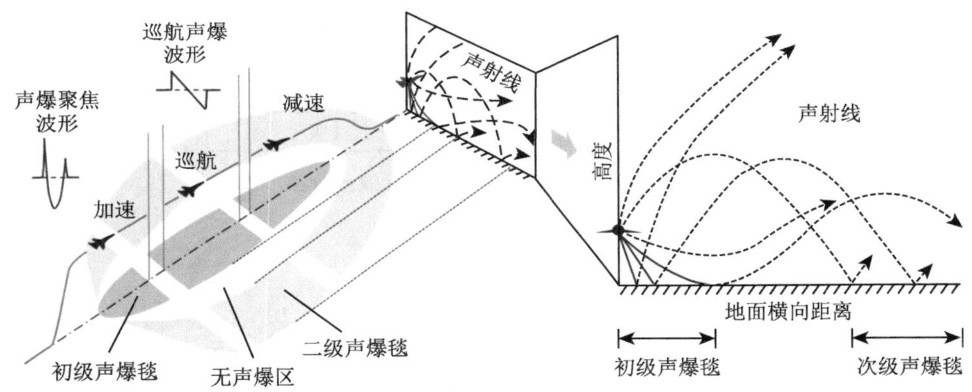

图 1.3 典型飞机地面声爆毯分布情况 [5] (由亚声速加速到超声速，然后再减速至亚声速)

鉴于超声速飞行器巡航阶段初级声爆的强度大，而且目前的低声爆设计也主要关注初级声爆毯，本书主要针对初级声爆的预测和低声爆设计展开介绍。

1.2 声爆在大气中的传播

在声爆向地面传播过程中，根据声爆信号的变化特性，可以将传播区域分成近场、中场和远场，如图 1.1(a) 所示。“近场”是指飞行器附近的区域，其范围为数倍机体长度，该区域的流动比较复杂，大气分层现象的影响很小。“中场”是指激波和膨胀波系之间发生复杂相互作用的区域，声爆信号的非线性扭曲现象明显，但信号一定程度上仍保留飞行器的扰动特征。“远场”是指波系已充分演化、声爆信号形态不会发生较大改变的区域。在实际模拟中，中场和远场并没有严格界限。

声爆在中场和远场传播时，会受到大气效应的显著影响。根据影响尺度，大气效应可以分为宏观效应、微观效应和介观效应①，如图 1.4 所示。大气宏观效应是指尺度与 “N 型波” 波长 (大约 90 m) 量级相当的影响因素 [6]，主要表现为大气分层效应和大气风效应。微观效应主要指大气分子对波形演化的影响，包含经典吸收效应与分子弛豫效应。介观效应在本书定义为尺度介于宏观和微观之间的效应，主要以呈现出随机性和多尺度特征的大气湍流效应为代表。

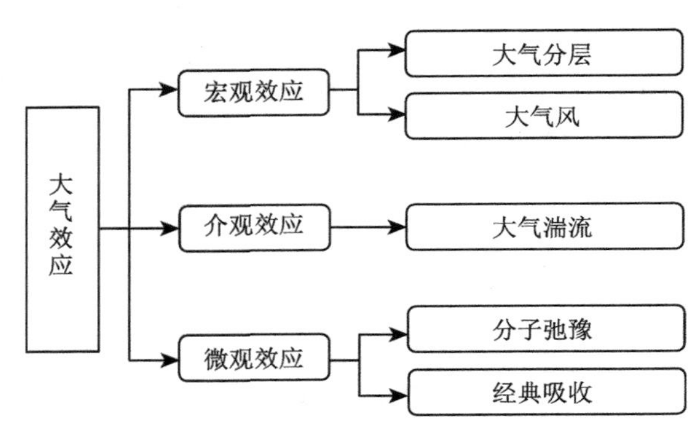

图 1.4　影响声爆传播的大气效应分类

1.2.1　大气宏观效应

对大气宏观效应的研究起步于 20 世纪 60 年代。以 Kane 为代表的研究工作者，开展了大气温度梯度和大气风剖面对声爆强度和声爆毯范围的影响研究 [7−13]。研究表明：相比于标准大气，当马赫数小于 1.5 时，较大温度梯度的地面超压峰值更大；地面声爆毯范围会随着温度梯度的增加而增加。此外还有研究表明，较大温度梯度不仅直接影响声爆信号，还会诱导产生大气风，进而会使声爆信号发生扭曲 [13]。在国内，张绎典等 [14] 通过求解广义 Burgers 方程发现低温环境有利于降低地面声爆信号的超压值。

美国开展的一系列飞行试验表明大气风会对地面波形产生较大影响 [15,16]。Pan 等 [17] 根据激波-涡片相互作用概念，模拟了飞机顺风和逆风飞行时大气对声爆传播的影响，结果与爱德华兹空军基地测得的飞行试验数据 [16] 能够定性吻合。Onyeonwu[10] 研究发现：随着飞行高度的降低，大气风梯度会增加，当逆风飞行时，地面声爆毯范围以及地面超压峰值都会减小 (图 1.5)。在国内，乔建领等 [18] 基于广义 Burgers 方程，研究表明飞机顺风飞行会增加声爆超压值，而逆风飞行时会降低超压值。Nicholls[11] 研究发现，侧向大气风会进一步增加声爆毯范围。

① 国外文献将大气效应分为宏观和微观两种，本书作了更细致的划分。

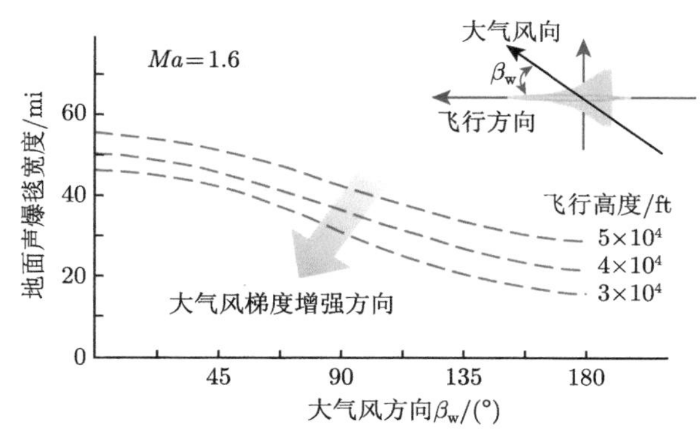

图 1.5 大气风方向对地面声爆毯宽度的影响 [10]

1mi = 1.609344km；1ft = 3.048×10^{-1}m

1.2.2 大气微观效应

大气经典吸收与分子弛豫等微观效应会对声爆信号传播产生显著影响。其中，大气经典吸收是指声爆信号能量转化成气体内能的过程，由黏性吸收、热传导吸收、扩散吸收和辐射吸收四部分构成。在正常大气环境下，前两者对波系衰减的影响更显著。分子弛豫是指能量从小扰动引起的非平衡状态向平衡状态的转换过程。转换过程不是瞬间完成的，需要一定时间，该时间称为弛豫时间。相比于大气经典吸收效应，分子弛豫效应对声爆的影响占主导。

Pielemeier 与 Henderson 等一系列研究者 [19−24] 对大气中二氧化碳、氧气和氮气等分子在不同温度和湿度条件下的弛豫现象进行了研究。通过实验分析得出，上述因素均会在一定程度上改变波形形态，由于氧气、氮气占大气成分的比例更高，其弛豫效应影响更显著。Hatanaka 等 [25] 在实验室中以 TNT 爆炸产生的球面“N 型波”为例，研究了分子弛豫效应对波形的影响。结果表明：氮气分子的弛豫效应主要降低波形超压峰值，氧气分子的弛豫效应对增加激波上升时间和降低超压峰值都起到了重要作用。针对特殊天气环境的影响，Baudoin 等 [26,27] 研究发现较厚云层能够进一步降低地面声爆信号超压值，增加波形上升时间。

1.2.3 大气介观效应

以随机、多尺度的大气湍流为代表的大气介观效应，是导致地面声爆波形变得复杂的主要因素。大气湍流主要存在于地表附近的大气边界层内 (图 1.6)，高度范围为 100~3000m[28]，其强度随季节、地形和时间等因素变化 [29]。飞行试验发现，当声爆穿过大气边界层时，大气湍流可能会使波形发生扭曲、畸变和振荡。即使在相同的声爆测量位置，当测量时间段不同时，波形形态也会存在较大差异 [30]。

21 世纪初，美国国防高级研究计划局 (DARPA) 和美国国家航空航天局

(NASA) 开展的 SSBD 等项目 [33]，以及日本宇宙航空研究开发机构 (JAXA) 开展的 D-SEND 试验 [34] 等，均为研究湍流效应提供了可靠的试验数据。近些年来，研究人员发现湍流效应会在一定程度上降低远场超压值并增加上升时间 [35−37]。而冷岩等 [38] 在模拟湍流对声爆的影响研究中发现，均匀各项同性的大气湍流效应更倾向于增强地面声爆特征。总体来看，大气湍流效应会改变声爆信号前后激波的形态，会使“N 型波”变为“P 型波”(peaked waveform) 或“R 型波”(rounded waveform)[39]，如图 1.7 所示。“P 型波”的激波峰值较大，呈现出尖峰状；而“R 型波”的激波峰值较小，呈现出圆顶状。对此，Crow[40] 和 Pierce[41] 分别提出了散射机理和折射-聚焦-衍射机理，旨在解释波形变化的原因。前者从数学角度将湍流效应与波形联系到一起，可以定量预测湍流效应对波形产生的影响，而后者主要从物理角度进行了定性解释。

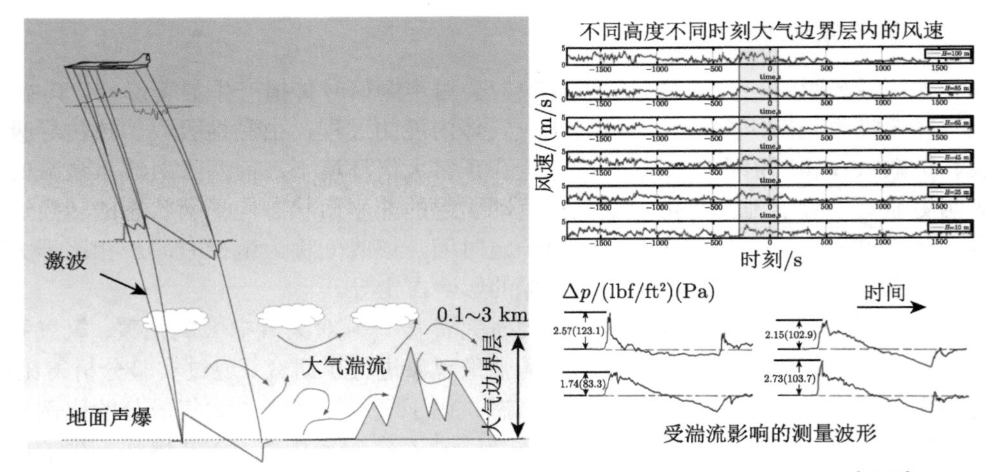

图 1.6　声爆穿过大气边界层后地面测量的扭曲、畸变和振荡波形示意图 [31,32]

1lbf/ft^2 (磅力每平方英尺) = 4.78803×10Pa

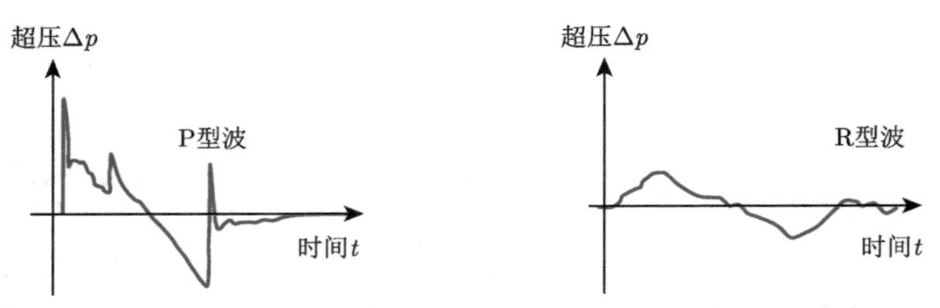

图 1.7　大气湍流作用下的“P 型波”和“R 型波”示意图 [39]

1.3 声爆的影响及研究意义

早在“协和号”飞机研制成功的初期，美国联邦航空管理局 (FAA) 就制定了关于限制民用航空器陆地上空超声速飞行的禁令，主要理由就是其产生的强烈声爆会使得人和动物受到惊吓，也可能造成建筑物的损坏。因此，“协和号”只允许在海洋上空超声速飞行。再加上航程限制，它仅能执行跨大西洋的航班，这极大地降低了经济性，削弱了商业竞争力。“协和号”最终于 2003 年退役，标志着第一代超声速民机退出了历史舞台。

近年来，NASA 针对人类对声爆的反应进行了深入研究 [42]，基于研究结果，提出了“N+1”、“N+2”和“N+3”的三代超声速民机发展规划 [43]，如表 1.1 所示。三代超声速民机低声爆飞行时，声爆强度需要控制在 70 PLdB(PLdB 是评价地面声爆强弱的单位，将在 4.3 节介绍) 以内，这相当于给出了未来超声速民机的声爆水平标准。2019 年，中国科学技术协会将“绿色超声速民机设计技术”列为 20 个重大科学问题和工程技术难题之一，而将声爆强度降低到可接受水平是“绿色”的主要内涵之一。声爆强度过大将危害严重，只有将其降低到可接受水平才允许超声速民机在大陆上空飞行。然而，降低声爆水平面临着极大的挑战。据报道，目前国际先进超声速民机方案的声爆强度在 80 PLdB 左右，与预期的 70 PLdB 还存在较大差距，并且每一分贝的减小都意味着声能量以指数形式降低。因此，声爆问题是制约新一代绿色超声速民机发展的核心瓶颈问题。

表 1.1 NASA 提出的“N+X”代超声速民机发展规划 [43]

	“N+1”代 超声速公务机	“N+2”代 小型超声速民机	“N+3”代 大型超声速民机
声爆强度/PLdB	65～70	65～70	低声爆飞行：65～70 无限制飞行：75～80
载客量/人	6～20	35～70	100～200
巡航马赫数	1.6～1.8	1.6～1.8	1.3～2.0
机场噪声/ENPdB	10	10～20	20～30

为了满足声爆强度要求，需要更深刻地认识声爆产生和传播的机理，以及更准确地预测地面声爆波形，并发展切实可行的声爆抑制技术和低声爆设计方法。国际上对声爆的研究可追溯到 20 世纪 50 年代，已经有近 70 年历史，而国内起步于 21 世纪初，仅有十余年历史。尽管起步较晚，我国在声爆远场预测和抑制技术等方面也开展了一系列研究 [1–4,14,44–54]，缩小了与国际先进水平的差距，进展令人鼓舞。

1.4　本书的主要内容和章节安排

本书立足航空科学技术发展前沿，旨在系统介绍声爆预测和低声爆设计的基本理论、方法和应用技术，内容可分为以下四个方面。

(1) 针对超声速飞行器概念设计和初步设计阶段的声爆快速评估需求，本书系统地介绍声爆快速预测方法，主要包括修正线化预测理论、Carlson 简化声爆预测方法、波形参数方法及其激波厚度修正方法。本书将给出这些方法的理论和具体实现过程，并指出需要注意的关键事项，目的是使读者参考这些步骤和方法编写出自己的声爆快速预测程序。

(2) 针对超声速飞行器初步设计阶段对声爆精确预测的需求，本书详细地介绍高可信度预测方法，包括基于 CFD 技术的近场声爆预测和基于广义 Burgers 方程的远场传播。其中，近场 CFD 计算是为了获得飞行器附近的高可信度声爆信号，而基于广义 Burgers 方程的远场传播是为了能够在较全面地反映大气效应的条件下，模拟近场声爆信号向远场 (或地面) 传播的过程。由于大气边界层湍流可能会使波形发生扭曲，本书还将拓展介绍考虑大气湍流效应的二维传播模型。其目的是让读者能够尽可能运用这些方法，来开展超声速民机声爆分析和设计研究。

(3) 试验也是声爆研究的重要手段，本书除介绍声爆的数值模拟方法外，还将较为系统地论述声爆地面风洞试验与飞行试验的相关技术和最新成果。在风洞试验中，空间超压信号测量不同于传统试验中的表面压力测量或力系数的测量，需要保证在尽量不干扰流场的情况下，获得离开飞行器表面的空间某一点或某一条线上的压力信号。而在飞行试验中，不稳定的大气条件和实时变化的飞行器姿态、航速等飞行状态，大大增加了测量难度。本书将针对这两类试验展开讨论，并给出一些影响风洞试验测量结果的关键因素，供读者参考。

(4) 在介绍完声爆的预测和试验方法后，本书将在最后给出一些低声爆设计的方法和实现手段，主要包括低声爆反设计方法、低声爆优化设计方法、声爆抑制技术，以及一些新概念低声爆布局方案和代表性设计软件。根据这些低声爆措施，很有可能在抑制声爆强度方面取得重大突破，推动新一代绿色超声速民机的研究和发展。

本书章节安排如下。

第 1 章为引论。主要介绍声爆的基本概念及主要特征，传播过程中大气效应对声爆的作用，以及声爆的影响和研究意义等。

第 2 章主要介绍声爆快速预测方法。详细给出修正线化声爆预测理论、Carlson 简化声爆预测方法、波形参数法及其激波厚度修正方法，并采用四个算例分别对这三种方法的声爆预测结果进行展示。

第 3~5 章为声爆的高可信度预测方法部分。第 3 章介绍基于 CFD 的近场声爆信号计算，包括网格生成策略和数值求解方法，并利用美国航空航天学会 (AIAA) 声爆预测研讨会的标准算例进行说明。第 4 章给出基于广义 Burgers 方程的远场声爆预测方法，重点介绍广义 Burgers 方程及其数值求解过程，并针对大气参数和近场信号提取位置对远场波形的影响展开讨论。第 5 章主要介绍考虑大气湍流效应的二维 HOWARD (heterogeneous one-way approximation for the resolution of diffraction) 方程和二维 KZK (Khokhloz-Zabolotskaya-Kuznetsov) 方程，以及相应的求解方法，讨论湍流脉动输运效应和衍射效应对声爆波形的影响。

第 6 章为声爆试验部分。系统地介绍声爆风洞试验的特点与难点、测量方法及关键影响因素，给出国内外声爆飞行试验的发展动态和主流测量方法，并展示两个声爆试验示例。

第 7 章为低声爆设计部分。详细介绍低声爆反设计方法、基于代理模型和梯度算法的低声爆优化设计方法、静音锥技术和能量注入技术，简述具有代表性的低声爆布局方案和国外设计软件。

参考文献

[1] 朱自强, 兰世隆. 超声速民机和降低音爆研究 [J]. 航空学报, 2015, 36(8): 2507-2528.

[2] 钱战森, 韩忠华. 声爆研究的现状与挑战 [J]. 空气动力学学报, 2019, 37(4): 601-619.

[3] 韩忠华, 乔建领, 丁玉临, 等. 新一代环保型超声速客机气动相关关键技术与研究进展 [J]. 空气动力学学报, 2019, 37(4): 620-635.

[4] 冯晓强. 超声速客机低声爆机理及设计方法研究 [D]. 西安: 西北工业大学, 2014.

[5] Maglieri D J, Bobbitt P J, Plotkin K J, et al. Sonic boom six decades of research: NASA SP-622 [R]. Hampton, VA: NASA, 2014.

[6] Horning W A. Sonic boom in turbulence: NASA-CR-1879 [R]. Albuquerque, NM: NASA Langley Research Center, 1971.

[7] Kane E J, Palmer T Y. Meteorological aspects of the sonic boom[R]. Boeing Co Renton Wa Airplane Div, 1964.

[8] Kane E J. Some effects of the nonuniform atmosphere on the propagation of sonic booms[J]. The Journal of the Acoustical Society of America, 1966, 39(5B): S26-S30.

[9] Friedman M P, Kane E J, Sigalla A. Effects of atmosphere and aircraft motion on the location and intensity of a sonic boom[J]. AIAA Journal, 1963, 1(6): 1327-1335.

[10] Onyeonwu R O. The effects of wind and temperature gradients on sonic boom corridors. No. UTIAS-TN-168[R]. Toronto Univ Downsview (Ontario) Inst For Aerospace Studies, 1971.

[11] Nicholls J M. Meteorological effects on the sonic bang[J]. Weather, 1970, 25(6): 265-271.

[12] Pierce A D. Atmospheric propagation at larger lateral distances from the flight track[R]. Hampton, VA: NASA Langley Research Center, 1995.

[13] Maglieri D J, Parrott T L. Atmospheric effects on sonic-boom pressure signatures[J]. Sound: Its Uses and Control, 1963, 2(4): 11-14.

[14] 张绎典, 黄江涛, 高正红. 基于增广 Burgers 方程的音爆远场计算及应用 [J]. 航空学报, 2018, 39(7): 101-112.

[15] Hilton D A, Hukel V, Maglieri D J. Sonic-boom measurements during bomber training operations in the Chicago area: NASA-TN-D-3655 [R]. Hampton, VA: NASA Langley Research Center, 1966.

[16] Maglieri D J, Hilton D A, Mc Leod N J. Summary of variations of sonic boom signatures resulting from atmospheric effects: NASA-TM-X-59633 [R]. Hampton, VA: NASA Langley Research Center, 1967.

[17] Pan Y S. Effects of winds and inhomogeneous atmosphere on sonic boom[J]. AIAA Journal, 1968, 6(7): 1393-1395.

[18] 乔建领, 韩忠华, 丁玉临, 等. 基于广义 Burgers 方程的超声速客机远场声爆高精度预测方法 [J]. 空气动力学学报, 2019, 37(4): 663-674.

[19] Knudsen V O. The absorption of sound in gases[J]. The Journal of the Acoustical Society of America, 1935, 6(4): 199-204.

[20] Knudsen V O. The absorption of sound in air, in oxygen, and in nitrogen—effects of humidity and temperature[J]. The Journal of the Acoustical Society of America, 1933, 5(2): 112-121.

[21] Henderson M C, Herzfeld K F. Effect of water vapor on the Napier frequency of oxygen and air[J]. The Journal of the Acoustical Society of America, 1965, 37(6): 986-988.

[22] Monk R G. Thermal relaxation in humid air[J]. The Journal of the Acoustical Society of America, 1969, 46(3B): 580-586.

[23] Piercy J E. Role of the vibrational relaxation of nitrogen in the absorption of sound in air[J]. The Journal of the Acoustical Society of America, 1969, 46(3B): 602-604.

[24] Greenspan M. Rotational relaxation in nitrogen, oxygen, and air[J]. The Journal of the Acoustical Society of America, 1959, 31(2): 155-160.

[25] Hatanaka K, Saito T. Numerical analysis of weak shock attenuation resulting from molecular vibrational relaxation[J]. Shock Waves, 2011, 21(2): 121-129.

[26] Baudoin M, Coulouvrat F, Thomas J L. Absorption of sonic boom by clouds[C]. AIP Conference Proceedings, AIP, 2006, 838(1): 619-622.

[27] Baudoin M, Coulouvrat F, Thomas J L. Sound, infrasound, and sonic boom absorption by atmospheric clouds[J]. The Journal of the Acoustical Society of America, 2011, 130(3): 1142-1153.

[28] Stull R B. An Introduction to Boundary Layer Meteorology[M]. Dordrecht Holland: Springer Science & Business Media, 1988.

[29] Pierce A D. Fundamental nonlinear equations of atmospheric acoustics: a synthesis of current physical models[J]. The Journal of the Acoustical Society of America, 1974, 56(S1): S42.

[30] Houbolt J C, Steiner R, Pratt K G. Dynamic Response of Airplanes to Atmospheric

Turbulence Including Flight Data on Input and Response[M]. Washington: National Aeronautics and Space Administration, 1964.

[31] Takahashi H, Kanamori M, Naka Y, et al. Statistical characterization of atmospheric turbulence behavior responsible for sonic boom waveform deformation[J]. AIAA Journal, 2018, 56(2): 673-686.

[32] Hilton D A, Huckel V, Maglieri D J. Sonic boom measurements during training operations in the Chicago area[R]. NASA TN D-3655, 1966.

[33] Plotkin K, Maglieri D, Sullivan B. Measured effects of turbulence on the loudness and waveforms of conventional and shaped minimized sonic booms[C]. 11th AIAA/CEAS Aeroacoustics Conference. 2005: 2949.

[34] Kanamori M, Takahashi T, Naka Y, et al. Numerical evaluation of effect of atmospheric turbulence on sonic boom observed in D-SEND# 2 flight test[C]. 55th AIAA Aerospace Sciences Meeting, 2017: 0278.

[35] Ukai T, Ohtani K, Obayashi S. Turbulent jet interaction with a long rise-time pressure signature[J]. Applied Acoustics, 2016, 114: 179-190.

[36] Salze E, Yuldashev P, Ollivier S, et al. Laboratory-scale experiment to study nonlinear N-wave distortion by thermal turbulence[J]. Journal of the Acoustical Society of America, 2014, 136(2): 556-566.

[37] Kim J H, Sasoh A, Matsuda A. Modulations of a weak shock wave through a turbulent slit jet[J]. Shock Waves, 2010, 20(4): 339-345.

[38] 冷岩, 钱战森, 杨龙. 均匀各向同性大气湍流对声爆传播特性的影响 [J]. 航空学报, 2020, 41(2):95-105.

[39] Pierce A D, Maglieri D J. Effects of atmospheric irregularities on sonic boom propagation[J]. The Journal of the Acoustical Society of America, 1972, 51(2C): 702-721.

[40] Crow S C. Distortion of sonic bangs by atmospheric turbulence[J]. Journal of Fluid Mechanics, 1969, 37(3): 529-563.

[41] Pierce A D. Spikes on sonic-boom pressure waveforms[J]. The Journal of the Acoustical Society of America, 1968, 44(4): 1052-1061.

[42] Leatherwood J D, Sullivan B M, Shepherd K P, et al. Summary of recent NASA studies of human response to sonic booms[J]. The Journal of the Acoustical Society of America, 2002, 111: 586-598.

[43] Morgenstern M J, Stelmack M, Jha D P. Advanced concept studies for supersonic commercial transports entering service in 2030-35 (N+3): AIAA 2010-5114 [R]. Chicago, IL: AIAA, 2010.

[44] 陈鹏, 李晓东. 基于 Khokhlov-Zabolotskaya-Kuznetsov 方程的声爆频域预测法 [J]. 航空动力学报, 2010, 25(2): 359-365.

[45] 冯晓强, 李占科, 宋笔锋. 超音速客机音爆问题初步研究 [J]. 飞行力学, 2010, 28(6): 21-23.

[46] 王刚, 马博平, 雷知锦, 等. 典型标模音爆的数值预测与分析 [J]. 航空学报, 2018, 39(1): 169-181.

[47] 钱战森. 超声速飞行器声爆预测技术研究的现状与挑战 [A]. 第一届中国航空青年科学家论

坛, 北京, 2019.
[48] 钱战森, 刘中臣, 冷岩, 等. OS-X0 试验飞行器声爆特性飞行测量与数值模拟分析 [J]. 空气动力学学报, 2019, 37(4): 675-682.
[49] 冷岩, 钱战森, 刘中臣. 超声速条件下旋成体声爆典型影响因素分析 [J]. 空气动力学学报, 2019, 37(4): 655-662, 689.
[50] 刘中臣, 钱战森, 冷岩. 声爆近场压力测量风洞试验技术研究进展 [J]. 空气动力学学报, 2019, 37(4): 636-645.
[51] 兰世隆. 超声速民机声爆理论、预测和最小化方法概述 [J]. 空气动力学学报, 2019, 37(4): 646-654, 645.
[52] 王宇航, 徐悦. 史蒂文斯响度在超声速民机低声爆设计中的应用 [J]. 空气动力学学报, 2019, 37(4): 683-689.
[53] 徐悦, 宋万强. 典型低音爆构型的音爆计算研究 [J]. 航空科学技术, 2016, 27(7): 12-16.
[54] 霍满, 谭廉华, 林大楷, 等. 声爆标模近场计算对远场预测影响研究 [A]. 首届空气动力学大会, 绵阳: 中国空气动力学会, CARS-04-2018-122, 2018.

第 2 章　声爆快速预测方法

本章主要介绍修正线化声爆预测理论、Carlson 简化声爆预测方法和波形参数法 (包括相应的激波修正方法)。这些方法计算速度快、容易编程实现，计算精度能够基本满足超声速民机概念设计和初步设计阶段的声爆强度评估要求。

2.1　修正线化声爆预测理论

修正线化声爆预测理论是 Whitham 于 1952 年在细长旋成体超声速线化理论基础上提出的 [1]，也称 Whitham 理论。后经 Walkden[2] 改进，能够比较准确地预测升力体构型的声爆。修正线化声爆预测理论不仅可以用于计算近场声爆，也可以计算中场、远场的声爆信号。在近远场结合的声爆预测方法中，采用该理论可以替代 CFD 计算 (第 3 章)，快速获取近场声爆信号。

本节将从超声速线化理论开始，导出 Whitham 理论的表达式，并给出运用该理论计算近场、中场声爆信号的一般流程和步骤。

2.1.1　超声速线化理论

对于细长旋成体，以其体轴作为 x 轴，建立柱坐标系 (x,r,θ)，如图 2.1 所示，流场中任意一点的速度可表示为 (V_x,V_r,V_θ)。在小扰动假设下，扰动速度 $(\hat{v}_x,\hat{v}_r,\hat{v}_\theta)$ 满足的小扰动线化速度势方程为

$$(1-Ma^2)\frac{\partial^2\varphi}{\partial x^2}+\frac{\partial^2\varphi}{\partial r^2}+\frac{1}{r}\frac{\partial\varphi}{r}+\frac{1}{r^2}\frac{\partial^2\varphi}{\partial\theta^2}=0, \tag{2.1.1}$$

其中，Ma 为自由来流马赫数；φ 为扰动速度势，且有

$$\hat{v}_x=\frac{\partial\varphi}{\partial x},\ \ \hat{v}_r=\frac{\partial\varphi}{\partial r},\ \ \hat{v}_\theta=\frac{1}{r}\frac{\partial\varphi}{\partial\theta}.$$

在小攻角条件下，来流速度 V_∞ 沿 r 轴的速度分量近似为 $V_\infty\alpha\cos\theta$(α 为攻角)，沿 x 轴方向的速度分量近似为 V_∞，沿 θ 轴方向的速度分量近似为 $V_\infty\alpha\sin\theta$。那么在叠加上小扰动速度后，流场中任意点的速度可表示为

$$V_x=V_\infty+\hat{v}_x,\ \ V_r=V_\infty\alpha\cos\theta+\hat{v}_r,\ \ V_\theta=V_\infty\alpha\sin\theta+\hat{v}_\theta.$$

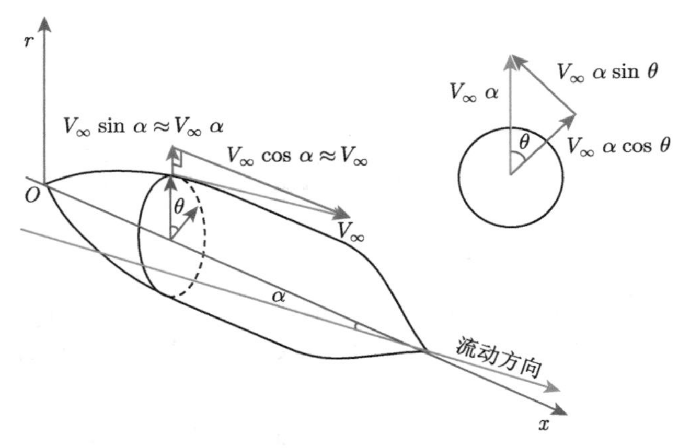

图 2.1 旋成体柱坐标系示意图

当来流攻角 $\alpha = 0°$ 时，流动具有轴对称性，此时 $\partial\varphi/\partial\theta = 0$。如果来流为超声速，即 $Ma > 1$，此时令 $B^2 = Ma^2 - 1$，于是式 (2.1.1) 可写为

$$\frac{\partial^2\varphi}{\partial r^2} + \frac{1}{r}\frac{\partial\varphi}{\partial r} - B^2\frac{\partial^2\varphi}{\partial x^2} = 0. \tag{2.1.2}$$

上式即为小扰动、零攻角下超声速流动满足的线化扰动速度势方程。该方程对应的一个基本解形式如下：

$$\varphi(x, r) = -\frac{Q}{2\pi\sqrt{(x-\xi)^2 - B^2r^2}}. \tag{2.1.3}$$

它表示 x 轴上位于 ξ 处强度为 Q 的超声速点源 (汇) 在空间坐标点 (x, r) 处引起的扰动速度势。

通过在旋成体轴线上分布不同强度的点源 (汇)，来模拟旋成体产生的扰动。假设源 (汇) 强度的分布函数为 $f(\xi)$，其中 $\xi \in [0, l]$，l 为旋成体长度，则轴线上 $\mathrm{d}\xi$ 微段的源 (汇) 引起的扰动速度势为

$$\mathrm{d}\varphi = -\frac{f(\xi)\mathrm{d}\xi}{2\pi\sqrt{(x-\xi)^2 - B^2r^2}}. \tag{2.1.4}$$

流场中任意点 $P(x_0, r_0, \theta_0)$ 的扰动来源于其前马赫锥内的区域，即 $P(x_0, r_0, \theta_0)$ 只受到分布在 x=0 到 $x = x_0 - Br_0$ 之间的源 (汇) 的影响 (图 2.2)。因此，根据速度势方程的线性叠加原理，点 P 的小扰动速度势为

$$\varphi(x_0, r_0, \theta_0) = -\frac{1}{2\pi}\int_0^{x_0 - Br_0}\frac{f(\xi)\mathrm{d}\xi}{\sqrt{(x_0-\xi)^2 - B^2r_0^2}}. \tag{2.1.5}$$

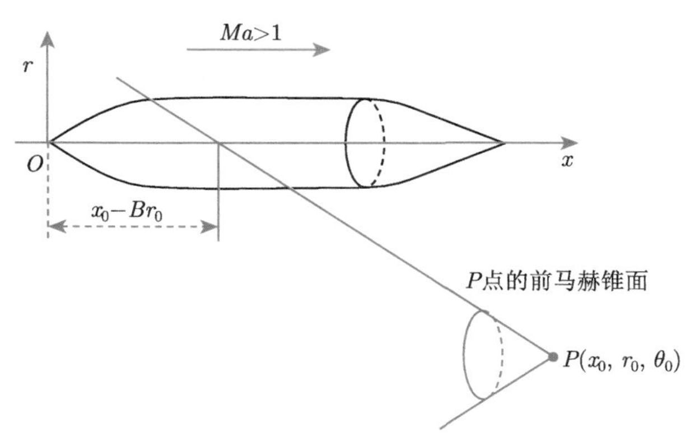

图 2.2 超声速绕流中，P 点处的前马赫锥示意图

速度势函数要满足的物面边界条件是流线与物面相切，即在 $x=\xi$ 处有

$$\left.\frac{\mathrm{d}R(x)}{\mathrm{d}x}\right|_{x=\xi}=\left.\frac{V_r}{V_x}\right|_{x=\xi,r=R(\xi)}, \tag{2.1.6}$$

式中，$R(x)$ 为旋成体的半径分布。根据物面边界条件，在细长体假设下，可以得出

$$f(\xi)=V_\infty\left.\frac{\mathrm{d}S(x)}{\mathrm{d}x}\right|_{x=\xi}, \tag{2.1.7}$$

式中，$S(x)$ 为截面积，对于非旋成体外形，$S(x)$ 为其等效截面积。上式说明，$f(\xi)$ 只取决于等效截面积在当地的变化率。

若细长旋成体的等效截面积变化率记为 $S'(x)$，则式 (2.1.5) 可写为

$$\varphi(x_0,r_0,\theta_0)=-\frac{V_\infty}{2\pi}\int_0^{x_0-Br_0}\frac{S'(x)\mathrm{d}x}{\sqrt{(x_0-x)^2-B^2r_0^2}}. \tag{2.1.8}$$

对于尖头旋成体，$S'(0)=0$，于是可以得到 P 点扰动速度表达式如下：

$$\begin{cases}\dfrac{\hat{v}_x}{V_\infty}=-\dfrac{1}{2\pi}\displaystyle\int_0^{x_0-Br_0}\dfrac{S''(x)\mathrm{d}x}{\sqrt{(x_0-x)^2-B^2r_0^2}}\\ \dfrac{\hat{v}_r}{V_\infty}=-\dfrac{1}{2\pi r_0}\displaystyle\int_0^{x_0-Br_0}\dfrac{(x_0-x)S''(x)\mathrm{d}x}{\sqrt{(x_0-x)^2-B^2r_0^2}}\\ \dfrac{\hat{v}_\theta}{V_\infty}=0\end{cases}, \tag{2.1.9}$$

式中，$S''(x)$ 为等效截面积的二阶导数。

2.1.2　修正的超声速线化理论

在超声速线化理论中,扰动传播方向与旋成体轴线 x 坐标的夹角为 $\arcsin(1/Ma)$，即特征线的方程为 $x-Br=\text{constant}$。这表明特征线都是相互平行的，不会出现扰动的汇聚和分散现象，无法描述激波和膨胀波的演化过程。

激波是一种强烈的非线性现象，2.1.1 节的理论对于描述由激波参与演化的地面声爆问题是不适用的。超声速线化理论假设扰动以不变的速度 (自由来流声速) 向远处传播，没有考虑传播速度受扰动压强的影响，因此特征线是相互平行的。而真实情况下，压强变化会改变当地扰动的传播速度，特征线会相交进而形成激波。图 2.3 为实际超声速流动中当地特征线演化、激波形成以及非线性作用下波形变化的示意图。

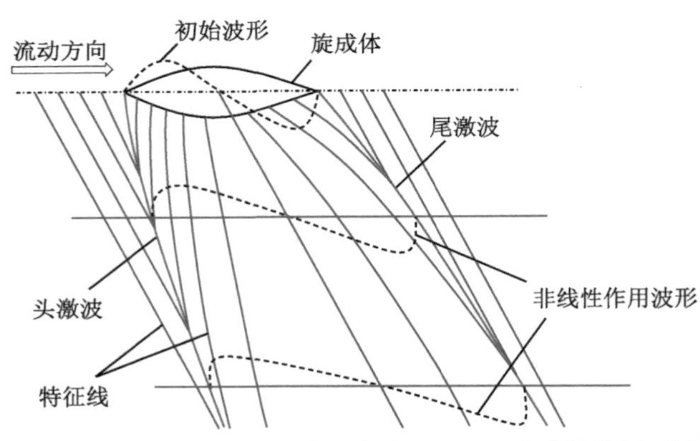

图 2.3　实际超声速流动中当地特征线演化、激波形成以及非线性作用下波形变化的示意图

为此，Whitham 将超声速线化理论中特征线是相互平行的假设进行了修正，给出精度更高的特征线描述。将原来的特征线方程 $x-Br=\text{constant}$ 修改为 $y(x,r)=\text{constant}$，即 x 与 r 已经不是简单的线性关系。于是，式 (2.1.9) 可写为

$$\begin{cases} \dfrac{\hat{v}_x}{V_\infty}=-\dfrac{1}{2\pi}\displaystyle\int_0^y \dfrac{S''(x)\mathrm{d}x}{\sqrt{(y-x)(y-x+2Br_0)}} \\ \dfrac{\hat{v}_r}{V_\infty}=\dfrac{1}{2\pi r_0}\displaystyle\int_0^y \dfrac{S''(x)(y+Br_0-x)\mathrm{d}x}{\sqrt{(y-x)(y-x+2Br_0)}} \\ \dfrac{\hat{v}_\theta}{V_\infty}=0 \end{cases}, \tag{2.1.10}$$

式中，积分变量 $x\in[0,l]$，l 为旋成体长度。由于特征线 $y(x,r)=\text{constant}$，且

从物面发出，因此 y 的取值范围为 $[0,l]$。于是，当 $r_0 \gg l$ 时，有

$$\begin{cases} \dfrac{\hat{v}_x}{V_\infty} = -\dfrac{1}{2\pi}\displaystyle\int_0^y \dfrac{S''(x)\mathrm{d}x}{\sqrt{2Br_0(y-x)}} \\ \dfrac{\hat{v}_r}{V_\infty} = \dfrac{1}{2\pi r_0}\displaystyle\int_0^y \dfrac{Br_0 S''(x)\mathrm{d}x}{\sqrt{2Br_0(y-x)}} \\ \dfrac{\hat{v}_\theta}{V_\infty} = 0 \end{cases}. \tag{2.1.11}$$

如果令

$$F(y) = \frac{1}{2\pi}\int_0^y \frac{S''(x)\mathrm{d}x}{\sqrt{y-x}}, \tag{2.1.12}$$

则

$$\begin{cases} \dfrac{\hat{v}_x}{V_\infty} = -\dfrac{1}{\sqrt{2Br_0}}F(y) \\ \dfrac{\hat{v}_r}{V_\infty} = -B\dfrac{\hat{v}_x}{V_\infty} \\ \dfrac{\hat{v}_\theta}{V_\infty} = 0 \end{cases}, \tag{2.1.13}$$

其中，$F(y)$ 称为 Whitham F 函数。F 函数在声爆预测理论、最小化理论中是非常重要的函数，其量纲为长度量纲的二分之一次方。它与等效截面积分布的二阶导数相关，反映了物体对周围流动扰动的强弱，即物体作为声爆源的特征。

根据定常、无黏、绝热、忽略体积力流动的能量方程，即

$$\frac{\gamma}{\gamma-1}\frac{p_\infty}{\rho_\infty} + \frac{V_\infty^2}{2} = \frac{\gamma}{\gamma-1}\frac{p}{\rho} + \frac{(V_\infty+\hat{v}_x)^2+\hat{v}_r^2}{2}, \tag{2.1.14}$$

其中，p_∞ 和 ρ_∞ 分别为自由来流的压强和密度，p 和 ρ 分别为当地压强和当地密度，$\gamma=1.4$ 为量热完全气体比热比。利用等熵关系式

$$\frac{p}{p_\infty} = \left(\frac{\rho}{\rho_\infty}\right)^\gamma, \tag{2.1.15}$$

由式 (2.1.14) 可以得到

$$\frac{p}{p_\infty} = \left[1 - \frac{\gamma-1}{2}Ma^2\left(\frac{(V_\infty+\hat{v}_x)^2+\hat{v}_r^2}{V_\infty^2} - 1\right)\right]^{\frac{\gamma}{\gamma-1}}. \tag{2.1.16}$$

考虑到 $\hat{v}_x \ll V_\infty, \hat{v}_r \ll V_\infty$，那么对上式进行二项式展开并保留前两项，可得

$$\frac{p-p_\infty}{p_\infty} = -\gamma Ma^2 \frac{\hat{v}_x}{V_\infty}. \tag{2.1.17}$$

将式 (2.1.13) 代入上式，可得

$$\frac{\Delta p}{p_\infty} = \frac{\gamma Ma^2}{\sqrt{2Br_0}} F(y). \tag{2.1.18}$$

式 (2.1.18) 就是基于修正线化理论的近场、中场声爆信号预测公式，它描述了 $P(x_0, r_0, \theta_0)$ 点处超压值和 F 函数的关系。当确定了过点 P 的特征线 (即确定了 $y(x,r)$ 的值) 后，可以通过积分计算出 F 函数，进而求出超压值 Δp。

特征线方程可从当地的气流偏转角和马赫角推导而来，鉴于篇幅限制，本节不再对推导过程做详细介绍，感兴趣的读者可以参考文献 [1]。这里直接给出特征线方程的最终表达式：

$$y(x,r) = x - Br + \frac{1}{\sqrt{2}} k\sqrt{r} F(y), \tag{2.1.19}$$

其中，

$$k = \frac{(\gamma+1)Ma^4}{B^{3/2}}.$$

如图 2.4 所示，对于从 x 轴上 $x = \xi(\xi \in [0, l])$ 处发出的特征线，其方程为 $y(x,r) = \xi$，具体为

$$\xi = x - Br + \frac{1}{\sqrt{2}} k\sqrt{r} F(\xi). \tag{2.1.20}$$

并且在这条特征线上所有点的 F 函数值相同，为 $F(\xi)$。

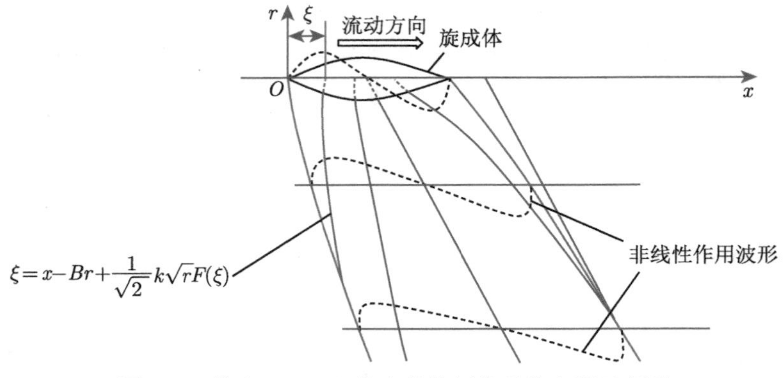

图 2.4 从点 $(\xi, 0, 0)$ 发出的特征线及其方程示意图

如图 2.3 所示，特征线在向远场延伸的过程中相交，趋向于在头尾形成两道强激波，最终在远场形成 “N 型波”。这里给出远场 “N 型波” 强度的计算公式：

$$\frac{\Delta p_{\max}}{p_{\infty}}=\frac{\gamma}{\sqrt{\gamma+1}}(2B)^{1/4}r^{-3/4}\left[\int_0^{y_0}F(y)\mathrm{d}y\right]^{1/2}, \tag{2.1.21}$$

式中，$\Delta p_{\max}$ 为远场 “N 型波” 超压峰值；y_0 为 $F(y)$ 的零点并使 $\int_0^{y_0}F(y)\mathrm{d}y$ 取得最大值。

式 (2.1.21) 为自由空间均匀大气中超压值的计算式，当观测点位于地面时有

$$\frac{\Delta p_{\max}}{\sqrt{p_{\mathrm{v}}p_{\mathrm{g}}}}=K_{\mathrm{R}}\frac{\gamma}{\sqrt{\gamma+1}}(2B)^{1/4}r^{-3/4}\left[\int_0^{y_0}F(y)\mathrm{d}y\right]^{1/2}, \tag{2.1.22}$$

式中，K_{R} 为地面的反射因子，典型值为 1.9，反映了地面对声爆的反射作用；用 $\sqrt{p_{\mathrm{v}}p_{\mathrm{g}}}$ 代替 p_{∞} 是考虑了非均匀大气影响，p_{v} 是飞行高度处的压强，p_{g} 是地面观测处压强。

本书直接给出远场头激波和尾激波的位置，读者可以参考文献 [1] 了解详细的推导过程。远场头激波的位置为

$$x=Br-r^{1/4}\left[\sqrt{2}k\int_0^{y_0}F(y)\mathrm{d}y\right]^{1/2}+y_0, \tag{2.1.23}$$

远场尾激波的位置为

$$x=Br+r^{1/4}\left[\sqrt{2}k\int_0^{y_0}F(y)\mathrm{d}y\right]^{1/2}+y_0. \tag{2.1.24}$$

2.1.3 声爆等效截面积分布计算

对于有升力的细长体构型，等效截面积分布 $S(x)$ 包括两部分：由体积引起的等效截面积分布 S_{V} 和与升力分布相关的等效截面积分布 S_{L}。在超声速飞行中，体积等效截面积为观测点处前马赫锥所截的截面在飞行方向上的投影面积，如图 2.5(a) 所示。而与升力分布相关的等效截面积的计算如图 2.5(b) 所示。根据 S_{L} 与升力沿轴向分布 $L(x)$ 的关系式

$$L(x)=\frac{\rho V^2 S_{\mathrm{L}}'(x)}{B}, \tag{2.1.25}$$

则等效截面积分布 S_{L} 的计算式为

$$S_{\mathrm{L}}(x)=\frac{B}{\gamma p_{\infty}Ma^2}\int L(x)\mathrm{d}x. \tag{2.1.26}$$

升力分布 $L(x)$ 的计算可以采用面元法等快速评估方法。

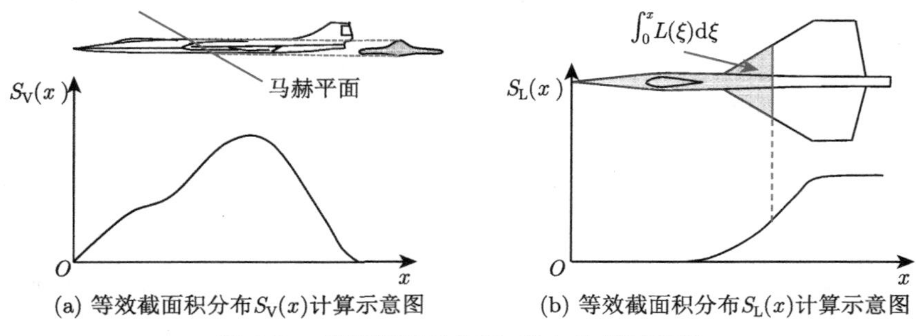

(a) 等效截面积分布$S_V(x)$计算示意图　(b) 等效截面积分布$S_L(x)$计算示意图

图 2.5　等效截面积分布 $S(x)$ 计算示意图

当飞行存在航迹角 ϑ、观测点不在图 2.1 所示的 $\theta=0^\circ$ 和 $\theta=180^\circ$ 表示的平面内 (即声爆传播的周向角 $\phi\neq 0^\circ$，定义见附录 A) 时，S_L 的计算式为

$$S_L(x)=\frac{B\cos\vartheta\cos\phi}{\gamma p_\infty Ma^2}\int L(x)\mathrm{d}x, \tag{2.1.27}$$

那么，有升力细长体构型的等效截面积分布为

$$S(x)=S_V(x)+\frac{B\cos\vartheta\cos\phi}{\gamma p_\infty Ma^2}\int L(x)\mathrm{d}x. \tag{2.1.28}$$

2.1.4　实现流程

为了方便读者运用该理论来预测流场中某个位置的声爆信号，这里给出了一般实现流程，如图 2.6 所示。

具体步骤如下。

第一步：根据飞机的几何外形和飞行条件，计算等效截面积分布 $S(x)$ 及其二阶导数 $S''(x)$；

第二步：根据式 (2.1.12) 计算 $y=\xi$ 时的 F 函数值，并根据式 (2.1.20) 计算过 $x=\xi$ 点的特征线 $y(x,r)=\xi$，在这条特征线上 F 函数值相等；

第三步：根据待求位置 (到 x 轴的距离 r_0) 和第二步得到的特征线方程，求出相应的 x_0，同时由式 (2.1.18) 得到点 (x_0,r_0,θ_0) 处的 Δp，注意 x_0 和 Δp 与 θ_0 无关；

第四步：检查 $x=\xi$ 点是否遍历了整个机身 ($x\in[0,l]$)，若是则进行第五步，否则增加 ξ 值并返回第二步；

第五步：按 ξ 值递增的顺序，排列与 ξ 对应的 $(x_0,\Delta p)$，并将其绘制在 x-Δp 坐标系下得到超压信号；

第六步：检查超压信号是否存在多值区域，即在同一个 x 坐标值下有两个或多个超压值 Δp 与其对应 (图 2.7(a))，若是则采用“面积平衡”方法确定激波位置，得到含有激波的声爆信号 (图 2.7(b)) 并输出结果；若不存在多值区，则直接输出结果。

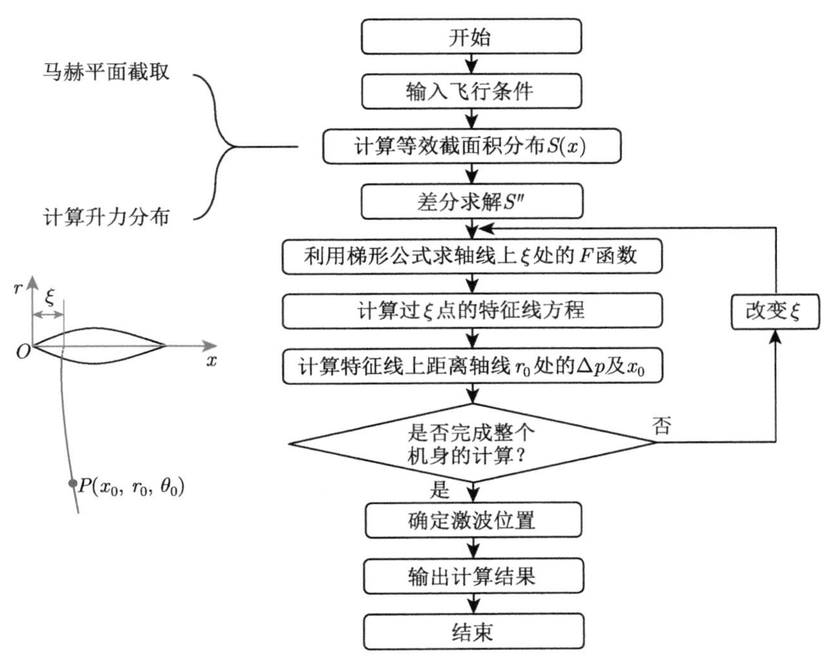

图 2.6 基于修正线化理论的声爆预测方法流程

多值区可能存在于由非线性特征线和式 (2.1.18) 直接计算出的超压信号，真实情况下这种波形是不可能存在的，而是会形成激波。根据弱激波假设，多值区内的波形与激波 (强间断) 围成的阴影部分 I 和 II 的面积相等，即“面积平衡”。采用“面积平衡”方法可以快速地确定激波位置。

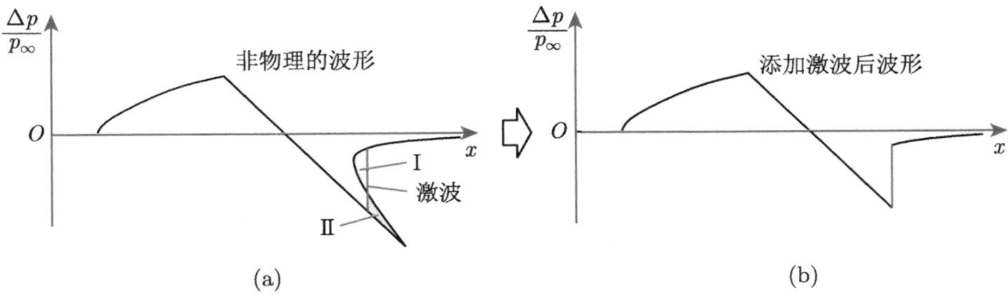

图 2.7 非物理波形中确定激波位置的示意图 (阴影部分 I 和 II 的面积相等)

2.2　Carlson 简化声爆预测方法

Carlson[3] 于 1978 年提出的简化声爆预测方法 (simplified sonic-boom prediction, SSBP)，可以计算由飞机或航天器返回舱引起的地面声爆。该方法是在大量试验数据的基础上，经过统计分析后建立的。它将一些影响声爆强度的因素用简单的参数表示，并将参数绘制成图，使用者可以依据这些图手动计算出 “N 型波” 的超压峰值和持续时间。

简化声爆预测方法的适用范围如下：

(1) 只适用于计算飞行器定常飞行状态下的声爆①；

(2) 只适用于标准无风大气条件下的声爆预测；

(3) 只能预测远场 “N 型波” 的超压峰值和持续时间，无法描述 “N 型波” 上升时间和近场声爆信号。

SSBP 方法计算 “N 型波” 超压峰值和持续时间的公式分别如下：

$$\Delta p_{\max} = K_{\mathrm{R}} K_{\mathrm{p}} K_{\mathrm{S}} \sqrt{p_{\mathrm{v}} p_{\mathrm{g}}} (Ma^2 - 1)^{1/8} h_{\mathrm{e}}^{-3/4} l^{3/4}, \tag{2.2.1}$$

$$t_{\mathrm{d}} = K_{\mathrm{S}} K_{\mathrm{t}} \frac{3.42}{c_{\mathrm{v}}} \frac{Ma}{(Ma^2 - 1)^{3/8}} h_{\mathrm{e}}^{1/4} l^{3/4}, \tag{2.2.2}$$

式中各参数的含义如表 2.1 所示。

表 2.1　式 (2.2.1) 和式 (2.2.2) 中各参数的说明

参数	说明	参数	说明
$\Delta p_{\max}$	“N 型波” 的超压峰值	t_{d}	“N 型波” 的持续时间
K_{p}	反映大气效应对超压峰值影响的因子	K_{t}	反映大气效应对持续时间影响的因子
K_{R}	地面反射因子	Ma	巡航马赫数
K_{S}	飞行器外形影响因子	h_{e}	巡航时的有效高度
p_{v}	巡航高度的压强	c_{v}	巡航高度处的声速
p_{g}	地面压强	l	机身长度

由式 (2.2.1) 和 (2.2.2) 可知，该方法考虑了飞行器外形、机身长度、巡航马赫数、巡航高度、大气条件等因素对地面声爆强度的影响。在使用该方法时，需要根据外形参数和飞行参数等已知量，确定出公式中各影响因子的数值。

2.2.1　有效马赫数与截止马赫数

该方法中，有效马赫数 Ma_{e} 定义为在计算 “N 型波” 时实际起作用的马赫数 (图 2.8(a))。它考虑了巡航马赫数 Ma、航迹角 ϑ 和声爆传播周向角 ϕ 等因素，

① 1993 年，Plotkin 发展了针对任意飞行状态的声爆快速预测方法。(Plotkin K. A rapid method for the computation of sonic booms. AIAA-1993-4433, 1993.)

是声爆信号向地面传播时对应的等效马赫数。当航迹角和周向角都为 0 时，有效马赫数与自由来流马赫数相同。Ma_e 在判断飞行器产生的声爆是否能传播到地面，以及在确定因子 K_p 和有效高度 h_e 时会用到。图 2.8 展示了有效马赫数、有效高度及相关角度的定义情况，其中 h_v、h_g 分别为巡航高度和地面海拔。

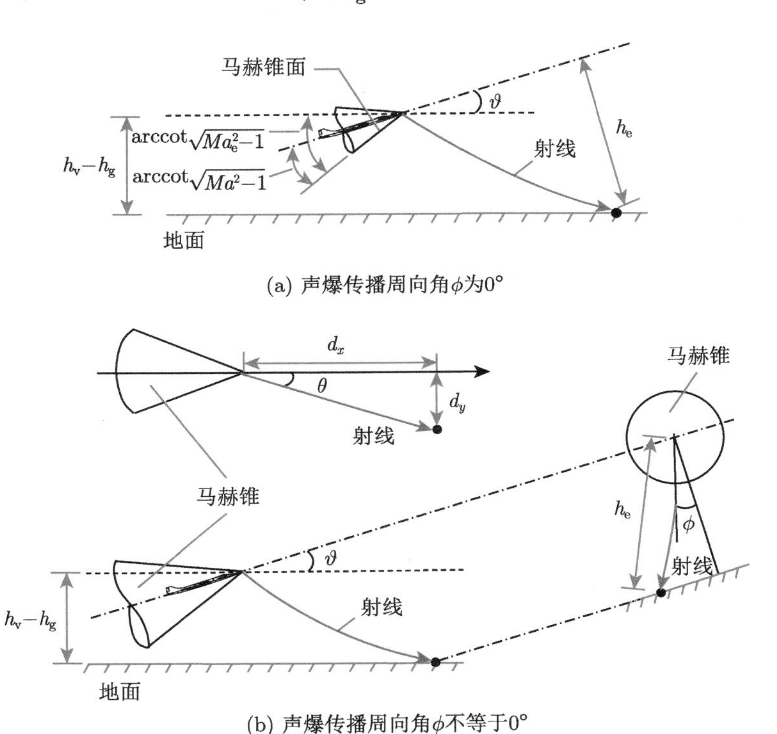

(a) 声爆传播周向角ϕ为0°

(b) 声爆传播周向角ϕ不等于0°

图 2.8 有效马赫数、有效高度及相关角度定义的示意图

具体计算公式如下：

$$Ma_\mathrm{e}=\sqrt{1+\frac{\left[a_1(1-a_2\tan\vartheta)\right]^2}{\left[a_1(\tan\vartheta+a_2)\right]^2+(a_3\cdot a_4)^2}},\tag{2.2.3}$$

其中，

$$a_1=\frac{1}{\cos\vartheta\sqrt{Ma^2-1}},\tag{2.2.4}$$

$$a_2=\frac{1}{\cos\phi\sqrt{Ma^2-1}},\tag{2.2.5}$$

$$a_3=\frac{\tan\phi}{\sqrt{Ma^2-1}},\tag{2.2.6}$$

$$a_4 = \tan^2 \vartheta + 1. \tag{2.2.7}$$

另外，给出声爆传播射线和飞行轨迹两者在地面投影线夹角 θ (图 2.8(b)) 的计算表达式，它在后面有效高度 h_e 的计算中会用到。

$$\theta = \arctan\left(\frac{a_4 \tan\phi \cos\vartheta}{\tan\vartheta + a_1}\right). \tag{2.2.8}$$

由于大气分层效应的存在，声爆传播路径会向高空弯曲，当飞行器以某个马赫数飞行时，产生的声爆恰好传播不到地面，此时对应的马赫数称为截止马赫数 Ma_c (cutoff Mach number)。如图 2.9 所示，当巡航马赫数小于截止马赫数时，地面观测不到声爆。

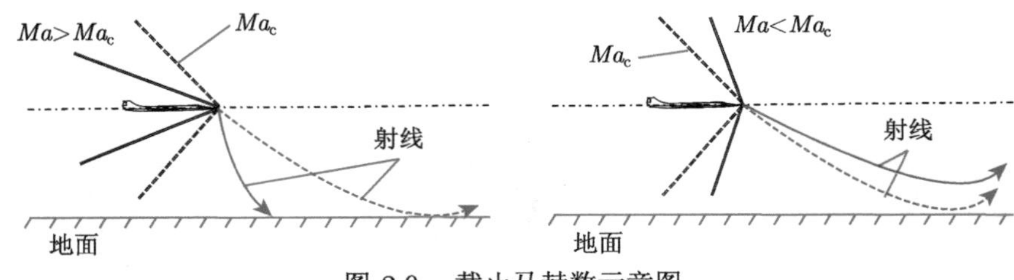

图 2.9 截止马赫数示意图

截止马赫数与大气条件、航迹角和巡航高度相关。在大气条件一定、航迹角为 0 的情况下，截止马赫数随巡航高度的变化情况如图 2.10 所示。

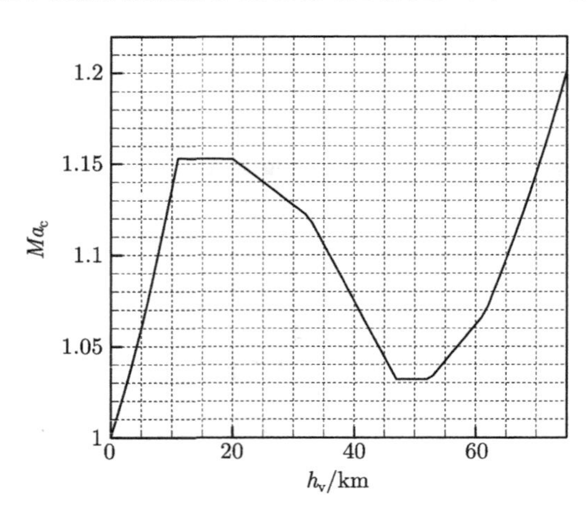

图 2.10 截止马赫数随巡航高度的变化曲线

2.2.2 外形影响因子

飞行器外形参数 K_S 与等效截面积分布 $S(x)$ 相关。$S(x)$ 由两部分组成 (回顾 2.1.3 节)：由体积引起的等效截面积分布 S_V 和与升力分布相关的等效截面积

分布 S_L。假设翼面上压力系数分布为常数，则 S_L 可采用如下公式计算：

$$S_L(x) = \frac{BW\cos\vartheta\cos\phi}{\gamma p_v Ma^2 S_w}\int_0^x b(x)\mathrm{d}x, \tag{2.2.9}$$

式中，$B=\sqrt{Ma^2-1}$，W 为飞行器巡航时的重量，$b(x)$ 为轴向站位 x 位置处的翼展，p_v 为飞行高度处的大气压强，S_w 为机翼参考面积。

由式 (2.2.9) 可知，S_L 的计算过程只涉及飞行器的几何参数和飞行状态，不需要计算具体的升力分布。因此，在给定了飞行器外形和巡航状态后，S_L 可以像 S_V 一样快速计算出来。在得到总的等效截面积分布 $S(x)$ 后，用于计算外形参数 K_S 的有效长度 l_e、最大等效截面积 S_{max} 和半有效长度处的等效截面积 S_1 可根据图 2.11 中的定义得到。之后，根据统计数据拟合的曲线 (图 2.12)，确定外形参数 K_S。

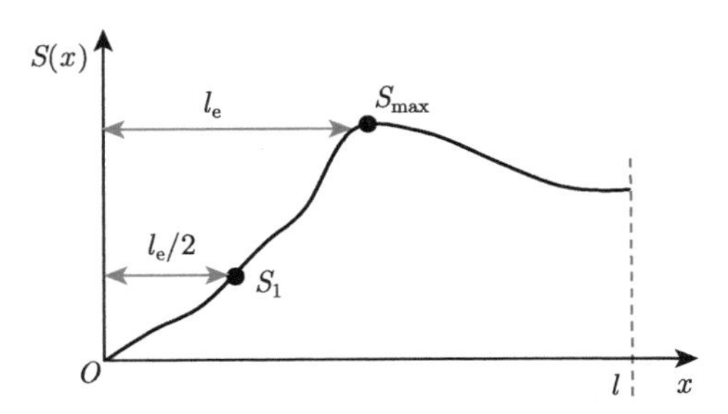

图 2.11 有效长度 l_e、最大等效截面积 S_{max} 和半有效长度处的等效截面积 S_1

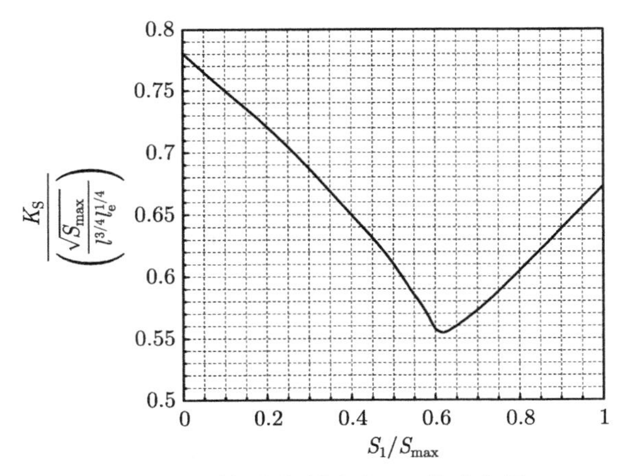

图 2.12 外形影响因子 K_S 的确定图

2.2.3 大气影响因子

大气效应对“N 型波”超压峰值和持续时间的影响体现在 K_{t} 和 K_{p} 这两个参数中，它们的值与巡航高度和巡航马赫数相关。具体的计算公式分别为

$$K_{\mathrm{p}} = K_{\mathrm{p},\infty}\left(\frac{Ma_{\mathrm{e}}-1}{Ma_{\mathrm{e}}-Ma_{\mathrm{c}}}\right)^{n_{\mathrm{p}}}, \tag{2.2.10}$$

$$K_{\mathrm{t}} = K_{\mathrm{t},\infty}\left(\frac{Ma}{Ma-1}\right)^{n_{\mathrm{t}}}, \tag{2.2.11}$$

式中，$K_{\mathrm{p},\infty}$ 为有效马赫数 Ma_{e} 趋于无穷时的 K_{p} 值；$K_{\mathrm{t},\infty}$ 为巡航马赫数 Ma 趋于无穷时的 K_{t} 值；n_{p}、n_{t} 分别为相应拟合关系式的指数部分。根据大量声爆试验数据的统计分析结果，拟合出的这两个参数随飞行高度的变化曲线，如图 2.13

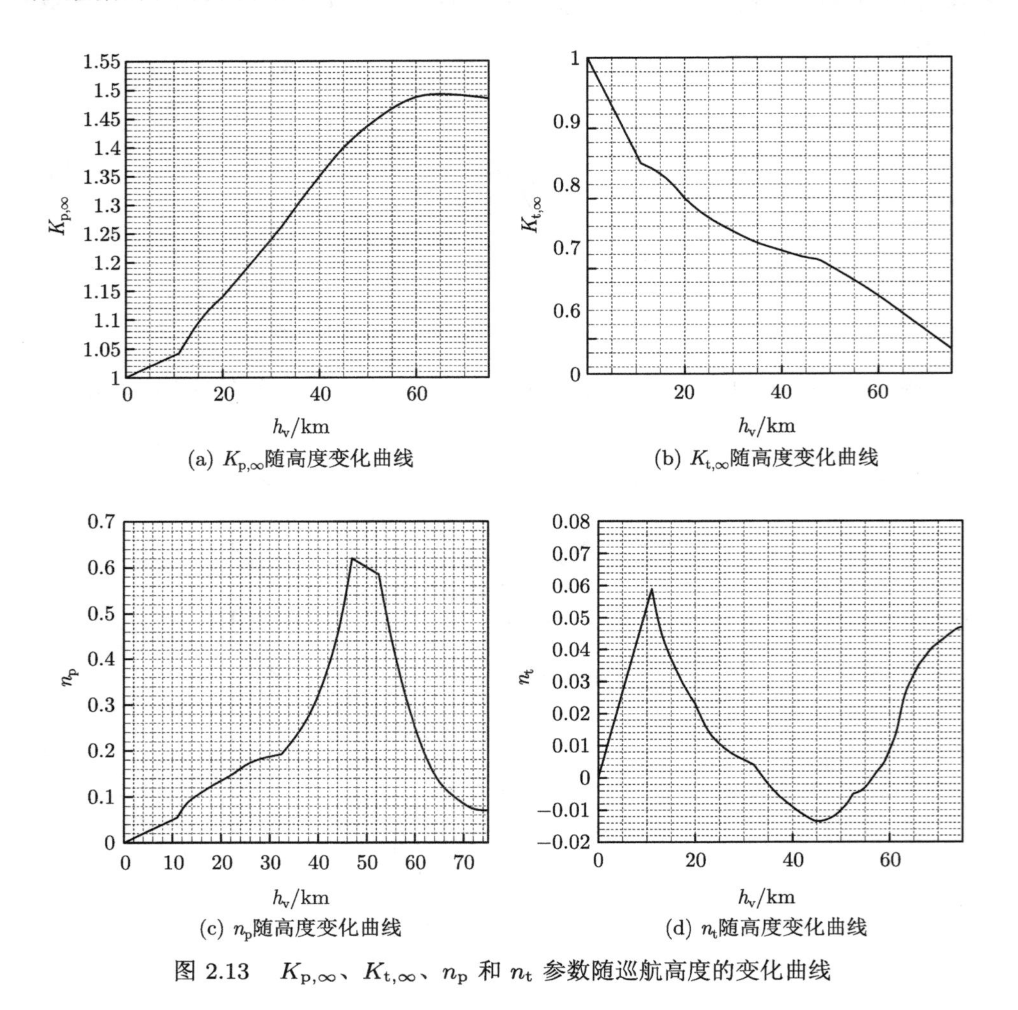

(a) $K_{\mathrm{p},\infty}$随高度变化曲线　(b) $K_{\mathrm{t},\infty}$随高度变化曲线

(c) n_{p}随高度变化曲线　(d) n_{t}随高度变化曲线

图 2.13　$K_{\mathrm{p},\infty}$、$K_{\mathrm{t},\infty}$、n_{p} 和 n_{t} 参数随巡航高度的变化曲线

所示。读者可根据曲线，查找某一飞行高度下 $K_{\mathrm{p},\infty}$、$K_{\mathrm{t},\infty}$、n_{p} 和 n_{t} 的数值，进而根据式 (2.2.10) 和式 (2.2.11) 计算出大气影响因子 K_{t} 和 K_{p}。

2.2.4 有效高度和地面声爆位置

以声爆由机体开始向外传播时的飞行器位置为坐标原点，以飞行方向为 x 轴正方向，y 轴在水平面内垂直于 x 轴，如图 2.8 所示的坐标系。马赫锥前端到地面观测点的位置和有效高度 h_{e} 由以下公式确定：

$$d=\frac{K_{\mathrm{d}}(h_{\mathrm{v}}-h_{\mathrm{g}})}{\sqrt{Ma_{\mathrm{e}}^2-1}}, \tag{2.2.12}$$

$$\begin{cases} d_x = d\cos\theta \\ d_y = d\sin\theta \end{cases}, \tag{2.2.13}$$

$$h_{\mathrm{e}}=\sqrt{d_y^2+[(h_{\mathrm{v}}-h_{\mathrm{g}})\cos\vartheta+d_x\sin\vartheta]^2}. \tag{2.2.14}$$

其中，K_{d} 为距离因子，其计算公式为

$$K_{\mathrm{d}}=K_{\mathrm{d,c}}+(K_{\mathrm{d},\infty}-K_{\mathrm{d,c}})\left(\frac{Ma_{\mathrm{e}}-Ma_{\mathrm{c}}}{Ma_{\mathrm{e}}-1}\right)^{n_{\mathrm{d}}}. \tag{2.2.15}$$

式中，$K_{\mathrm{d,c}}$ 为有效马赫数等于截止马赫数时的 K_{d} 值；$K_{\mathrm{d},\infty}$ 为有效马赫数趋于无穷时的 K_{d} 值。$K_{\mathrm{d,c}}$ 和 $K_{\mathrm{d},\infty}$ 的值与巡航高度相关，图 2.14 为相应参数随飞行高度的变化曲线。读者可根据曲线图，查找对应飞行高度下的 $K_{\mathrm{d,c}}$、$K_{\mathrm{d},\infty}$ 以及 n_{d} 的数值，进而可以求出有效高度 h_{e}。

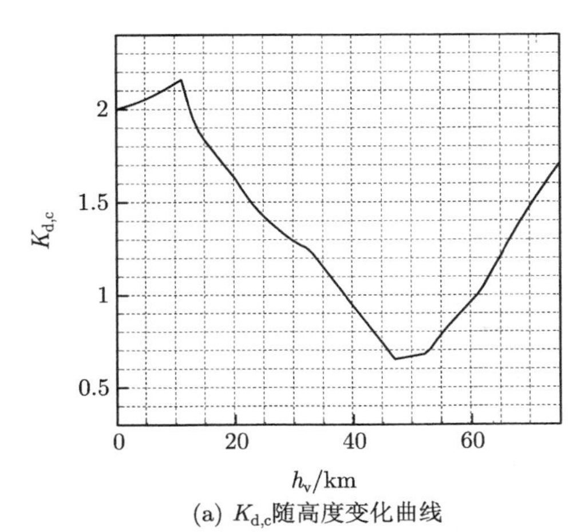

(a) $K_{\mathrm{d,c}}$随高度变化曲线

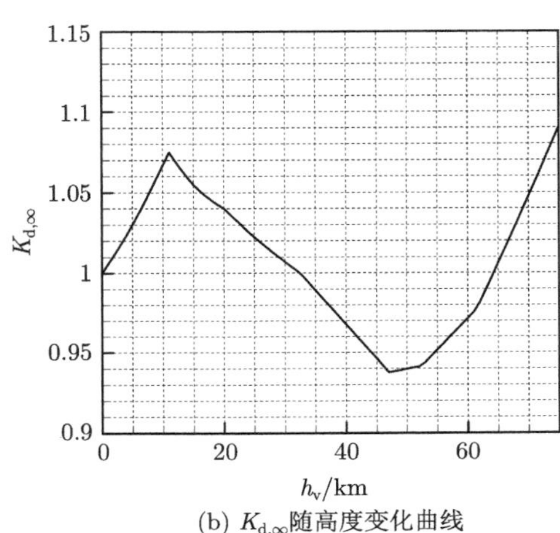

(b) $K_{\mathrm{d},\infty}$随高度变化曲线

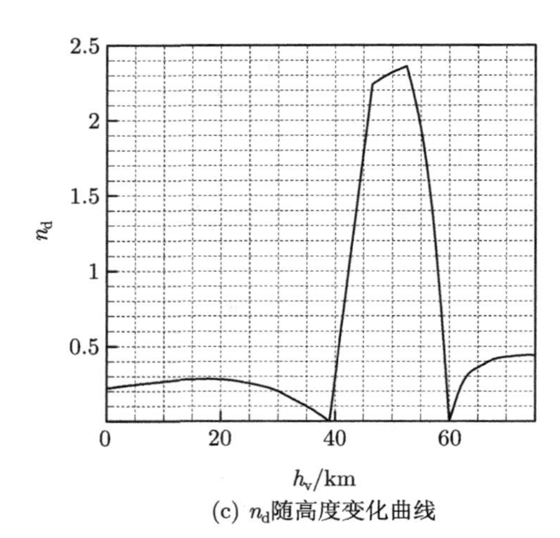

(c) n_d随高度变化曲线

图 2.14　$K_{d,c}$、$K_{d,\infty}$ 和 n_d 随巡航高度的变化曲线

2.2.5　实现流程

简化声爆预测方法的实现流程如图 2.15 所示，具体步骤如下。

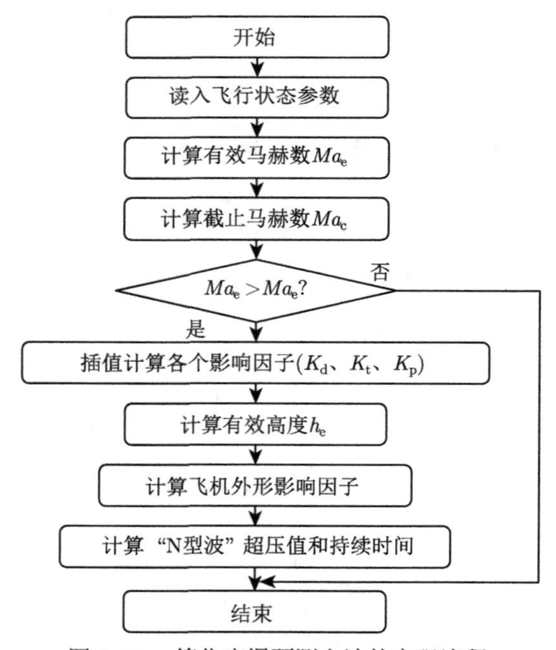

图 2.15　简化声爆预测方法的实现流程

第一步：读取飞行器的飞行参数，包括巡航马赫数 Ma、巡航高度 h_v、巡航高度处声速 c_v、巡航高度处压强 p_v、地面海拔 h_g、地面压强 p_g、航迹角 ϑ、声

爆传播周向角 ϕ 等;

第二步: 计算有效马赫数 $Ma_{\rm e}$ 和巡航高度下的截止马赫数 $Ma_{\rm c}$;

第三步: 比较 $Ma_{\rm e}$ 和 $Ma_{\rm c}$ 的大小, 若 $Ma_{\rm e}$ 小于 $Ma_{\rm c}$, 则说明声爆不会传播到地面, 声爆评估结束, 否则进行第四步;

第四步: 根据曲线图和计算公式求出各个影响因子 ($K_{\rm d}$、$K_{\rm t}$、$K_{\rm p}$);

第五步: 由距离影响因子 $K_{\rm d}$、巡航高度 $h_{\rm v}$、地面海拔 $h_{\rm g}$ 和有效马赫数 $Ma_{\rm e}$ 计算有效高度 $h_{\rm e}$;

第六步: 读取飞行器外形数据或外形参数, 计算外形影响因子 $K_{\rm S}$;

第七步: 由式 (2.2.1) 和式 (2.2.2) 计算 "N 型波" 的超压值和持续时间。

2.3 波形参数法

波形参数法 (waveform parameter method) 是由 Thomas[4] 于 1972 年建立的, 用于模拟声爆从近场到远场的传播过程, 其理论基础是修正线化声爆预测理论和几何声学理论。在给定近场声爆信号 (可由风洞试验、CFD 流场解或修正线化声爆预测理论获得)、飞行状态和大气参数的情况下, 该方法可以快速计算出远场声爆波形。因此, 本书将其归为快速预测方法。

波形参数法的不足之处是没有考虑大气的吸收作用, 激波处理为强间断, 无法预测激波的厚度。为使远场波形更加贴近实际情况, 本节也将给出采用 Taylor 激波结构 [5] 对激波厚度进行修正的方法。

2.3.1 波形参数法理论

波形参数法通过三类参数来分段描述声爆波形 (图 2.16), 这三类参数分别为: 第 i 段波形的斜率 m_i、时间长度 λ_i, 以及第 $i-1$ 段与第 i 段交界处的超压值阶跃 Δp_i。模拟声爆在大气中传播的过程, 就是要建立这三类波形参数的微分方程。本小节将从几何声学理论出发, 在修正线化理论中的弱激波假设 ("面积平衡" 方法确定激波位置) 下, 建立各个波形参数的微分方程。

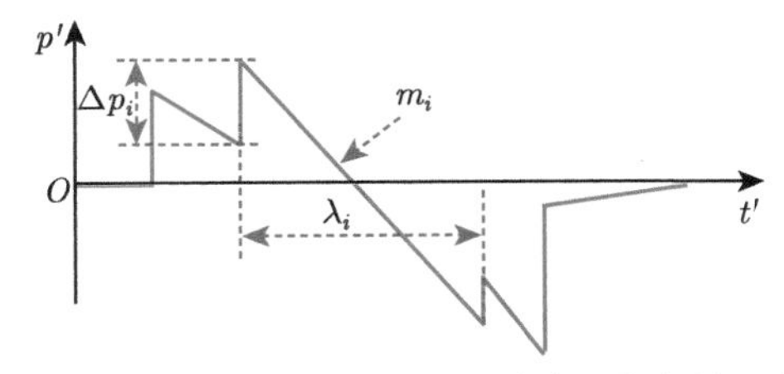

图 2.16 波形参数法中描述声爆波形的参数示意图

根据几何声学理论，具有小扰动特性的声波沿着声射线传播，且满足 Blokhintsev 能量不变量：

$$p'\sqrt{\frac{c_n^2 A}{\rho_0 c_0^3}} = \Theta(\xi), \tag{2.3.1}$$

式中，p' 为声压，是波传播过程中产生的压强扰动量；ρ_0 为环境大气密度；c_0 为环境大气声速；c_n 是波传播的速度 ($c_n = c_0 + \boldsymbol{w}\cdot\boldsymbol{n}$，$\boldsymbol{w}$ 为大气风速，$\boldsymbol{n}$ 为波面单位法向量)；A 为声线管截面积 (图 2.17)；$\Theta(\xi)$ 为 $t' = \xi$ 处的不变量数值，t' 为波形的延迟时间。假设 t 为波形传播时间，则

$$t' = t - \int_0^s \frac{\mathrm{d}s}{c_0},$$

其中，s 为射线坐标。c_n、A、ρ_0 和 c_0 均是高度 z 的函数。

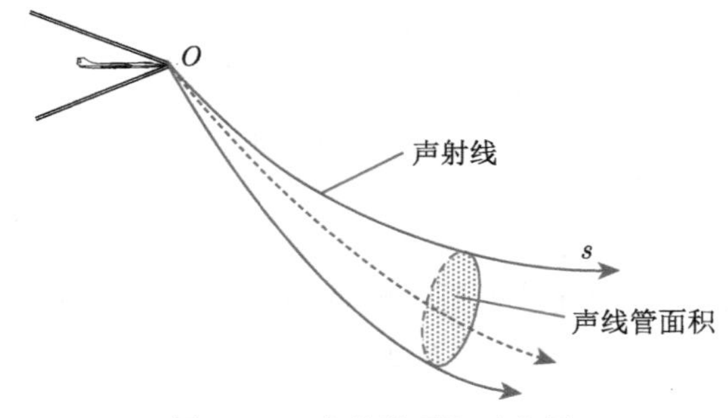

图 2.17　声线管面积示意图

假设声爆压强信号是一种声波，那么根据式 (2.3.1) 可以计算出射线上任意点处的声爆波形。然而，由于声爆问题涉及的传播距离长，并且在飞行器附近的压强扰动量较强，在实际的传播过程中非线性效应会使波形发生非物理畸变 (2.1.4 节中描述的多值波形)，并形成激波。为了考虑这种非线性效应，假设波形上任意一点的扰动传播速度 c 满足等熵激波理论，则有

$$c = c_0\left(1 + \frac{\gamma+1}{2\gamma}\frac{p'}{p_0}\right) = c_0 + \frac{\gamma+1}{2}\sqrt{\frac{c_0}{\rho_0 A c_n^2}}\Theta(\xi). \tag{2.3.2}$$

其中，p_0 为环境大气压强，γ 为大气比热比。

在射线上某一点位置，可以作出 p' 与 t' 的波形图 (图 2.16)。假设在传播时间 $t = 0$ 时波形上某点的声压 $p' = 0$，那么在传播 $\mathrm{d}t$ 时间后，波形上各压强点相比于该点在延迟时间轴上的移动量为

$$\mathrm{d}t' = \frac{c_0 - c}{c_n}\mathrm{d}t. \tag{2.3.3}$$

上式所表达的含义是：

(1) 当波形上某点扰动压强为正时，扰动的传播速度 $c > c_0$，经过 $\mathrm{d}t$ 时间后，该点传播相比于整个波形传播快了 $|\mathrm{d}t'|$ 时间；

(2) 当波形上某点扰动压强为负时，扰动的传播速度 $c < c_0$，经过 $\mathrm{d}t$ 时间后，该点传播相比于整个波形传播慢了 $|\mathrm{d}t'|$ 时间。

假设波形传播方向与水平面的夹角为 θ，则经过 $\mathrm{d}t$ 时间，扰动传播的垂直距离为

$$\mathrm{d}z = -c_0 \sin\theta \, \mathrm{d}t. \tag{2.3.4}$$

将式 (2.3.2) 和式 (2.3.4) 代入式 (2.3.3)，可得到从高度 z_1 传播到 z_2 时，波形上 ξ 点处的延迟时间变化量为

$$\Delta t'(\xi) = t'_{z2}(\xi) - t'_{z1}(\xi) = \frac{\gamma+1}{2}\varTheta(\xi)\int_{z_1}^{z_2} \frac{\mathrm{d}z}{\sqrt{\rho_0 c_0 c_n^4 A \sin^2\theta}}. \tag{2.3.5}$$

如果在 z_1 处 $t'_{z1}(\xi) = \xi$，则当波传播到 z_2 处时，原 ξ 点的延迟时间为

$$t'_{z2}(\xi) = \xi - \tau\varTheta(\xi), \tag{2.3.6}$$

式中，

$$\tau = -\frac{\gamma+1}{2}\int_{z_1}^{z_2} \frac{\mathrm{d}z}{\sqrt{\rho_0 c_0 c_n^4 A \sin^2\theta}}. \tag{2.3.7}$$

也称作波形的“年龄变量” (age variable)，它表征了波形上非线性效应的累积程度。

1. 波形斜率参数

针对第 i 段波形，由波形斜率的定义可知

$$m_i = \frac{\partial p'_i}{\partial t'_i} = \frac{\partial p'_i/\partial\xi}{\partial t'_i/\partial\xi}. \tag{2.3.8}$$

为方便起见，$\partial p'_i/\partial\xi$ 记为 p'_{ξ_i}，$\partial t'_i/\partial\xi$ 记为 t'_{ξ_i}。上式对传播时间 t 求导有

$$\frac{\mathrm{d}m_i}{\mathrm{d}t} = -\frac{p'_{\xi_i}}{t'^2_{\xi_i}}\frac{\partial t'_{\xi_i}}{\partial z}\frac{\mathrm{d}z}{\mathrm{d}t} + \frac{1}{t'_{\xi_i}}\frac{\partial p'_{\xi_i}}{\partial z}\frac{\mathrm{d}z}{\mathrm{d}t}. \tag{2.3.9}$$

结合式 (2.3.8)，可得

$$\frac{\mathrm{d}m_i}{\mathrm{d}t} = -\frac{m_i^2}{p'_{\xi_i}}\frac{\partial t'_{\xi_i}}{\partial z}\frac{\mathrm{d}z}{\mathrm{d}t} + \frac{m_i}{p'_{\xi_i}}\frac{\partial p'_{\xi_i}}{\partial t}. \tag{2.3.10}$$

再由式 (2.3.1) 和式 (2.3.6)，可知

$$\begin{cases} p'_{\xi_i} = \sqrt{\dfrac{\rho_0 c_0^3}{c_n^2 A}}\dfrac{\mathrm{d}\Theta_i(\xi)}{\mathrm{d}\xi} \\ \dfrac{\partial t'_{\xi_i}}{\partial z} = -\dfrac{\mathrm{d}\Theta_i(\xi)}{\mathrm{d}\xi}\dfrac{\partial \tau}{\partial z} \end{cases}, \tag{2.3.11}$$

其中，

$$\frac{\partial \tau}{\partial z} = -\frac{\gamma+1}{2}\sqrt{\frac{1}{\rho_0 c_0 c_n^4 A \sin^2\theta}}. \tag{2.3.12}$$

将式 (2.3.11)、式 (2.3.12) 和式 (2.3.4) 代入式 (2.3.10)，可得波形斜率参数 m_i 的常微分方程：

$$\frac{\mathrm{d}m_i}{\mathrm{d}t} = \frac{\gamma+1}{2\gamma}\frac{c_0}{p_0 c_n}m_i^2 + \frac{1}{2}\left(\frac{3}{c_0}\frac{\mathrm{d}c_0}{\mathrm{d}t} + \frac{1}{\rho_0}\frac{\mathrm{d}\rho_0}{\mathrm{d}t} - \frac{2}{c_n}\frac{\mathrm{d}c_n}{\mathrm{d}t} - \frac{1}{A}\frac{\mathrm{d}A}{\mathrm{d}t}\right)m_i. \tag{2.3.13}$$

需要注意的是，c_0、ρ_0、c_n、A 和当地高度相关，随着波形的传播，这些物理量也在发生变化。

2. 波形阶跃参数

由式 (2.3.1)，有

$$\Delta p_i = \sqrt{\frac{\rho_0 c_0^3}{c_n^2 A}}\Delta\Theta_i. \tag{2.3.14}$$

等式两边对 t 求导

$$\frac{\mathrm{d}\Delta p_i}{\mathrm{d}t} = \frac{\Delta p_i}{\Delta\Theta_i}\frac{\mathrm{d}\Delta\Theta_i}{\mathrm{d}t} + \Delta p_i\sqrt{\frac{c_n^2 A}{\rho_0 c_0^3}}\frac{\mathrm{d}}{\mathrm{d}t}\left(\sqrt{\frac{\rho_0 c_0^3}{c_n^2 A}}\right), \tag{2.3.15}$$

式中，$\Delta\Theta_i$ 的时间变化率求解过程如下。

考虑如下声爆波形，图 2.18 中点划线表示“面积平衡”线，且在经过 dt 时间后将形成激波。由式 (2.3.2) 和式 (2.3.3)，畸变量 ε_1 与时间 dt 的关系式为

$$2\varepsilon_1 c_n = \frac{\gamma+1}{2}\sqrt{\frac{c_0}{\rho_0 c_n^2 A}}\Delta\Theta_i \mathrm{d}t. \tag{2.3.16}$$

根据弱激波假设下的“面积平衡”方法，在时间 dt 内 Δp_i 的变化量 $\mathrm{d}\Delta p_i = \varepsilon_1(m_{i-1}+m_i)$，则

$$\frac{\mathrm{d}\Delta\Theta_i}{\mathrm{d}t} = \frac{\varepsilon_1}{\mathrm{d}t}(m_i+m_{i-1})\sqrt{\frac{c_n^2 A}{\rho_0 c_0^3}}. \tag{2.3.17}$$

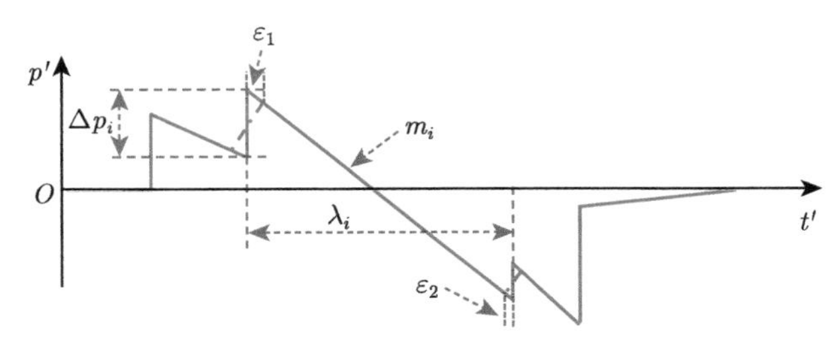

图 2.18　射线上声爆波形畸变示意图

于是，$\Delta\Theta_i$ 的时间变化率为

$$\frac{1}{\Delta\Theta_i}\frac{\mathrm{d}\Delta\Theta_i}{\mathrm{d}t} = \frac{\gamma+1}{4\gamma}\frac{c_0}{p_0 c_n}(m_i+m_{i-1}). \tag{2.3.18}$$

将式 (2.3.18) 代入式 (2.3.15) 可得 Δp_i 的常微分方程：

$$\begin{aligned}\frac{\mathrm{d}\Delta p_i}{\mathrm{d}t} =& \frac{\gamma+1}{4\gamma}\frac{c_0}{p_0 c_n}(m_i+m_{i-1})\Delta p_i \\ &+\frac{1}{2}\left(\frac{3}{c_0}\frac{\mathrm{d}c_0}{\mathrm{d}t}+\frac{1}{\rho_0}\frac{\mathrm{d}\rho_0}{\mathrm{d}t}-\frac{2}{c_n}\frac{\mathrm{d}c_n}{\mathrm{d}t}-\frac{1}{A}\frac{\mathrm{d}A}{\mathrm{d}t}\right)\Delta p_i\end{aligned}. \tag{2.3.19}$$

3. 波形时间长度

由波形时间长度 λ_i 的定义，有

$$\lambda_i = t'_{i+1} - t'_i. \tag{2.3.20}$$

根据式 (2.3.6) 有

$$\begin{aligned}\frac{\mathrm{d}(t'_{i+1}-t'_i)}{\mathrm{d}t} &= -(\Theta_{i+1}-\Theta_i)\frac{\mathrm{d}\tau}{\mathrm{d}t} \\ &= -m_i\lambda_i\sqrt{\frac{c_n^2 A}{\rho_0 a_0^3}}\frac{\mathrm{d}\tau}{\mathrm{d}t}\end{aligned}. \tag{2.3.21}$$

将式 (2.3.4)、式 (2.3.12)、式 (2.3.14)、式 (2.3.16) 代入式 (2.3.21)，得到波形持续时间的常微分方程为

$$\frac{\mathrm{d}\lambda_i}{\mathrm{d}t} = -\frac{\gamma+1}{4\gamma}\frac{c_0}{p_0 c_n}(\Delta p_i + \Delta p_{i+1}) - \frac{\gamma+1}{2\gamma}\frac{c_0}{p_0 c_n} m_i \lambda_i. \tag{2.3.22}$$

4. 波形参数法的解

由式 (2.3.13)、式 (2.3.19) 和式 (2.3.22) 组成的常微分方程组，描述了声爆各个波形参数随传播时间的变化情况，写成较为简单的形式：

$$\begin{cases} \dfrac{\mathrm{d}m_i}{\mathrm{d}t} = C_1 m_i^2 + C_2 m_i \\ \dfrac{\mathrm{d}\Delta p_i}{\mathrm{d}t} = \dfrac{1}{2}C_1 \Delta p_i (m_i + m_{i-1}) + C_2 \Delta p_i \\ \dfrac{\mathrm{d}\lambda_i}{\mathrm{d}t} = -\dfrac{1}{2}C_1(\Delta p_i + \Delta p_{i+1}) - C_1 m_i \lambda_i \end{cases}. \tag{2.3.23}$$

其中，

$$\begin{cases} C_1 = \dfrac{\gamma+1}{2\gamma}\dfrac{c_0}{p_0 c_n} \\ C_2 = \dfrac{1}{2}\left(\dfrac{3}{c_0}\dfrac{\mathrm{d}c_0}{\mathrm{d}t} + \dfrac{1}{\rho_0}\dfrac{\mathrm{d}\rho_0}{\mathrm{d}t} - \dfrac{2}{c_n}\dfrac{\mathrm{d}c_n}{\mathrm{d}t} - \dfrac{1}{A}\dfrac{\mathrm{d}A}{\mathrm{d}t}\right) \end{cases}. \tag{2.3.24}$$

式 (2.3.23) 为一阶耦合常微分方程组。方程组中参数 C_1、C_2 沿声爆传播的路径 (求解方法在第 4 章介绍) 发生变化，但是在很小的时间段 $\mathrm{d}t$ 内可认为保持不变。

假设声爆由近场向远场传播所用时间为 t_s，对其进行离散，离散间隔为 Δt。在每个离散间隔上使用式 (2.3.23)，并进行积分，可得

$$\begin{cases} m_i^{k+1} = \dfrac{m_i^k \mathrm{e}^{C_2 \Delta t}}{1 - C_1 C_3 m_i^k} \\ \Delta p_i^{k+1} = \dfrac{\Delta p_i^k \mathrm{e}^{C_2 \Delta t}}{\sqrt{(1 - C_1 C_3 m_i^k)(1 - C_1 C_3 m_{i-1}^k)}} \\ \lambda_i^{k+1} = (1 - C_1 C_3 m_i^k)\left[\lambda_i^k - \dfrac{\Delta p_i^k}{m_i^k - m_{i-1}^k}\left(\sqrt{\dfrac{1 - C_1 C_3 m_{i-1}^k}{1 - C_1 C_3 m_i^k}} - 1\right)\right. \\ \qquad \left. - \dfrac{\Delta p_{i+1}^k}{m_i^k - m_{i+1}^k}\left(\sqrt{\dfrac{1 - C_1 C_3 m_{i+1}^k}{1 - C_1 C_3 m_i^k}} - 1\right)\right] \end{cases}, \tag{2.3.25}$$

其中，

$$C_3 = \frac{\mathrm{e}^{C_2 \Delta t} - 1}{C_2},$$

式中，$m_i^k, \Delta p_i^k, \lambda_i^k$ 为射线上第 k 个离散点处第 i 段的三类波形参数；$m_i^{k+1}, \Delta p_i^{k+1}, \lambda_i^{k+1}$ 为相应段波形在 Δt 时间段后的波形参数。

5. 注意事项

(1) 考虑式 (2.3.25)，当波形传播过程中出现 $m_i^k = m_{i-1}^k$ 或 $m_i^k = m_{i+1}^k$ 时，第三式会出现除数为 0 的情况。在波形参数法推进的过程中，若出现 $m_i^k = m_{i-1}^k$ 或

$$\left| \frac{C_1 C_3 (m_i^k - m_{i-1}^k)}{1 - C_1 C_3 m_i^k} \right| < 0.001 \tag{2.3.26}$$

时，可以利用下式进行近似计算

$$\frac{\Delta p_i^k}{m_i^k - m_{i-1}^k} \left(\sqrt{\frac{1 - C_1 C_3 m_{i-1}^k}{1 - C_1 C_3 m_i^k}} - 1 \right) \approx \frac{\Delta p_i^k}{2} \frac{C_1 C_3}{1 - C_1 C_3 m_i^k}. \tag{2.3.27}$$

对于 $m_i^k = m_{i+1}^k$ 的情形，也可采用类似的表达式进行处理。

(2) 在由近场向远场推进的过程中，会有激波的形成和合并，使得波形参数个数减少，即会出现 λ_i 趋于 0 的情况。在这一情况下，需要重新定义整个声爆波形的参数，才能往下继续推进。

2.3.2 激波厚度修正方法

波形参数法假设激波无厚度，激波处理为强间断，而在实际情况下，由于大气对声能的吸收作用，激波处压强连续增加。1910 年，Taylor[5] 对激波结构进行研究，认为其压强变化呈双曲正切分布。因此，在波形参数法计算得到的远场波形上，可以采用双曲正切函数对激波厚度进行修正，具体方法如下。

如式 (2.3.28) 所示，δp_i 为加在原波形上的修正超压值，其满足双曲正切关系。图 2.19 所示为激波厚度修正过程，即在原始激波处叠加上如式 (2.3.28) 所描述的压强分布，使激波处压强过渡光滑更贴近实际情况。

$$\delta p_i = \begin{cases} \dfrac{\Delta p_i}{2}(\tanh \zeta (t' - t'_{\mathrm{s},i}) + 1), & t' < t'_{\mathrm{s},i} \\ 0, & t' = t'_{\mathrm{s},i} \\ \dfrac{\Delta p_i}{2}(\tanh \zeta (t' - t'_{\mathrm{s},i}) - 1), & t' > t'_{\mathrm{s},i} \end{cases}, \tag{2.3.28}$$

式中，Δp_i 为激波处压强阶跃；$t'_{s,i}$ 为激波所处延迟时刻；ζ 为激波厚度参数。

在修正过程中，通过激波上升时间 t_{shock} 来确定激波厚度参数 ζ。激波上升时间的定义为激波处压强从 $k\Delta p_i$ 上升到 $(1-k)\,\Delta p_i$ 所经历的时间，如图 2.20 所示。

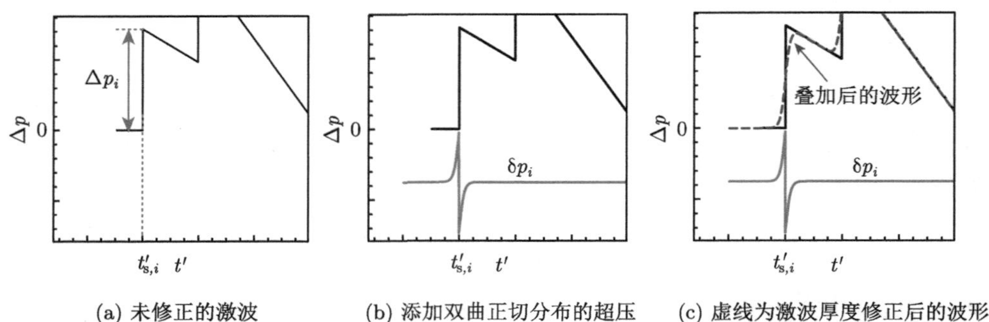

(a) 未修正的激波 (b) 添加双曲正切分布的超压 (c) 虚线为激波厚度修正后的波形

图 2.19 利用双曲正切函数进行激波厚度修正的示意图

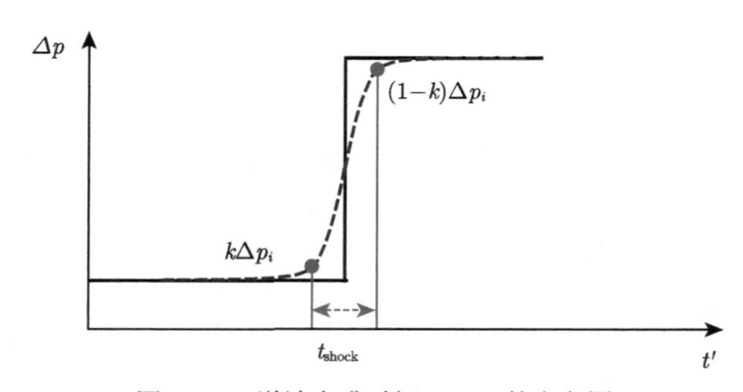

图 2.20 激波上升时间 t_{shock} 的定义图

根据激波厚度修正公式及 t_{shock} 的定义，则 ζ 的计算式为

$$\zeta = \frac{\operatorname{arctanh}\,(1-k)}{t_{\text{shock}}/2}. \tag{2.3.29}$$

激波上升时间 t_{shock} 与激波的阶跃压强 Δp_i 相关，根据文献 [6, 7]，压强以 psf (1 psf $\approx$ 47.88 Pa) 为单位，$t_{\text{shock}} = (1/\Delta p_i)$ ms。而参数 k 的典型值为 0.001，此时激波上升时间 t_{shock} 表示的是从 $0.1\%\Delta p_i$ 上升到 $99.9\%\Delta p_i$ 所经历的时间。图 2.21 为不同 k 值下波形修正结果的对比，当 $k = 0.001$ 时，修正后的波形与参考文献 [8] 一致。

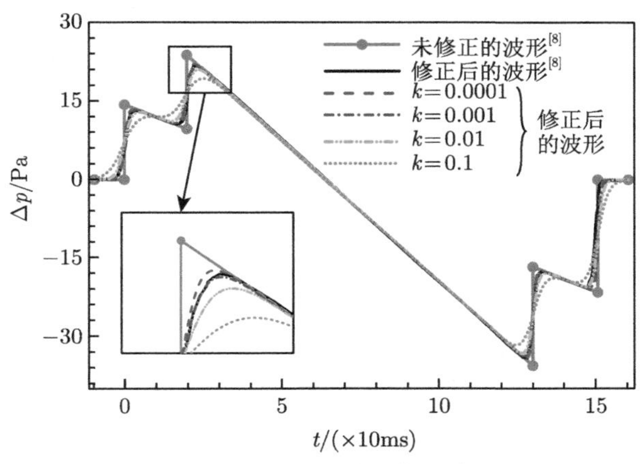

图 2.21 不同 k 值下波形修正结果对比

2.4 声爆预测示例

为了使读者对本章介绍的三种声爆预测方法有更加清楚的认识，本节将展示四个声爆预测算例。前两个算例分别是 NASA 双锥模型和超声速民机方案 LM 1021 的近场声爆预测算例，主要用于展示修正线化声爆预测理论对近场的预测效果。第三个算例是 SR-71 (美国“黑鸟”侦察机) 飞机的远场声爆预测算例，主要用于展示简化声爆预测方法的预测效果。第四个算例是 LM 1021 构型的远场声爆预测算例，主要用于展示波形参数法的远场预测效果。

2.4.1 NASA 双锥模型的近场声爆预测

早在 1965 年，NASA 就对圆锥体模型的近场声爆信号开展了大量研究，具有丰富的试验数据，感兴趣的读者可以查阅相关文献 [9]。本小节采用修正线化声爆预测理论对 NASA 双锥模型的近场声爆进行计算，并与风洞试验值进行对比分析。图 2.22 所示为 NASA 双锥模型示意图，其半径公式为

$$R=\begin{cases} x\sqrt{\dfrac{0.08}{\pi}}, & 0\leqslant x\leqslant 0.25l \\ 0.25l\sqrt{\dfrac{0.08}{\pi}}, & 0.25l\leqslant x\leqslant 0.75l \\ \left(l\sqrt{\dfrac{0.01}{\pi}}-0.25l\sqrt{\dfrac{0.08}{\pi}}\right)\dfrac{x-0.75l}{0.25l}+0.25l\sqrt{\dfrac{0.08}{\pi}}, & 0.75l\leqslant x\leqslant l \\ l\sqrt{\dfrac{0.01}{\pi}}, & x\geqslant l \end{cases},\tag{2.4.1}$$

式中，$l = 2\ \text{in} \approx 5.08\ \text{cm}$；$x$ 为圆锥体轴向坐标。

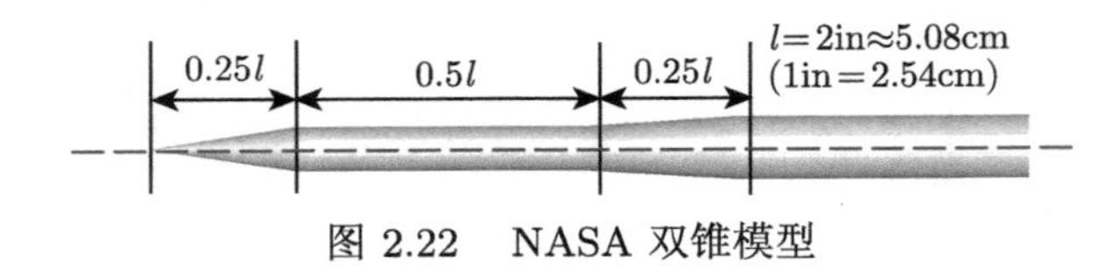

图 2.22　NASA 双锥模型

计算时来流马赫数分别为 1.26、1.41 和 2.01，近场声爆信号的观测位置为模型正下方离轴线 $r_0 = 10l$ 处。图 2.23 为修正线化声爆预测理论计算的近场声爆信号与试验值的对比。

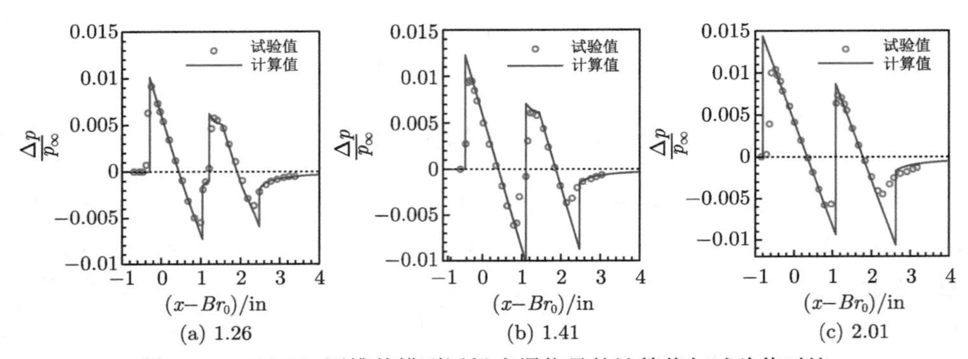

图 2.23　NASA 圆锥体模型近场声爆信号的计算值与试验值对比

由对比图可知，三种状态下的计算值与试验值基本一致，说明该理论能够较好地描述无升力旋成体构型的近场声爆信号。然而，随着马赫数增加，计算值与试验值差异逐渐增大，尤其是当马赫数为 2.01 时，计算结果的第一道激波已很不准确。

2.4.2　超声速民机方案 LM 1021 的近场声爆预测

本小节采用较为复杂的超声速民机构型。LM 1021 是洛克希德 · 马丁公司设计的 “N+2” 代超声速民机方案，同样也是美国 AIAA 第一届和第二届声爆预测研讨会的计算标模。简单起见，本算例对原始外形 (图 2.32) 进行了简化，省去了短舱、V 形尾翼等部件，简化后的几何外形如图 2.24 所示。计算条件为：马赫数 $Ma = 1.6$、巡航高度 $h_{\text{v}} = 15240\ \text{m}$、攻角 $\alpha = 2.8°$，近场提取位置为飞机正下方 1 倍飞机长度 (71.12 m) 处。

按照前文介绍的修正线化声爆预测理论，首先需要求解飞机的等效截面积分布。本算例与 2.4.1 节不同的是，等效截面积还包含了升力引起的等效截面积分量。对于升力等效截面积分布，采用面元法对全机进行气动计算，再根据表面压力系数积分求得，图 2.25 展示了用于面元法进行气动计算的面元网格。评估的全机表面压力系数云图如图 2.26 所示，对表面压力系数进行积分并根据式 (2.1.26)，可以计算出升力等效截面积分布。对于体积等效截面积，采用前文所述的马赫平面截取方法获得。需要注意的是，截取计算时，飞机几何外形需要按照攻角进行旋转，否则计算的体积截面积分布可能会出现较大误差。LM 1021 的等效截面积分布如图 2.27 所示。

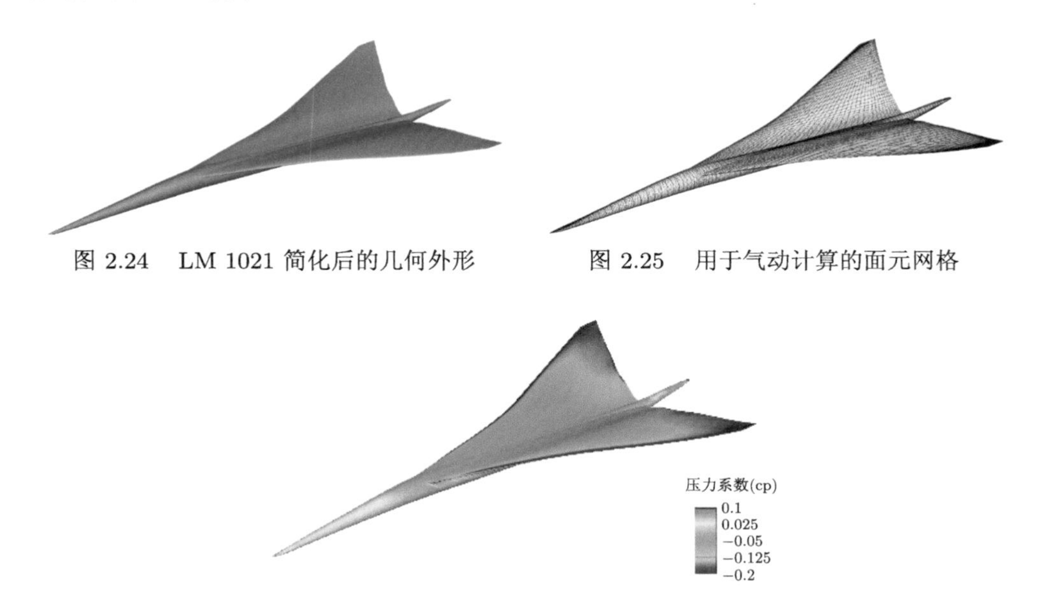

图 2.24 LM 1021 简化后的几何外形

图 2.25 用于气动计算的面元网格

图 2.26 LM 1021 全机表面压力系数云图

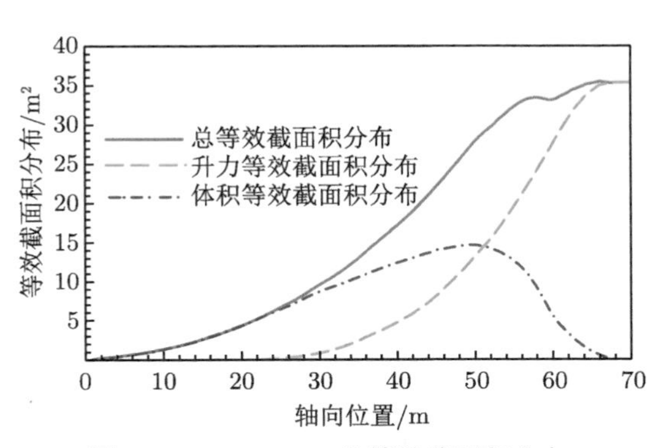

图 2.27 LM 1021 的等效截面积分布

根据等效截面积和 F 函数的计算方法，计算出 F 函数分布 (图 2.28) 进而得出飞机正下方 1 倍机身长度处的非物理波形。然后，通过“面积平衡”方法确定激波位置，最后获得含有激波的近场声爆信号。从图 2.29 中可以看到，在采用“面积平衡”方法确定激波位置的步骤中，将非物理的多值波形转化为包含激波的波形。至此，针对 LM 1021 标模简化模型的修正线化声爆预测计算完成。

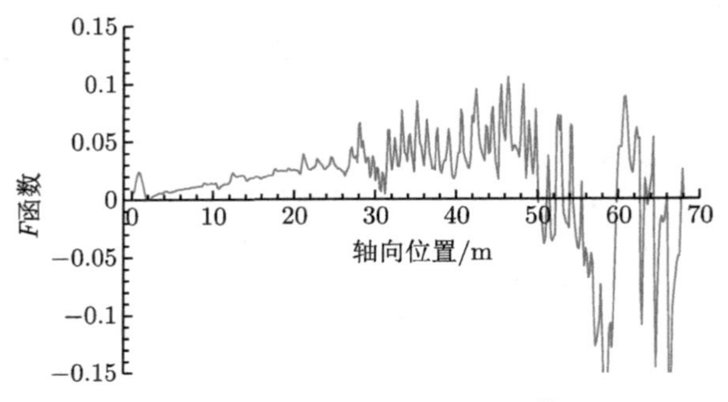

图 2.28　LM 1021 的 F 函数

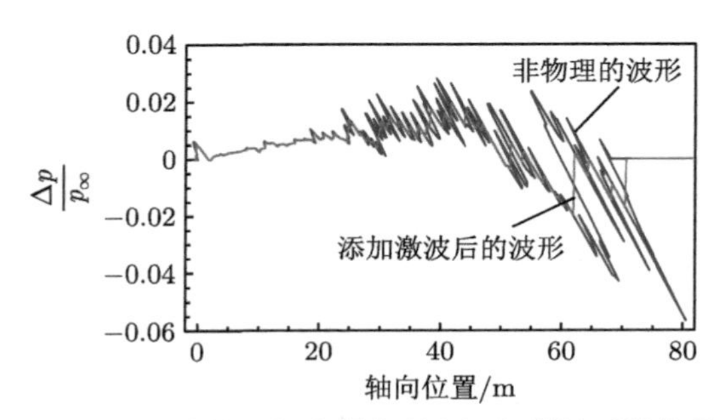

图 2.29　F 函数直接计算的近场声爆信号和添加激波后的信号 (LM 1021)

为验证该结果的可靠性，将预测结果与采用高可信度 CFD 方法计算的近场声爆信号进行对比，如图 2.30 所示。修正线化声爆预测理论计算的波形与高可信

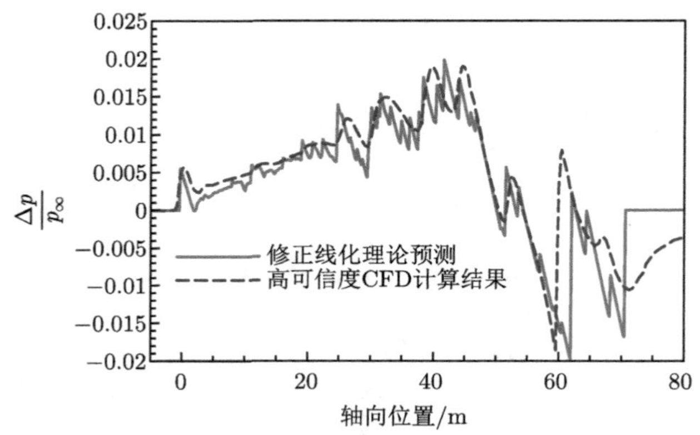

图 2.30　修正线化理论预测结果与高可信度 CFD 方法计算结果的对比 (LM 1021 的近场信号)

度 CFD 结果的趋势一致，主要差别在轴向位置为 60~80 m 区域，造成这一差异的原因主要是修正线化声爆预测理论丢失了高阶极子效应①。由于运用该理论进行近场声爆计算的效率很高，就总体而言它能基本满足概念设计阶段对声爆性能快速评估的需求。

2.4.3 SR-71 飞机的远场声爆预测

表 2.2 给出了 SR-71 飞机在巡航时的飞行马赫数、飞行重量、机长、巡航高度、巡航高度处的声速和压强、地面观测点处的高度和压强等信息。由于无法获得该飞机的数模文件，我们没办法通过 2.2 节介绍的方法得到外形影响因子 K_S，这里暂且采用文献 [3] 中的另外一种根据飞机型号粗略确定 K_S 的方法，得到的 K_S 数值为 0.0863。再根据 2.2 节介绍的确定其他影响因子的方法，可以很容易地计算出地面声爆 “N 型波”。

表 2.2 SR-71 算例的飞行参数

参数	Ma	W/N	l/m	c_v/(m/s)	h_v/km	h_g/km
取值	1.5	402000	32.7	296	14.6	0.760
参数	p_v/kPa	p_g/kPa	$\vartheta/(^\circ)$	$\phi/(^\circ)$	K_R	
取值	12.69	92.3	0	0	2.0	

图 2.31 给出了 “N 型波” 计算结果与飞行试验值的对比。可知，简化声爆预测方法计算结果能够初步反映声爆超压值和持续时间，其评估精度基本满足超声速民机在概念设计阶段的需求。但是，也应该看到该方法对地面波形的细节描述不够准确，无法计算声爆上升时间。

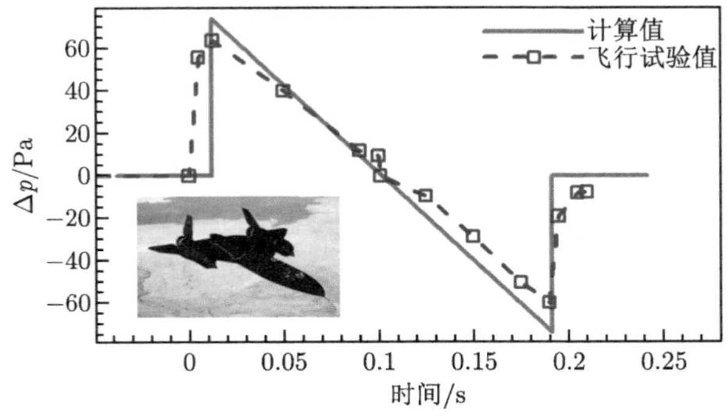

图 2.31 简化声爆预测方法计算结果与飞行试验值对比 (SR-71，飞行试验值来自文献 [10])

① George 通过多极分析研究发现：修正线化声爆预测理论中等效截面积的计算只考虑了升力分量和由马赫平面截取的体积分量，他们分别对应多极分析中偶极子和单极子；然而，除了单极子和偶极子外，四极子等高阶极子也会严重影响近场声爆信号的预测精度。

2.4.4　LM 1021 构型的远场声爆预测

如 2.4.2 节所述，该构型于 2014 年和 2017 年作为了美国 AIAA 声爆研讨会的研究标模。本算例选取的是 AIAA 第二届声爆预测研讨会 [11] 中，用于研究远场声爆传播方法的标模算例。研讨会中，共有 11 名参与者提交了远场声爆传播结果。其中，有 10 名参会者采用基于广义 Burgers 方程方法模拟传播过程 (能够更准确地计算激波上升时间，本书将在第 4 章介绍)，1 名参会者 (P11) 采用波形参数法计算远场声爆波形。由于该算例有丰富的远场计算结果，且代表了当时国际先进水平，将其用于展示波形参数法及激波厚度修正方法比较有说服力。

LM 1021 构型的试验模型及近场声爆提取位置如图 2.32 所示，飞机长度为 71.12 m，巡航马赫数为 1.6，巡航高度为 16.764 km，在计算近场声爆信号或风洞试验时模型绕机头有向下 2.1° 的偏转 (等同于来流攻角为 2.1°)。在不同周向角下，距离飞机 3.13 倍飞机长度位置处，提取的近场声爆信号 (由研讨会主办方提供) 如图 2.33 所示。远场声爆传播的大气条件为标准大气，地面反射因子为 1.9。

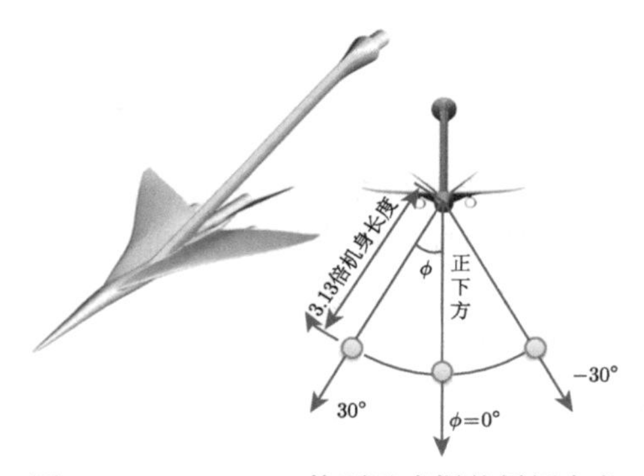

图 2.32　LM 1021 构型及声爆传播周向角

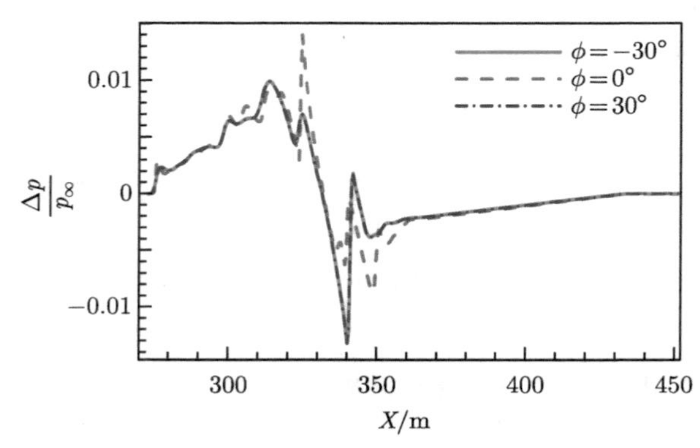

图 2.33　LM 1021 构型近场声爆信号对比

采用波形参数法对近场声爆信号进行传播，不同周向角 ϕ 下得到的地面波形与 P11 提交结果的对比如图 2.34 所示。在标准大气条件下，周向角 $\phi=-30^\circ$ 和 $\phi=30^\circ$ 计算的远场声爆波形相同，因此图中只给出了 $\phi=0^\circ$ 和 $\phi=-30^\circ$ 下的远场声爆波形对比。

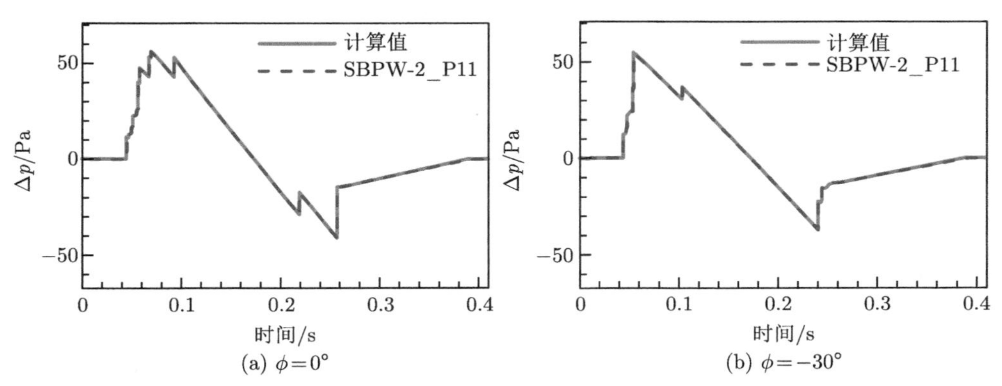

(a) $\phi=0^\circ$　(b) $\phi=-30^\circ$

图 2.34　波形参数法计算的不同周向角远场声爆波形对比

此外，采用前文所述的激波厚度修正方法，对计算的地面波形进行修正，将结果与研讨会中 P5、P8 和 P10 提交的基于广义 Burgers 方程传播结果进行对比，如图 2.35 所示。由图可知，波形参数法结果经过修正后，能够初步反映波形中激波的上升时间，修正波形与高可信度方法计算的波形基本吻合 (P10 在 $\phi=-30^\circ$ 方向上的远场波形可能没有计算准确)。

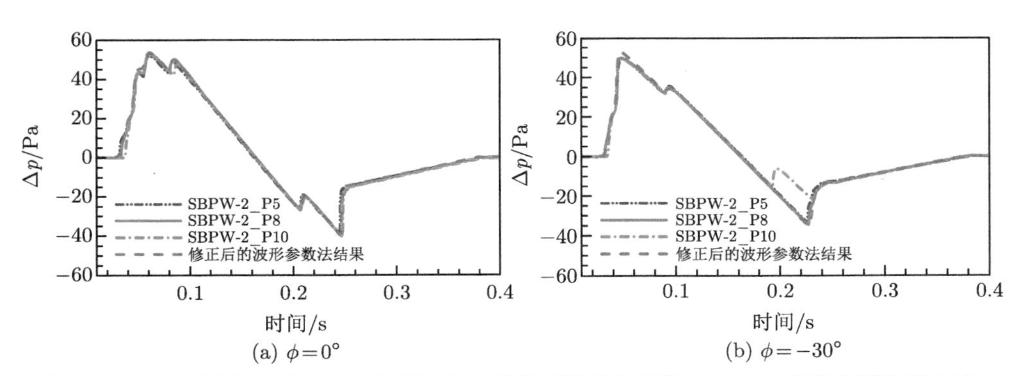

(a) $\phi=0^\circ$　(b) $\phi=-30^\circ$

图 2.35　不同周向角下，波形参数法的波形修正结果与广义 Burgers 方程传播结果对比

2.5　小　结

本章详细介绍了修正线化声爆预测理论、Carlson 简化声爆预测方法、波形参数法 (及其激波厚度修正方法) 等声爆快速预测理论和方法，读者可以根据本章

内容进行编程实现。为了展示这三种方法的声爆预测效果，本章还给出了 NASA 双锥体模型和 LM 1021 简化构型的近场声爆计算、SR-71 飞机和 LM 1021 构型的远场声爆预测共四个算例。需要说明的是，本章将所介绍的三种声爆预测方法归为快速预测方法，相比于之后第 3 章和第 4 章介绍的方法，虽然计算精度不是很高，但声爆评估的速度快，可以用于超声速民机的概念设计和初步设计阶段。

参 考 文 献

[1] Whitham G. The flow pattern of a supersonic project[J]. Communications on Pure and Applied Mathematics, 1952, 5(3): 301-347.

[2] Walkden F. The shock pattern of a wing-body combination, far from the flight path[J]. Aeronautical Quarterly, 1958, IX(2):164-194.

[3] Carlson W H. Simplified sonic boom prediction: NASA TP-1122 [R]. Hampton, VA: NASA, 1978.

[4] Thomas L C. Extrapolation of sonic boom pressure signatures by waveform parameter method: NASA TN D-6832 [R]. Washington, DC: NASA, 1972.

[5] Taylor G I. The conditions necessary for discontinuous motion in gases[J]. Proceedings of the Royal Society, 1910, A84: 371-377.

[6] Plotkin K J. State of art of sonic boom modeling [J]. The Journal of the Acoustical Society of America, 2002, 111(1): 530-536.

[7] Pierce A D. Statical theory of atmoshperic turbulence effects on sonic-boom rise times [J]. The Journal of the Acoustical Society of America, 1971, 49(3): 906-924.

[8] Salamone J. Sonic boom simulation using conventional audio equipment: NOISE-CON-2004 [R]. Savannah, GA: Baltimore, Maryland, 2004.

[9] Carlson H W, Mack R J, Morris O A. A wind tunnel investigation of the effect of body shape on sonic boom pressure distributions: NASA TN D-3106 [R]. Hampton, VA: NASA, 1965.

[10] Stephen R. Ground based sensors for the SR-71 sonic boom propagation experiment: NASA TM-104310 [R]. Washington, DC: NASA, 1995.

[11] Rallabhandi S K, Loubeau A. Summary of propagation cases of the second AIAA sonic boom prediction workshop: AIAA-2017-3257 [R]. Reston, VA: AIAA, 2017.

第 3 章　基于 CFD 的近场声爆计算

修正线化声爆预测理论可以快速计算近场声爆信号，进而预测远场声爆，但精度较低。近年来，随着计算流体力学 (CFD) 的发展和计算机计算能力的提升，求解 Euler 方程或雷诺平均 Navier-Stokes (RANS) 方程的 CFD 数值模拟成了获取近场声爆信号的高可信度方法。本章将简要介绍 CFD 的基本控制方程和离散求解方法，重点阐述能够准确捕捉近场空间激波膨胀波系的网格类型和特点，并给出三个典型近场声爆预测算例。

3.1　流动控制方程及其离散

3.1.1　Navier-Stokes 方程

在连续介质假设下，忽略体积力和热源的三维守恒形式 Navier-Stokes (N-S) 方程，依据求和约定①在笛卡儿坐标系下可表述如下：

$$\frac{\partial \boldsymbol{W}}{\partial t}+\frac{\partial \boldsymbol{F}_i}{\partial x_i}=\frac{\partial \boldsymbol{F}_{\mathrm{v}i}}{\partial x_i},\ \ i=1,2,3, \tag{3.1.1}$$

其中，$\boldsymbol{W}$ 为守恒变量，$\boldsymbol{F}_i$ 为 x_i 方向的无黏通量项，$\boldsymbol{F}_{\mathrm{v}i}$ 为 x_i 方向的黏性通量项。各物理量的具体表达式分别如下：

$$\boldsymbol{W}=\{\rho,\ \rho u_1,\ \rho u_2,\ \rho u_3,\ \rho E\}^{\mathrm{T}}, \tag{3.1.2}$$

$$\boldsymbol{F}_i=\{\rho u_i,\ \rho u_i u_1+p\delta_{i1},\ \rho u_i u_2+p\delta_{i2},\ \rho u_i u_3+p\delta_{i3},\ \rho u_i H\}^{\mathrm{T}}, \tag{3.1.3}$$

$$\boldsymbol{F}_{\mathrm{v}i}=\left\{0,\ \tau_{ij}\delta_{j1},\ \tau_{ij}\delta_{j2},\ \tau_{ij}\delta_{j3},\ u_j\tau_{ij}+k_{\mathrm{c}}\frac{\partial T}{\partial x_i}\right\}^{\mathrm{T}}, \tag{3.1.4}$$

式中，ρ 为密度，p 为压强；u_i 为 x_i 方向的速度分量，δ_{ij} 为克罗尼柯尔符号，τ_{ij} 为垂直于 x_i 的平面内指向 x_j 方向的黏性应力；E 为单位质量流体的总能，H 为单位质量流体的总焓；T 为温度，k_{c} 为热传导系数。

单位质量总能 E 的表达式为

$$E=e+\frac{1}{2}u_i u_i. \tag{3.1.5}$$

① 相同两个下标表示求和，即 $a_ib_i=\sum\limits_{i=1}^{3}a_ib_i=a_1b_1+a_2b_2+a_3b_3$。

单位质量总焓 H 的表达式为

$$H = \frac{p}{\rho} + e + \frac{1}{2}u_i u_i = h + \frac{1}{2}u_i u_i, \tag{3.1.6}$$

式中，h 为单位质量流体的静焓。

黏性应力 τ_{ij} 为

$$\tau_{ij} = \mu\left(\frac{\partial u_i}{\partial x_j} + \frac{\partial u_j}{\partial x_i}\right) + \lambda\delta_{ij}\frac{\partial u_k}{\partial x_k}, \tag{3.1.7}$$

式中，μ、λ 分别为动力黏性系数和第二黏性系数，一般取 $\lambda/\mu = -2/3$。对于完全气体有

$$p = (\gamma - 1)\rho\left[E - \frac{1}{2}(u_i u_i)\right], \tag{3.1.8}$$

$$T = p/(R\rho), \tag{3.1.9}$$

其中，γ 为比热比，对于量热完全气体取 1.4; R 为气体常数，一般取 287 J/(kg·K)。

若忽略式 (3.1.1) 中的黏性通量项，则控制方程退化为 Euler 方程。

3.1.2　边界条件

之所以可以采用同一控制方程描述不同的流动，正是由于边界条件的不同。从物理上讲，在均匀流动中放入物体后，流场结构只取决于物面形状及物体物性参数 (热传导速率等)，物体对流动的影响范围是无边界的。但是，流场计算不可能在无限空间中进行。因此，为了求解物体绕流流动，须引入远场边界条件，并要求远场边界不能反射流场内部的扰动。

针对物面边界，常用的有如下四类边界条件。

(1) 对于无黏流动，物面为无穿透条件，物面处法向速度为 0:

$$\boldsymbol{u} \cdot \boldsymbol{n} = 0, \tag{3.1.10}$$

其中，$\boldsymbol{u}$ 为流动速度矢量，$\boldsymbol{n}$ 为物面法向向量。

(2) 对于黏性流动，物面为无滑移条件:

$$\boldsymbol{u} = \boldsymbol{0}. \tag{3.1.11}$$

(3) 对于绝热壁，物面法向温度梯度为 0:

$$\frac{\partial T}{\partial n} = 0. \tag{3.1.12}$$

(4) 对于恒温壁，物面的温度恒定：

$$T = T_{\mathrm{w}}. \tag{3.1.13}$$

针对远场边界，超声速流动的远场边界按入流和出流分别进行处理。

在超声速入流边界上，流动流入物理域，边界上的物理量由自由来流值确定，即

$$\boldsymbol{W}_{\mathrm{b}} = \boldsymbol{W}_{\infty}, \tag{3.1.14}$$

其中，$\boldsymbol{W}_{\mathrm{b}}$ 为边界上的物理量，$\boldsymbol{W}_{\infty}$ 为自由来流值。

在超声速出流边界上，流动流出物理域，边界上的物理量由内场解确定，一般采用常数外推方法，即

$$\boldsymbol{W}_{\mathrm{b}} = \boldsymbol{W}_{\mathrm{i}}, \tag{3.1.15}$$

其中，$\boldsymbol{W}_{\mathrm{i}}$ 为内场解确定的物理量。

对于亚声速流动的远场边界，可以引入当地一维 Riemann 不变量来处理 [1]。

3.1.3 雷诺平均 Navier-Stokes 方程

直接用数值方法求解式 (3.1.1) 中描述的瞬时 N-S 方程 (DNS 方法)，理论上可以得到精确的流场解。然而，针对高雷诺数流动，DNS 方法计算量巨大，目前很难应用于工程设计。对于不可压缩流动，将瞬时 N-S 方程在时间方向进行平均，并用物理量的平均值和脉动量描述空间流场，该方法称为雷诺平均。而对于可压缩流动，常用的措施是通过密度加权方法对雷诺平均量进行修正，称为密度加权平均或 Favre 平均。鉴于本书主要关心超声速流动，因而只介绍密度加权平均方法。

对于流场中某一瞬时物理量 f，其雷诺平均用 $\bar{f}$ 表示，则物理量 f 的密度加权平均 $\tilde{f}$ 表示为

$$\tilde{f} = \frac{\overline{\rho f}}{\bar{\rho}}, \tag{3.1.16}$$

式中，ρ 为密度，$\bar{\rho}$ 为密度的雷诺平均量。在流动物理量中，除密度 ρ 和压强 p 用雷诺平均外，其余都用密度加权平均。

设瞬时流动相对于密度加权平均量 $\tilde{f}$ 的脉动量用 f' 表示，则

$$f = \tilde{f} + f'. \tag{3.1.17}$$

那么根据式 (3.1.16)，有

$$\widetilde{f'}=0,\quad \overline{\rho f}=\bar{\rho}\tilde{f},\quad \overline{\rho f_1 f_2}=\bar{\rho}\tilde{f}_1\tilde{f}_2+\overline{\rho f_1' f_2'}.$$

注意，$\overline{f'}\neq 0$。

根据上述计算法则，对式 (3.1.1) 作时均运算：

$$\frac{\partial \overline{\boldsymbol{W}}}{\partial t}+\frac{\partial \overline{\boldsymbol{F}_i}}{\partial x_i}=\frac{\partial \overline{\boldsymbol{F}_{\mathrm{v}i}}}{\partial x_i}. \tag{3.1.18}$$

可以得到

$$\overline{\boldsymbol{W}}=\left\{\bar{\rho},\ \bar{\rho}\tilde{u}_1,\ \bar{\rho}\tilde{u}_2,\ \bar{\rho}\tilde{u}_3,\ \bar{\rho}\tilde{E}\right\}^{\mathrm{T}}, \tag{3.1.19}$$

$$\overline{\boldsymbol{F}_i}=\left\{\begin{array}{l}\bar{\rho}\tilde{u}_i\\ \bar{\rho}\tilde{u}_i\tilde{u}_1+\bar{p}\delta_{i1}+\overline{\rho u_i' u_1'}\\ \bar{\rho}\tilde{u}_i\tilde{u}_2+\bar{p}\delta_{i2}+\overline{\rho u_i' u_2'}\\ \bar{\rho}\tilde{u}_i\tilde{u}_3+\bar{p}\delta_{i3}+\overline{\rho u_i' u_3'}\\ \overline{\rho u_i H}\end{array}\right\}, \tag{3.1.20}$$

$$\overline{\boldsymbol{F}_{\mathrm{v}i}}=\left\{0,\ \bar{\tau}_{ij}\delta_{j1},\ \bar{\tau}_{ij}\delta_{j2},\ \bar{\tau}_{ij}\delta_{j3},\overline{u_j\tau_{ij}}+k_{\mathrm{c}}\frac{\partial \bar{T}}{\partial x_i}\right\}^{\mathrm{T}}. \tag{3.1.21}$$

根据单位质量流体总能的表达式 (3.1.5)，有

$$\tilde{E}=\tilde{e}+\frac{1}{2}\tilde{u}_i\tilde{u}_i+k, \tag{3.1.22}$$

其中，k 为湍动能，表达式为

$$k=\frac{1}{2}\widetilde{u_i' u_i'}=\frac{1}{2}\frac{\overline{\rho u_i' u_i'}}{\bar{\rho}}. \tag{3.1.23}$$

由此可知，单位质量流体的总能由其内能、平均动能和湍动能组成。

考虑单位质量总焓的表达式 (3.1.6)，有

$$\tilde{H}=\tilde{h}+\frac{1}{2}\tilde{u}_i\tilde{u}_i+k, \tag{3.1.24}$$

则

$$\widetilde{u_i H}=\tilde{u}_i\tilde{H}+\frac{1}{2}\widetilde{u_j' u_j' u_i'}+\widetilde{u_i' h'}+\tilde{u}_j\widetilde{u_i' u_j'}, \tag{3.1.25}$$

于是，式 (3.1.20) 中

$$\overline{\rho u_i H} = \bar{\rho}\tilde{u}_i\tilde{H} + \frac{1}{2}\overline{\rho u_j' u_j' u_i'} + \overline{\rho u_i' h'} + \tilde{u}_j\overline{\rho u_i' u_j'}. \tag{3.1.26}$$

式 (3.1.21) 中含有黏性应力的时均项可分别写成如下形式：

$$\begin{cases} \bar{\tau}_{ij} = \tilde{\tau}_{ij} + \overline{\tau_{ij}'} \\ \overline{u_j \tau_{ij}} = \tilde{u}_j\tilde{\tau}_{ij} + \overline{u_j' \tau_{ij}} + \tilde{u}_j\overline{\tau_{ij}'} \end{cases}. \tag{3.1.27}$$

对于几乎所有流动，$|\tilde{\tau}_{ij}| \gg \left|\overline{\tau_{ij}'}\right|$ 成立。因此，上式中 $\overline{\tau_{ij}'}$ 和 $\tilde{u}_j\overline{\tau_{ij}'}$ 可忽略。

对于热传导项，可写作

$$k_{\mathrm{c}}\frac{\partial \bar{T}}{\partial x_i} = k_{\mathrm{c}}\left(\frac{\partial \tilde{T}}{\partial x_i} + \frac{\partial \overline{T'}}{\partial x_i}\right). \tag{3.1.28}$$

对于几乎所有流动，$\tilde{T} \gg \left|\overline{T'}\right|$ 成立。因此，上式中 $\overline{T'}$ 可忽略。

式 (3.1.18)~ 式 (3.1.28) 为密度加权平均下的 N-S 方程表达式，也称为 RANS 方程。从中可以看到，N-S 方程经过时均化后，出现了脉动量乘积项的时均量，即 $\overline{\rho u_i' u_j'}$、$\widetilde{u_i' u_i'}/2$、$\overline{\rho u_j' u_j' u_i'}$、$\overline{\rho u_i' h'}$ 和 $\overline{u_j' \tau_{ij}}$。其中，$-\overline{\rho u_i' u_j'}$ 称为雷诺应力，记为 $\tau_{\mathrm{R},ij}$。为了使 RANS 方程封闭，需要附加一些关系式对这些脉动量进行模化，即建立湍流模型，并且附加关系式中不能再引入新的未知量。

重新整理式 (3.1.18) 中脉动量的时均量，得到

$$\frac{\partial \overline{\boldsymbol{W}}}{\partial t} + \frac{\partial \overline{\boldsymbol{G}_i}}{\partial x_i} = \frac{\partial \overline{\boldsymbol{G}_{\mathrm{v}i}}}{\partial x_i} + \frac{\partial \overline{\boldsymbol{H}_i}}{\partial x_i}, \tag{3.1.29}$$

式中，

$$\overline{\boldsymbol{G}_i} = \left\{\bar{\rho}\tilde{u}_i,\ \bar{\rho}\tilde{u}_i\tilde{u}_1 + \bar{p}\delta_{i1}, \bar{\rho}\tilde{u}_i\tilde{u}_2 + \bar{p}\delta_{i2},\ \bar{\rho}\tilde{u}_i\tilde{u}_3 + \bar{p}\delta_{i3},\ \bar{\rho}\tilde{u}_i\tilde{H}\right\}^{\mathrm{T}}, \tag{3.1.30}$$

$$\overline{\boldsymbol{G}_{\mathrm{v}i}} = \left\{0,\ \tilde{\tau}_{ij}\delta_{j1},\ \tilde{\tau}_{ij}\delta_{j2},\ \tilde{\tau}_{ij}\delta_{j3},\ \tilde{u}_j\tilde{\tau}_{ij} + k_{\mathrm{c}}\frac{\partial \tilde{T}}{\partial x_i}\right\}^{\mathrm{T}}, \tag{3.1.31}$$

$$\overline{\boldsymbol{H}_i} = \left\{0,\ \tau_{\mathrm{R},i1},\ \tau_{\mathrm{R},i2},\ \tau_{\mathrm{R},i3},\ \tilde{u}_j\tau_{\mathrm{R},ij} - \overline{\rho u_i' h'} - \frac{1}{2}\overline{\rho u_j' u_j' u_i'} + \overline{u_j' \tau_{ij}}\right\}^{\mathrm{T}}. \tag{3.1.32}$$

可以看到，与式 (3.1.1) 在方程形式上相比，式 (3.1.29) 只是多了脉动量的时均量对空间的导数项 ($\partial\overline{\boldsymbol{H}_i}/\partial x_i$)，其余项与式 (3.1.1) 完全一致。

3.1.4　湍流模型

1. 雷诺应力 $\tau_{\mathrm{R},ij}$ 的模化

根据雷诺应力的求解方式，可分为两类：一类是基于 Boussinesq 假设的涡黏模型；另一类是雷诺应力模型，即根据 N-S 方程和 RANS 方程推导出雷诺应力项的控制方程，通过对更高阶的附加项建立模型获得，该方法又称 “二阶矩模型”。在工程上，涡黏模型应用更为广泛。

涡黏模型用涡黏性系数来模拟湍流流动，通过涡黏度将雷诺应力与平均流场联系起来。假设涡黏度各向同性，则雷诺应力可表示为

$$\tau_{\mathrm{R},ij}=\mu_t\left(\left(\frac{\partial\tilde{u}_i}{\partial x_j}+\frac{\partial\tilde{u}_j}{\partial x_i}\right)-\frac{2}{3}\delta_{ij}\frac{\partial\tilde{u}_k}{\partial x_k}\right)-\frac{2}{3}\bar{\rho}k\delta_{ij},\tag{3.1.33}$$

其中，μ_t 为湍流黏性系数 (涡黏性系数)。在实际使用中，通常不考虑最后一项。

由式 (3.1.33) 可知，求解雷诺应力需要求解湍流黏性系数 μ_t 和湍动能 k，这就需要附加偏微分方程。根据附加偏微分方程的数目，一般将涡黏模型分为三类：零方程模型、一方程模型和两方程模型。

常用的零方程模型有 Cebeci-Smith (CS) 模型和 Baldwin-Lomax (BL) 模型，由当时当地平均流参数的代数关系式确定 μ_t。一方程模型主要有 Baldwin-Barth (BB)、Spalart-Allmaras (SA) 等，通过对两方程模型进行化简，导出模型相关变量，进而求解湍流黏性系数 μ_t。两方程模型中具有代表性的是 k-ε 模型和 k-ω 模型，它们将 μ_t 定义为湍动能 k 和湍流耗散率 ε (或比耗散率 ω) 的函数，因而在这类模型中常常是要求解湍流量 k、ε 或 ω。

所有的一方程模型和两方程模型都可写成如下形式：

$$\frac{\partial}{\partial t}(X)+u_j\frac{\partial}{\partial x_j}(X)=S_{\mathrm{P}}+S_{\mathrm{D}}+D,\tag{3.1.34}$$

其中，X 为湍流变量，方程左端第二项为对流项；方程右端 S_{P} 为生成项，S_{D} 为耗散项，D 为扩散项。生成项和耗散项可以以显式或隐式的形式出现。

2. 能量方程中脉动量的模化

针对式 (3.1.32) 中的第五个元素，给出各项的含义：$\tilde{u}_j\tau_{\mathrm{R},ij}$ 表示的是雷诺应力做功项，$-\overline{\rho u_i'h'}$ 表示的是湍流热流项，$-\overline{\rho u_j'u_j'u_i'}/2+\overline{u_j'\tau_{ij}}$ 为湍流能量扩散项。通过对雷诺应力模化，雷诺应力做功项就可以计算出来。

湍流热流项的模化可以类比于层流热流项的定义，有

$$-\overline{\rho u_i'h'}=k_t\frac{\partial\tilde{T}}{\partial x_i},\tag{3.1.35}$$

其中，k_t 为湍流热传导系数，与层流热传导系数 k_l (即式 (3.1.31) 中的 k_c) 的表达式类似，

$$\begin{cases} k_l = \dfrac{\mu_l c_p}{\mathrm{Pr}_l}, & \mathrm{Pr}_l \text{ 可取 } 0.72 \\ k_t = \dfrac{\mu_t c_p}{\mathrm{Pr}_t}, & \mathrm{Pr}_t \text{ 可取 } 0.90 \end{cases}, \tag{3.1.36}$$

式中，μ_l 为层流黏性系数，即式 (3.1.7) 中的 μ；μ_t 为湍流黏性系数；Pr_l 和 Pr_t 分别为层流和湍流普朗特数；c_p 为定压比热。

湍流能量扩散项的模化如下

$$-\frac{1}{2}\overline{\rho u_i' u_j' u_j'} + \overline{u_j' \tau_{ij}} = \left(\mu_l + \frac{\mu_t}{\sigma_k}\right)\frac{\partial k}{\partial x_i}, \tag{3.1.37}$$

其中，σ_k 为常数。

3.1.5 控制方程的离散求解

对 Euler 方程或 RANS 方程采用有限体积法进行离散求解时，常采用积分形式。针对流场中任意控制体 Ω ($\partial\Omega$ 表示控制体边界，$\boldsymbol{n}$ 表示单位外法向矢量)，将式 (3.1.18) 两端进行积分，并应用高斯定理将对流项体积分转化为面积分，则积分形式的 RANS 方程可表述为如下形式

$$\iiint\limits_{\Omega} \frac{\partial \overline{\boldsymbol{W}}}{\partial t} \mathrm{d}V + \iint\limits_{\partial\Omega} \overline{\boldsymbol{F}_i} n_i \mathrm{d}S = \iint\limits_{\partial\Omega} \overline{\boldsymbol{F}_{\mathrm{v}i}} n_i \mathrm{d}S, \tag{3.1.38}$$

其中，S 为控制体 Ω 的表面积，n_i 为向量 $\boldsymbol{n}$ 在 x_i 方向的分量。对于固定于空间的控制体，时间导数项的偏导数符号可直接写到积分符号外面。

对于空间离散，可以采用格心有限体积法来求解上述积分形式的 RANS 方程。将守恒变量定义在控制单元 Ω 中心并假设在整个单元上不变，根据积分中值定理有

$$\overline{\boldsymbol{W}} = \frac{1}{\Omega} \iiint\limits_{\Omega} \overline{\boldsymbol{W}} \mathrm{d}V. \tag{3.1.39}$$

则式 (3.1.38) 可进一步表示为

$$\frac{\mathrm{d}}{\mathrm{d}t}\left(\Omega \overline{\boldsymbol{W}}\right) + \boldsymbol{Q} - \boldsymbol{Q}_{\mathrm{v}} = 0. \tag{3.1.40}$$

其中，$\boldsymbol{Q}$ 为无黏通量，$\boldsymbol{Q}_{\mathrm{v}}$ 为黏性通量。

对无黏通量项 $\boldsymbol{Q}$ 的空间离散方式主要有中心格式和迎风格式，不管采用哪种格式均应满足一定的自耗散特性，如 TVD (Total Variation Diminishing) 性质

等；对黏性通量项 $\boldsymbol{Q}_{\mathrm{v}}$ 的离散一般采用中心格式。在超声速流动中，考虑扰动的传播方向，无黏通量项的离散应采用迎风格式，如 AUSM 类格式 [2−4]、Roe 格式 [5] 和 WENO 格式 [6] 等。鉴于本书篇幅限制，关于这些格式的具体内容不再赘述。学术界已经有很多关于 CFD 格式与方法的著作 [1,7,8]，感兴趣的读者可以查阅相关资料。

对于时间推进，目前的方法可分为显式方法和隐式方法。显式方法的优点是程序实现简单，每个时间推进步内计算量少；缺点是受稳定性条件限制推进步长小，效率较低。显式方法中最具代表的是 Runge-Kutta 法 [9]。隐式方法的优点是对于模型方程一般是无条件稳定，时间推进步长可以取较大值；缺点是程序实现较为复杂，每个时间步内都需要求解大型线性方程组，计算量较大。隐式方法中常用的有 LU-SGS 方法 [10,11]、Newton-Krylov 方法 [12]、Newton-GMRES 方法 [13] 等。

值得一提的是，除 ANSYS Fluent、CFD++、STAR-CCM+ 等商业软件外，目前也有一些开源的 CFD 求解器，包括：OpenFOAM、密歇根大学 MDO 实验室开发的 Adflow、美国国家航空航天局 (NASA) 开发的 CFL3D、斯坦福大学开发的 SU2、中国空气动力研究与发展中心主持研发的 PHengLEI 等。读者可以根据研究需要，从相关的网站进行下载使用。

3.2 适用于近场声爆预测的计算网格

要准确地计算出近场声爆信号，一方面要采用高精度的计算格式，另一方面需要使空间网格分布合理。常规 CFD 以精确求解物面附近流场特性 (如边界层流动结构、表面载荷、气动力系数等) 为目的，而近场声爆计算则需要精确捕捉整个机体周围流场的激波和膨胀波系。在网格布置方面，常规 CFD 流动求解一般只在物面附近流动变化剧烈的地方进行网格加密。这种网格虽然能够很好地模拟物面附近的流动形态，但空间流场特征容易被数值耗散掩盖。而对于近场声爆信号计算，需要准确模拟距离物面若干倍体长位置处的超压信号，如果由网格引起的数值耗散较为严重，那么就不能够获得高可信度的声爆信号。

目前，针对近场声爆计算主要有两种网格生成策略：一种是根据超声速的流动特点生成锥形求解域，即用于捕捉波系的网格线按照马赫角进行排列；另一种是采用网格自适应加密技术，根据空间激波位置自适应地增加网格密度，一般适用于笛卡儿网格和非结构网格。

3.2.1 马赫锥型的网格

为较好地捕捉远离物面的空间波系，根据超声速流动中扰动沿着接近马赫锥的形式向下游传播的特性，波系捕捉区的网格线与自由来流夹角 ψ 应近似等于马

赫角 (图 3.1)。这样处理，一方面能够提高空间网格点的利用率，增加用于捕捉波系的网格点数，另一方面也能减小流动求解过程中的数值耗散。

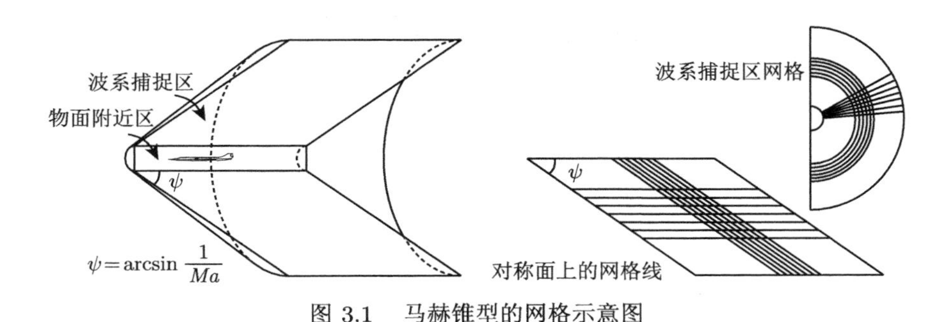

图 3.1 马赫锥型的网格示意图

在波系捕捉区，一般采用结构化网格来保证网格线沿着马赫锥排列，并在须重点捕捉波系的区域进行加密 [14,15]。而在物面附近区，可以采用结构化或非结构化网格，来模拟物面附近的复杂流动。对于有攻角的情形，飞机模型可以先以机头为原点旋转攻角 α，使来流为水平方向，以利于保证波系捕捉区的网格线与来流夹角为马赫角。

以 NASA 双锥模型 (图 2.22) 为例来展示夹角 ψ 对流场求解时空间波系捕捉的影响。计算状态为 $Ma = 1.414$ (马赫角为 45°)、攻角 $\alpha = 0°$。共生成了 5 套锥形的 Euler 网格，物面附近区网格及轴向布点规律相同，区别仅在于波系捕捉区的网格线与来流夹角的 ψ 值不同 (图 3.2)。5 套网格中 ψ 分别取为 40°、42°、45°、48° 和 50°。图 3.3 为 $\psi = 45°$ 时的网格示意图，物面轴向的网格点数为 569，最大网格间距为 0.008921 in，平均网格间距为 0.003133 in，网格量为 6469632 个单元。考虑到多段圆锥体模型为尖头，为方便生成网格，在距离头部 0.001 in (0.05%倍模型长度) 处将模型进行钝化处理。

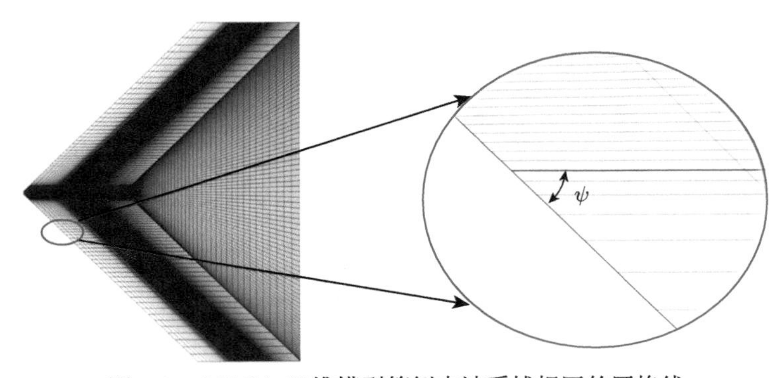

图 3.2 NASA 双锥模型算例中波系捕捉区的网格线

图 3.3　$\psi = 45^\circ$ 时 NASA 双锥模型附近网格

在流动求解方面，采用了西北工业大学宋文萍和韩忠华团队自主开发的 PMNS3DR 结构化网格求解器 [16]，对 5 套网格进行 Euler 计算。PMNS3DR 程序采用格心格式有限体积法离散控制方程，空间离散格式有 JST 中心格式和多种迎风格式 (如 Roe 格式、AUSM 类格式等)，时间推进有 Runge-Kutta 显式方法和 LU-SGS 隐式方法。除此以外，程序还具有矩阵预处理、当地时间步长、隐式残值光顺和多重网格法等加速收敛措施。

在本例中，空间离散采用 AUSM 格式和 MinMod 限制器，最大推进步数为 20000。图 3.4 为针对 $\psi = 45^\circ$ 网格进行流场求解时，平均密度残值下降历程。双锥模型正下方 10 in 位置处的近场声爆信号计算结果对比如图 3.5 所示，由图可知，采用 $\psi = 45^\circ$ 的网格捕捉空间波系时耗散最小。同时，图 3.6 给出了 $\psi = 45^\circ$ 和 48° 的网格下计算的超压值云图，可以看到，在 $\psi = 48^\circ$ 的网格下波系结构在波系捕捉区很快被耗散。以上结果表明，为了精确地捕捉空间波系，在生成网格时波系捕捉区的网格线与来流夹角应接近于来流马赫角。

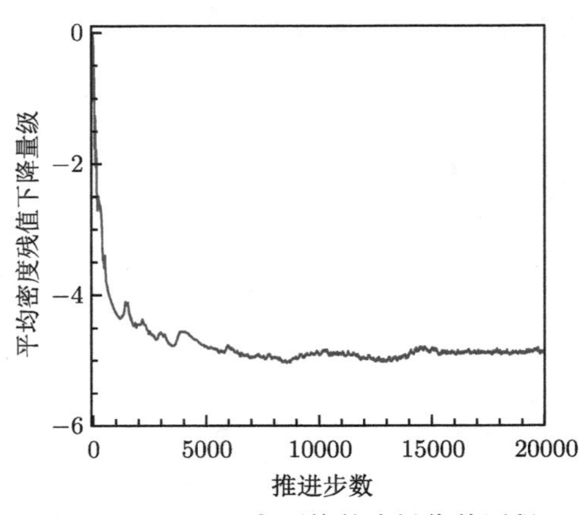

图 3.4　$\psi = 45^\circ$ 网格的流场收敛历程

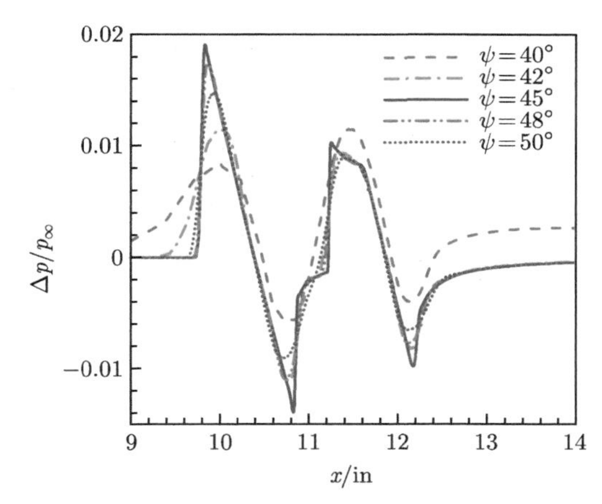

图 3.5 不同网格下 $r = 10$ in 位置的近场声爆信号计算结果

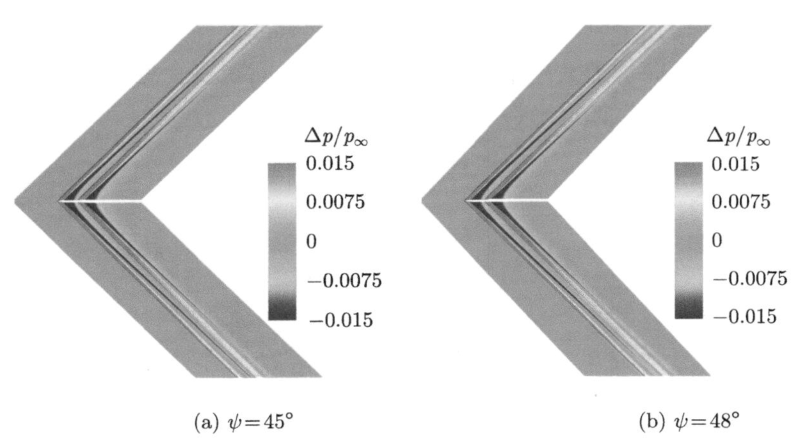

图 3.6 两套网格计算的 NASA 双锥模型对称面上超压值云图

以上方法的不足之处在于，对于复杂飞机外形，生成一套规模小、耗散低的计算网格难度较大。需要推测甚至经过反复流场求解才能大致确定周围的激波、膨胀波系结构，以便于在重点关注的波系位置加密网格。否则，在波系可能存在的全部区域，网格都需要进行无差别加密，这将会导致网格量大幅增加。

3.2.2 自适应加密的网格

网格自适应技术是一种根据流场特征或当地误差，能够自适应地调整网格点的分布，从而改善网格分辨率、提高网格质量的技术。采用网格自适应技术进行近场声爆 CFD 计算时，一方面能够减小网格规模、提高流场解的计算精度；另一方面可以使整个过程自动化，从而提高近场声爆计算的效率。在近场声爆计算领域，目前基于笛卡儿网格和非结构网格的自适应技术研究较为广泛。

在采用笛卡儿网格时，为了减小网格的数值耗散，用于捕捉空间波系的网格线与自由来流的夹角 ψ 最好也要等于来流马赫角 (图 3.7)。而且，在计算非正下方的近场声爆信号时，飞行器最好要沿飞行轴线旋转角度 ϕ，以保证在计算侧向信号时其波系能够沿着网格线。在笛卡儿网格基础上，Wintzer 等 [17] 发展了基于伴随加权残值法的网格自适应技术，为了在所关心位置获得高可信度的近场信号，它能自动识别影响信号预测精度的区域，并对该区域网格进行加密，如图 3.7 所示。其中，该技术涉及的评价函数为

$$J_r = \int_0^l w(\xi) \left(\frac{\Delta p(\xi)}{p_\infty} \right)^2 \mathrm{d}\xi, \tag{3.2.1}$$

式中，l 为声爆信号总的参考长度，ξ 为信号的局部坐标，w 为信号每个位置的权重，$\Delta p(\xi)$ 为声爆超压值。评价函数 J_r 能够监视距离飞行器 r 位置处近场声爆信号在各区域网格加密时的变化情况，当捕捉波系的网格逐渐加密、声爆信号预测得逐步精确时，评价函数越来越接近于真实值。对于多个近场提取位置，可以对他们的评价函数进行加权来构造总的评价函数。

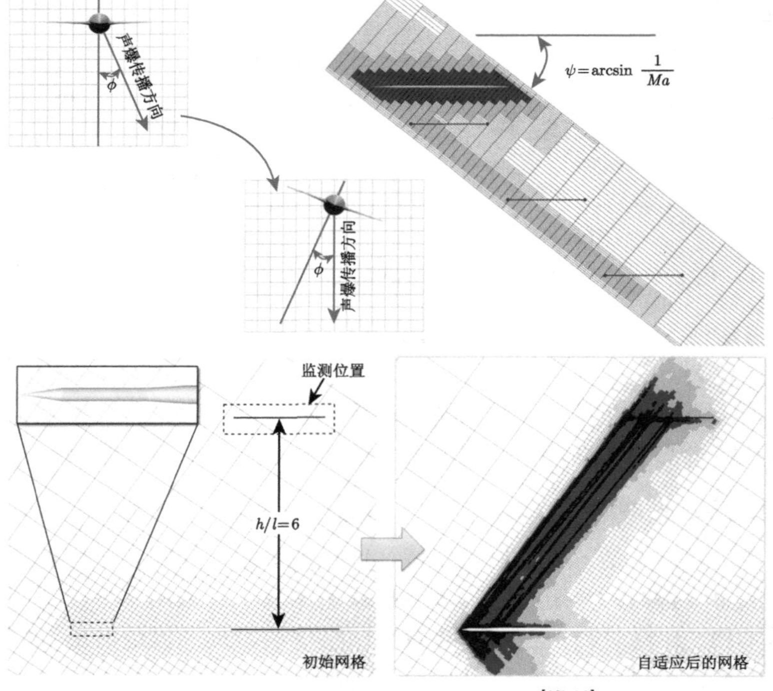

图 3.7 自适应加密的笛卡儿网格 [17,18]

非结构网格以其对复杂外形适应能力强的特点，目前也广泛应用于在近场声爆 CFD 计算领域。非结构自适应网格可以根据流场特性自动地对网格进行各向异性加密或拉伸，进而减小数值耗散。因此，在使用非结构自适应网格时，不需要根据来流攻角或计算侧向信号的周向角对飞行器进行额外的旋转操作。基于伴随加权残值的方法也可以用于非结构网格的自适应，评价函数可以在任意周向角方向上选择，更加具有灵活性。目前，NASA 的 FUN3D 流动求解器已经实现了这一功能，在对 AIAA 第三届声爆研讨会中 Biconvex 标模的模拟结果 (计算采用的自适应非结构网格如图 3.8 所示) 显示，其计算出的波系与风洞观测结果吻合得很好 [19]。

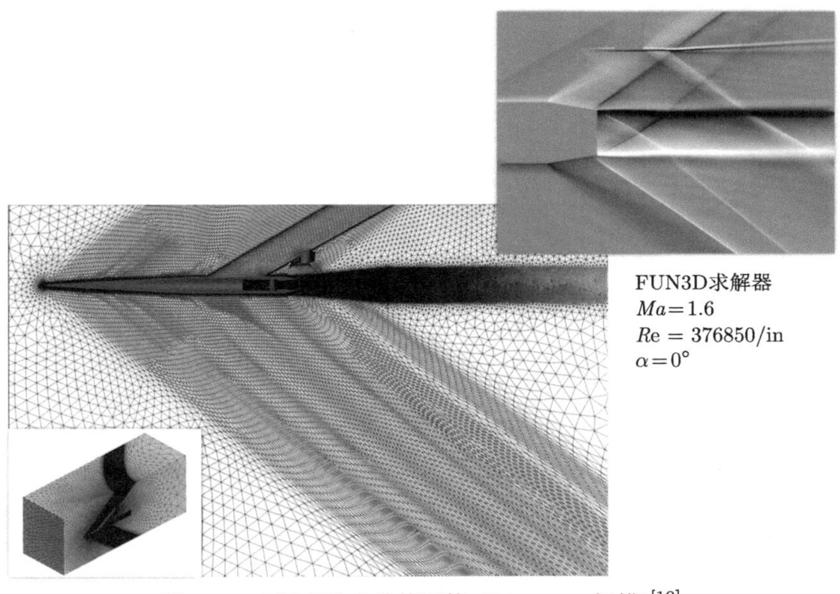

图 3.8 自适应的非结构网格 (Biconvex 标模)[19]

3.3 近场声爆预测示例

3.3.1 第一届声爆研讨会 SEEB-ALR 标模计算

2014 年，美国 AIAA 举办了第一届声爆预测研讨会 (SBPW-1)①，旨在评估和讨论当时的近场声爆 CFD 计算技术。研讨会共发布了三个标模，分别为 SEEB-ALR、三角翼翼身组合体外形和 LM 1021 外形 (洛克希德 · 马丁公司的 “N+2” 代构型)。这些标模除了具有丰富的试验数据外，还有诸多参会者提交的计算结果。

① 第一届声爆预测研讨会的网址：https://lbpw.larc.nasa.gov/sbpw1/test-cases/。

SEEB-ALR 模型是基于 JSGD 声爆最小化理论 (将在第 7 章介绍) 设计的，具有平台状的近场声爆信号。本节在计算时采用了研讨会提供的结构网格，SEEB-ALR 的几何外形示意图和近场声爆计算网格如图 3.9 所示。其几何参考长度 $l=$ 17.667 in (约 44.87cm)，计算网格量为 7323648 个单元，来流马赫数 $Ma=1.6$，攻角 $\alpha=0^{\circ}$。

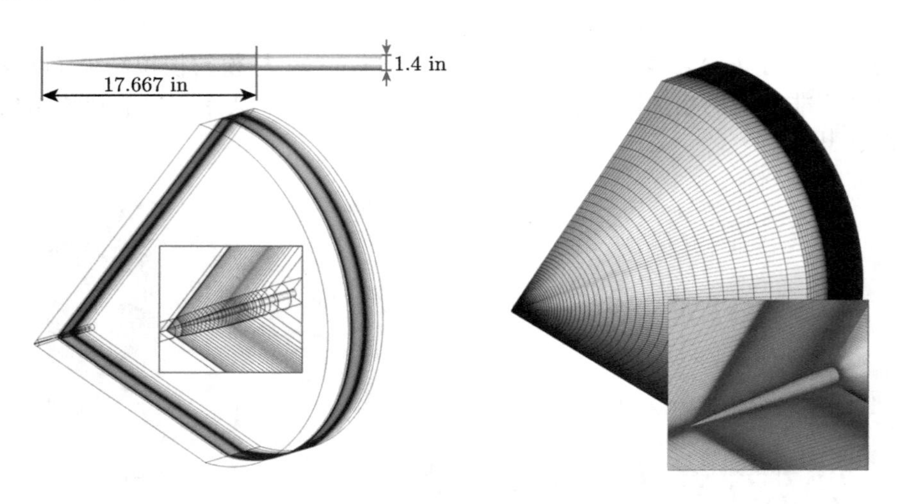

(a) SEEB-ALR 几何示意图及网格拓扑　　(b) SEEB-ALR 网格示意图

图 3.9 SEEB-ALR 几何示意图及 SBPW-1 提供的结构化网格

采用 PMNS3DR 程序求解 Euler 方程来计算近场声爆信号，空间离散采用 AUSM 格式和 MinMod 限制器。由图 3.10 可知，计算结果精细地捕捉到了物面

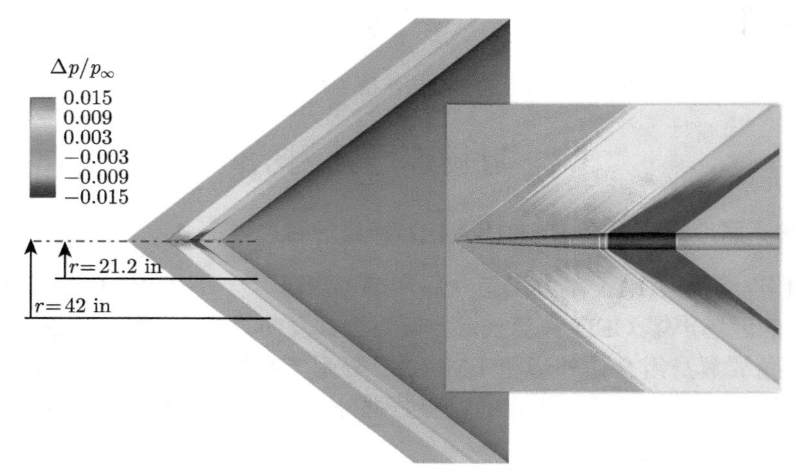

图 3.10 SEEB-ALR 标模的超压值云图计算结果

附近复杂的空间波系。在模型正下方 r 位置处提取近场声爆信号，并与风洞试验数据和参会者提交的结果 [20] 进行对比，如图 3.11 所示。在 $r = 21.2$ in 位置处，计算结果尽管在 $x = 38$ in 到 $x = 44$ in 范围内略微偏低，但基本全在风洞试验的误差带内，说明与试验结果吻合良好。在 $r = 42$ in 位置处，计算结果与其他参会者提交结果也基本一致。

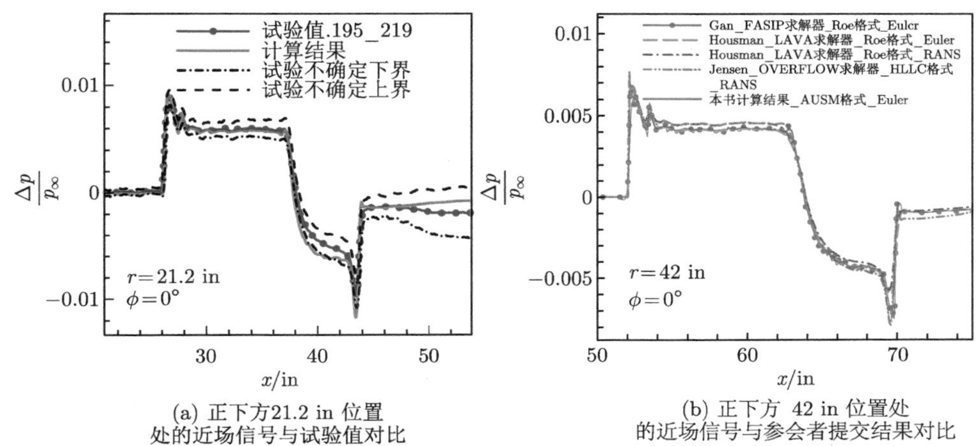

(a) 正下方21.2 in 位置处的近场信号与试验值对比

(b) 正下方 42 in 位置处的近场信号与参会者提交结果对比

图 3.11 PMNS3DR 求解 Euler 方程得到的近场声爆信号与风洞试验数据及 SBPW-1 参会者提交结果对比

3.3.2 第二届声爆研讨会 JWB 翼身组合体标模计算

延续第一届声爆预测研讨会，AIAA 于 2017 年举办了第二届声爆预测研讨会 (SBPW-2)①，除了评估和讨论当时的近场声爆计算技术外，也开始评估远场传播技术。SBPW-2 共发布了三个近场计算标模，分别为 AXIE 轴对称外形、JAXA 翼身组合体外形 (简称 JWB) 和 NASA 的低声爆概念机 C25D 外形。

图 3.12 为 JWB 模型示意图，其机身长度 $l = 38.7$ m，半模参考面积为 32.8 m^2。由于机头是尖点，为方便网格生成，在距离机头 0.02 m (0.05%倍模型长度) 处将尖点切除，如图 3.13 所示。

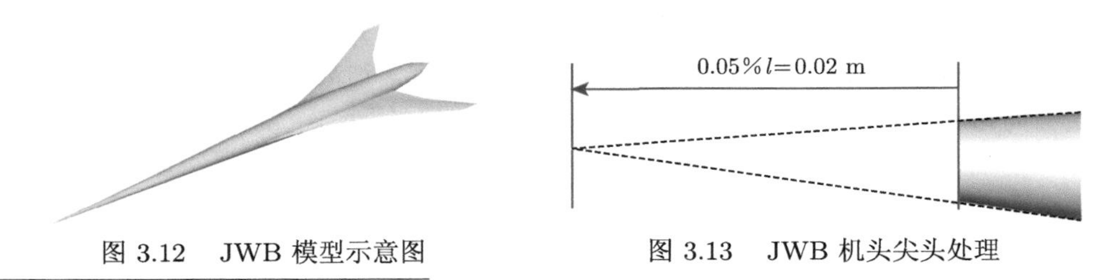

图 3.12 JWB 模型示意图　　　　图 3.13 JWB 机头尖头处理

① 第二届声爆预测研讨会网址：https://lbpw.larc.nasa.gov/sbpw2/。

该模型的计算状态为马赫数 Ma =1.6、攻角 α= 2.3076°、来流温度 T_∞ = 216.65 K。由于攻角不为 0，因此在生成网格之前将 JWB 模型绕机头旋转 2.3067°。根据 3.2.1 节的论述，波系捕捉区的网格线与来流夹角 $\psi = \arcsin(1/Ma)$。图 3.14 为 JWB 模型的网格拓扑结构及网格分布示意图，机身轴向布点数为 573，最大网格间距为 0.187 m，平均网格间距为 0.0587 m，网格单元总数约为 1270 万。

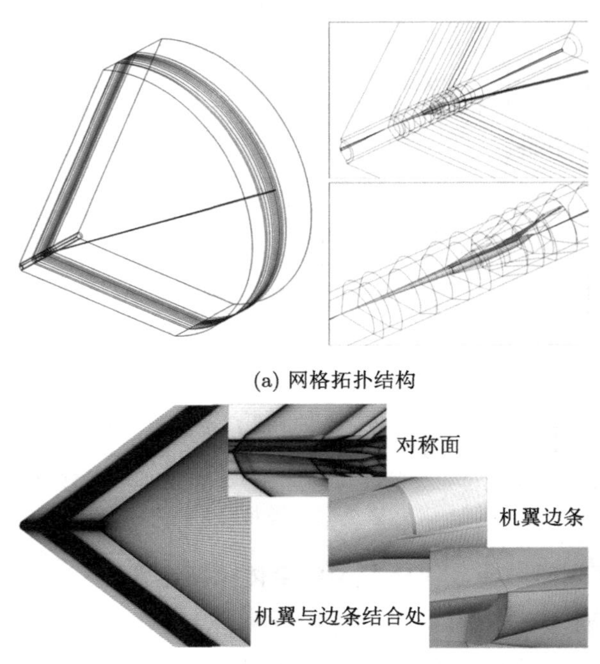

(a) 网格拓扑结构

(b) 网格分布及局部示意

图 3.14　JWB 模型的计算网格示意图

采用 PMNS3DR 程序对所生成的 JWB 模型网格进行 Euler 方程数值模拟，空间离散采用 AUSM 格式和 MinMod 限制器，最大推进步数为 7000。计算得到的流场超压值云图如图 3.15 所示，可以清晰地看到由机体引发的激波膨胀波系。沿飞行轴线 (x 轴) 方向提取周向角 $\phi = \{0°, 10°, 20°, 30°, 40°, 50°\}$ 平面上飞机下方的近场声爆信号，一系列周向角平面所截的超压云图如图 3.16 所示。可以看到，随着周向角增大，后体膨胀波的强度逐渐增强。造成这一现象的主要原因是，当周向角越大时，相应平面离机翼上表面的膨胀区越近。

在飞机下方距离 0.85 倍和 2.55 倍机身长度位置，提取近场声爆信号，并与部分参会者采用中等规模网格计算的结果 [21] 进行对比。选取的部分参会者 (共 5 名) 提交结果的相关计算信息如表 3.1 所示。他们采用的网格类型有非结构网格、结构网格和笛卡儿网格，求解器有 Cart3D、FUN3D、LAVA 等，控制方程有 RANS 方程和 Euler 方程。

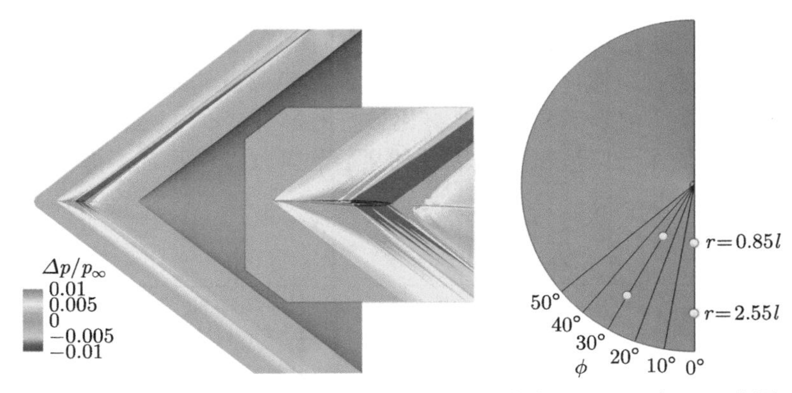

图 3.15 JWB 标模的流场计算结果与不同周向角 ϕ 的近场提取示意图

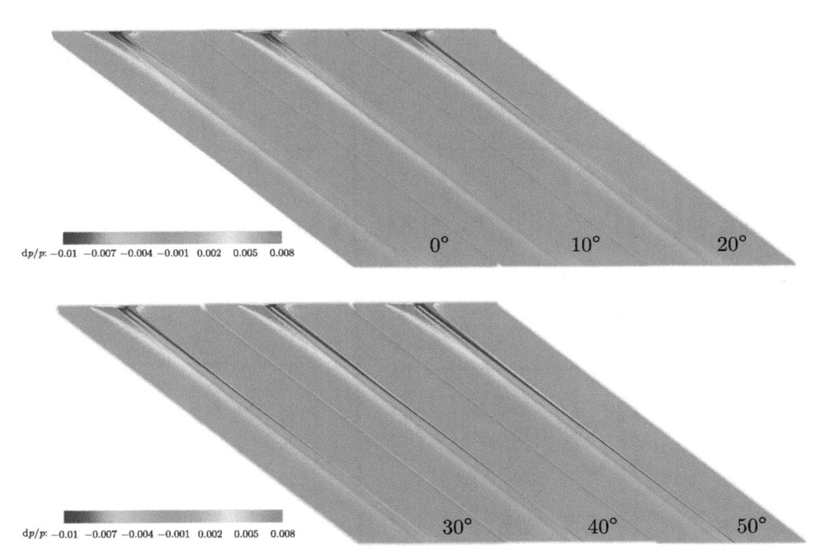

图 3.16 JWB 标模不同周向角平面所截的超压云图 ($\phi = \{0°, 10°, 20°, 30°, 40°, 50°\}$)

表 3.1 SBPW-2JWB 算例中部分参会者的信息

	提交者	网格类型	求解器	求解方程	网格量
P1	Aftosmis	笛卡儿网格	Cart3D	Eluer	8865000
P2	Magee	非结构网格	FUN3D	Euler	11335260
P3	Clemens	非结构网格	FUN3D-VL	Euler	11335260
P4	Housman	结构网格	LAVA-HWCNS	RANS	17960265
P5	Jensen	非结构网格	LAVA	Euler	3953277

图 3.17 和图 3.18 给出了距离机身不同位置处不同周向角超压信号对比，计算结果整体上与其他参会者的提交结果一致。0.85 倍和 2.55 倍位置处的近场信号具有相似性，尤其是在周向角 $\phi = 30°$ 的方向上。同时也可看出，JWB 的近场信号的前半部分上升缓慢，说明机身前半段的低声爆设计结果比较好；在传播至远场时，远场波形的前半部分可能会有比较好的形态。不过从波形后体可以看出，由机翼翼尖引起的激波强度很大，因此如果要想降低该外形的声爆强度，需要针对后体波系作进一步设计。

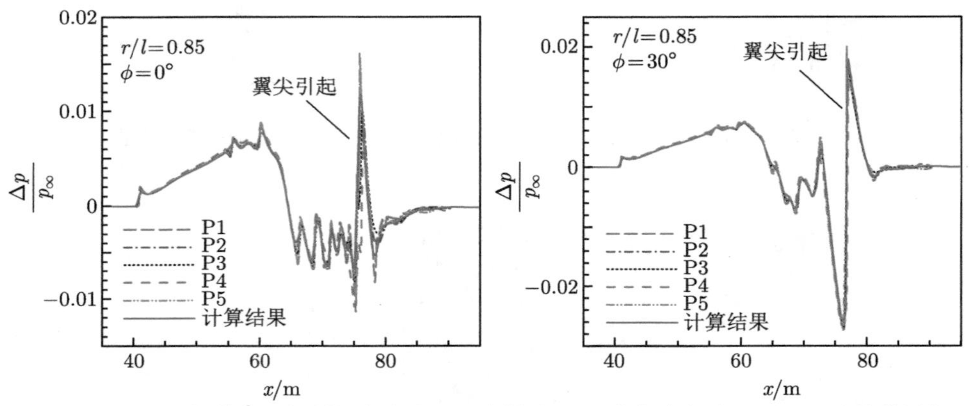

图 3.17　JWB 标模不同传播周向角上，距离轴线 0.85 倍机身长度位置处，计算结果与 SBPW-2 参会者计算结果对比

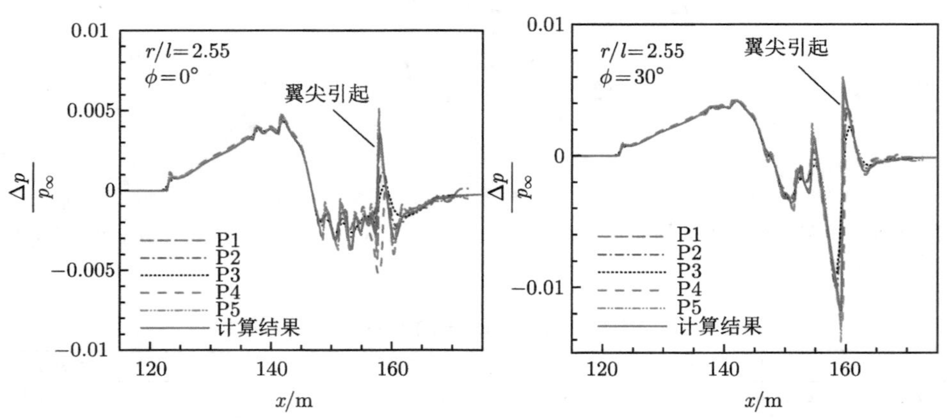

图 3.18　JWB 标模不同传播周向角上，距离轴线 2.55 倍机身长度位置处，计算结果与 SBPW-2 参会者计算结果对比

3.3.3 第三届声爆研讨会 C608 低声爆验证机标模计算

2020 年，AIAA 举办了第三届声爆预测研讨会 (SBPW-3)[①]，共发布了两个用于计算研究的模型，分别为 Biconvex 模型和 C608 模型。与前两届不同的是，这一届的近场计算中需要在喷流条件下模拟模型周围的流场。

C608 是 NASA 与洛克希德・马丁公司研制的 X-59 Quesst 低声爆技术验证机的早期设计方案，其外形如图 3.19 所示。C608 标模包含了进气口、环控系统辅助进气口 (ECS)、发动机舱等复杂机身部件。机身长度为 27.432m，半模参考面积为 37.16m^2。

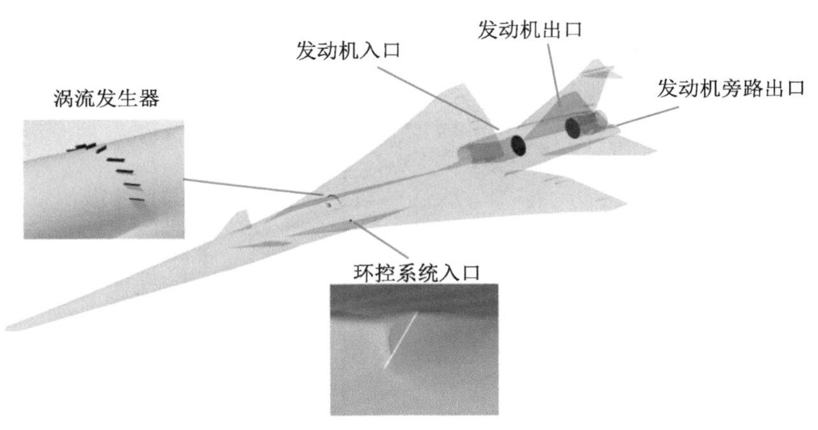

图 3.19 C608 标模外形示意图

该模型的计算状态为 $Ma = 1.4$、$\alpha = 2.15°$、$T_\infty = 216.65$ K、巡航高度 $h_\text{v} = 16215.36$ m、$Re = 4321889.7/\text{m}$、进气道发动机风扇的静压比为 2.6、环控系统进气口静压比 1.4、发动机喷口总压比为 10、发动机总温比为 7、旁路喷口总压比 2.4、旁路喷口总温比 2.0，近场提取位置为 3 倍机身长度处。本算例采用 Euler 方程进行计算。

图 3.20 为 C608 构型近场声爆计算时所用的网格示意图，网格量为 2700 万个单元。在生成网格之前将构型绕机头旋转 2.15°。物面附近区为非结构网格，并针对流场较为复杂的进气道和喷口附近区域进行了局部加密。在波系捕捉区为结构化网格，用于捕捉空间波系的网格线与马赫角严格对齐。

图 3.21 给出采用 Roe 格式、最大推进步数为 5000 时，计算得到的流场对称面超压值云图，图 3.22 为发动机进气道和喷口附近的马赫数云图。可以看出，计算结果清晰地反映了发动机羽流附近的激波反射与折射现象。

① 第三届声爆预测研讨会的网址：https://lbpw.larc.nasa.gov/sbpw3/。

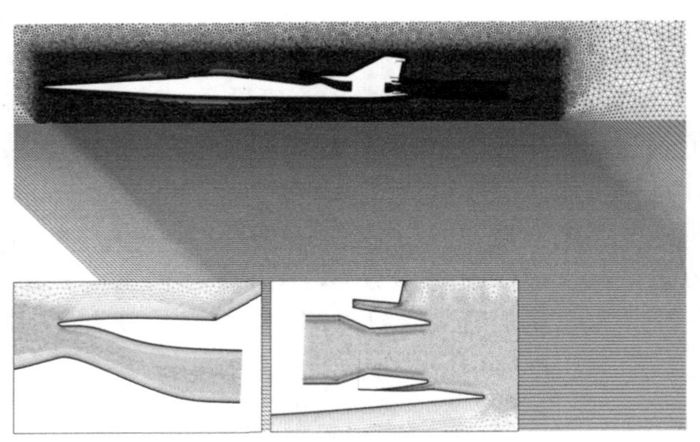

图 3.20　C608 近场声爆计算的网格示意图

图 3.21　C608 对称面处超压值云图

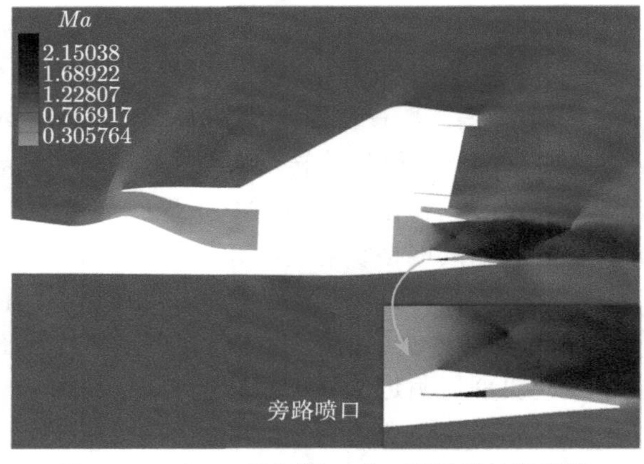

图 3.22　C608 进气道、喷口附近马赫数云图

在周向角 $\phi=0^\circ$ 和 $\phi=30^\circ$ 两个传播方向上，提取近场声爆信号，并与 SBPW-3 中部分参会者提交的结果进行对比，如图 3.23 所示。其中，5 名参会者的信息及计算设置在表 3.2 中列出。由图 3.23 可知，我们的计算结果与参会者提交的结果基本一致，波形上较强激波的位置也比较相近，表明计算结果较好地捕捉了激波膨胀波系。

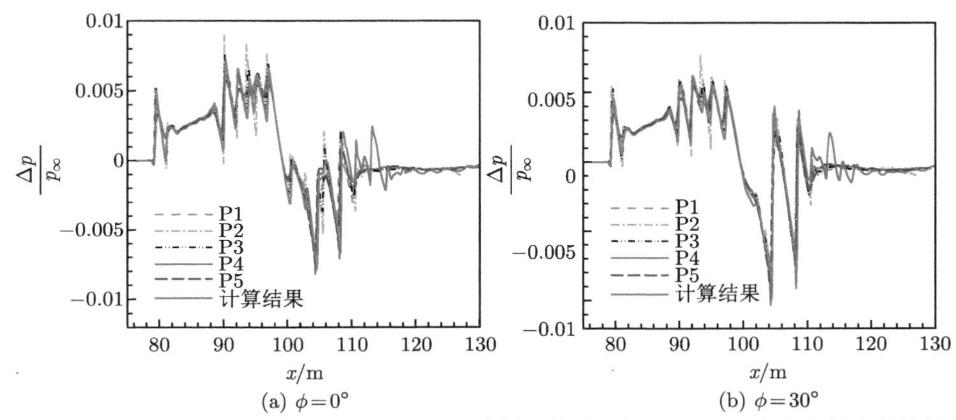

(a) $\phi=0^\circ$　(b) $\phi=30^\circ$

图 3.23　C608 标模不同传播周向角上，近场声爆计算结果与 SBPW-3 参会者提交的计算结果对比

表 3.2　SBPW-3 C608 算例中部分参会提交者的信息

	提交者	网格类型	求解器	求解方程	网格量 (亿)
P1	Michal	混合网格	BCFD	RANS	1.28
P2	Jensen	非结构网格	LAVA	RANS	1.40
P3	Elmiligui	非结构网格	USM3D	RANS	1.00
P4	Ishikawa	混合网格	FaSTAR	RANS	1.28
P5	Park	非结构网格	NASA 自研求解器	RANS	1.28

需要提及的是，在后体部分 (110~120m 范围) 我们的计算结果与其他提交结果出现了明显的偏差。从流场看，目前计算结果还未能良好地模拟旁路喷口中的涡流，以及旁路和主喷口羽流的干扰，导致了波形失真。主要的原因可能有两个：一是我们求解的 Euler 方程，无法准确模拟旁路喷口处的黏性流动细节，而参会者求解的是 RANS 方程；二是计算所用的网格量不够，可以看到我们计算所用网格量仅有 2700 万，远小于表中所列参会者提交结果所用的网格量 (最少的网格量为 1 亿)。

3.4 小　　结

本章主要介绍了基于 CFD 的高可信度近场声爆计算方法。首先简述了流动控制方程及其求解方法，其目的是让读者了解基本的 CFD 理论。然后，讨论了适用于捕捉空间激波膨胀波系的网格拓扑结构和自适应网格技术，如波系捕捉区的网格线与来流夹角为马赫角。最后，为了方便读者开展研究，本章还给出了第一届、第二届和第三届声爆预测研讨会标模的近场计算示例，以供参考。

参 考 文 献

[1] 闫超. 计算流体力学方法及应用 [M]. 北京：北京航空航天大学出版社, 2006.

[2] Liou M S, Steffen Jr C J. A new flux splitting scheme[J]. Journal of Computational Physics, 1993, 107(1): 23-39.

[3] Liou M S. A sequel to AUSM: AUSM+ [J]. Journal of Computational Physics, 1996, 129(1): 364-382.

[4] Liou M S. A sequel to AUSM, part Ⅱ: AUSM+-up for all speeds [J]. Journal of Computational Physics, 2006, 214(1): 137-170.

[5] Roe P L. Approximate Riemann solvers, parameter vectors, and difference schemes [J]. Journal of Computational Physics,1981, 43(1): 357-372.

[6] Jiang G S, Shu C W. Efficient implementation of Weighted ENO Schemes [J]. Journal of Computational Physics, 1996, 126(1): 202-228.

[7] Blazek J. Computation al Fluid Dynamics: Principles and Applications [M]. 3rd ed. Oxford Kidlington: Butterworth-Heinemann, 2015.

[8] Toro E F. Riemann Solvers and Numerical Methods for Fluid Dynamics: A Practical Introduction [M]. 3rd ed. Springer-Verlag: Berlin Heidelberg, 2009.

[9] Jameson A, Schmidt W, Turkel E. Numerical solution of the Euler equations by finite volume methods with Runge-Kutta time stepping schemes[R]. AIAA-1981-1259, AIAA, 1981.

[10] Yoon S, Jameson A. Lower-upper symmetric-Gauss-Seidel method for the Euler and Navier-Stokes equations[J]. AIAA Journal, 1988, 26(9): 1025-1026.

[11] Chen R F, Wang Z J. Fast, block lower-upper symmetric Gauss-Seidel scheme for arbitrary grids[J]. AIAA Journal, 2000, 38(12): 2238-2245.

[12] Knoll D A, Keyes D E. Jacobian-free Newton-Krylov methods: a survey of approaches and applications[J]. Journal of Computational Physics, 2004, 193: 357-397.

[13] Michalak C, Ollivier-Gooch C. Globalized matrix-explicit Newton-GMRES for the high-order accurate solution of the Euler equations[J]. Computer & Fluids, 2010, 39: 1156-1167.

[14] 马博平, 王刚, 雷知锦, 等. 网格对声爆近场预测影响的数值研究 [J]. 西北工业大学学报, 2018, 36(5): 865-874.

[15] 王刚, 马博平, 雷知锦, 等. 典型标模音爆的数值预测与分析 [J]. 航空学报, 2018, 39(1): 121458.

[16] 韩忠华. 旋翼绕流的高效数值计算方法及主动流动控制研究 [D]. 西安: 西北工业大学, 2007.

[17] Wintzer M, Nemec M, Aftosmis M J. Adjoint-based adaptive mesh refinement for sonic boom prediction[R]. AIAA-2008-6593, AIAA, 2008.

[18] Anderson G R, Aftosmis M J, Nemec M. Cart3D simulations for the second AIAA sonic boom prediction workshop[J]. Journal of Aircraft, 2019, 56(3): 896-911.

[19] Carter M, Park M A. Near field summary and analysis of the third AIAA sonic boom workshop shock-plume interaction case[R]. AIAA-2021-0469, AIAA, 2021.

[20] Park M A, Morgenstern J M. Summary and statistical analysis of the first AIAA sonic boom prediction workshop[J]. Journal of Aircraft, 2016, 53(2): 578-598.

[21] Park M A, Nemec M. Nearfield summary and statistical analysis of the second AIAA sonic boom prediction workshop[R]. AIAA-2017-3256, AIAA, 2017.

第 4 章　基于广义 Burgers 方程的远场声爆预测方法

基于广义 Burgers 方程的远场声爆预测方法，属于高可信度预测方法中的远场传播部分。相比于第 2 章介绍的波形参数法，广义 Burgers 方程能够考虑大气对波形的色散和耗散作用，可比较准确地描述声爆的上升时间等波形特征，近年来已成为研究的热点。本章将重点讲述广义 Burgers 方程及离散求解方法、远场声爆的主观评价，给出 NASA C25D 标准测试算例和 F-5E 飞机飞行试验算例，并对近场采样频率、提取位置、大气效应进行讨论，最后以 Tu-144 飞机为例演示远场声爆预测的具体步骤。

4.1　模拟声爆传播的广义 Burgers 方程

广义 Burgers 方程是将流动控制方程整理成声学方程形式，在忽略三阶小量并考虑几何声学扩散和大气效应后得到的一维传播方程。在给定近场声爆信号后，该方程能够较准确模拟飞行器定常飞行状态下产生的声爆在稳定大气中的传播过程。具体推导过程本书不做详述，感兴趣的读者可以阅读 Cleveland 的博士论文 [1] 和相关文献 [2]。目前国际上大部分高可信度远场声爆预测程序都是基于该方程进行求解的，例如，美国 NASA 的 “sBOOM” 程序 [3]，日本 JAXA 的 “Xnoise” 程序 [4,5] 等。国内的一些高校和研究院所也基于该方程发展了相应的预测程序 [6−10]。

4.1.1　广义 Burgers 方程

广义 Burgers 方程①沿声爆传播射线的表达式为

$$\frac{\partial p'}{\partial s}=-\frac{1}{2G}\frac{\partial G}{\partial s}p'+\frac{\beta p'}{\rho_0 c_0^3}\frac{\partial p'}{\partial t'}+\frac{\delta}{2c_0^3}\frac{\partial^2 p'}{\partial t'^2}+\sum_j\frac{(\Delta c)_j\tau_j}{c_0^2\left(1+\tau_j\dfrac{\partial}{\partial t'}\right)}\frac{\partial^2 p'}{\partial t'^2},\qquad(4.1.1)$$

式中，p' 为声压，s 为声射线坐标；$t'=t-\int \mathrm{d}s/c_0$ 为声爆波形的延迟时间，c_0 为环境大气声速。方程右端项反映了影响声爆传播过程的各大气效应。

---

① 其英文为 augmented Burgers equation，也有文献译为“增广 Burgers 方程”。本书参照气动声学领域广义波动方程的命名，译为“广义 Burgers 方程”。

式 (4.1.1) 右端第一项解释了几何声学的扩散效应和大气分层的折射效应，其中 G 的表达式如下 [2]：

$$G = \frac{c_{\mathrm{n}} v_{\mathrm{ray}} A}{\rho_0 c_0^3}, \tag{4.1.2}$$

其中，ρ_0 为环境大气密度；A 为声线管面积，可由四条相邻的声射线近似计算，具体细节将在 4.1.2 节中介绍；c_{n} 和 v_{ray} 分别为波前传播速度和声线传播速度，它们的计算公式分别为

$$\begin{cases} c_{\mathrm{n}} = c_0 + \boldsymbol{w} \cdot \boldsymbol{n} \\ v_{\mathrm{ray}} = |c_0 \boldsymbol{n} + \boldsymbol{w}| \end{cases}, \tag{4.1.3}$$

式中，$\boldsymbol{w}$ 为环境风速；$\boldsymbol{n}$ 为波阵面单位法线向量，有风情况下与声射线的切线方向并不一致。

式 (4.1.1) 右端第二项反映了声爆在传播过程中非线性效应的作用。非线性系数 $\beta = 1 + (\gamma - 1)/2$，其中 γ 为空气的比热比，对于量热完全气体取为 1.4。

式 (4.1.1) 右端第三项反映了大气的经典吸收效应，考虑了由热传导和黏性效应对声能的扩散，式中 δ 为扩散系数。

式 (4.1.1) 右端第四项是大气中分子弛豫作用，式中 $(\Delta c)_j$ 和 τ_j 分别为声爆经过时声速相对于分子平衡状态下的增量和分子弛豫时间，下标 j 表示第 j 个分子的弛豫作用。

对式 (4.1.1) 进行无量纲化，可写成如下形式：

$$\frac{\partial P}{\partial \sigma} = -\frac{1}{2G}\frac{\partial G}{\partial \sigma} P + P\frac{\partial P}{\partial \tau} + \frac{1}{\Gamma}\frac{\partial^2 P}{\partial \tau^2} + \sum_j \frac{C_j}{1 + \theta_j \dfrac{\partial}{\partial \tau}} \frac{\partial^2 P}{\partial \tau^2}, \tag{4.1.4}$$

式中：

(1) $P = p'/p_{\mathrm{ref}}$ 为无量纲声压，p_{ref} 为参考压强，一般取为飞行器巡航高度下的环境压强；

(2) $\sigma = s/\bar{x}$ 为无量纲声射线坐标，其中 $\bar{x} = \rho_0 c_0^3/(\beta \omega_0 p_{\mathrm{ref}})$；

(3) $\tau = \omega_0 t'$ 为无量纲延迟时间，ω_0 为输入声爆信号的角频率；

(4) $\Gamma = 1/(\alpha_0^{\mathrm{tv}} \bar{x})$ 为热黏性吸收系数，$\alpha_0^{\mathrm{tv}} = \delta \omega_0^2/(2c_0^3)$ 为热黏性衰减系数，δ 为扩散系数；

(5) $C_j = [(\Delta c)_j \tau_j \omega_0^2/c_0^2]\bar{x}$ 为第 j 个分子弛豫过程的无量纲分散度系数；

(6) $\theta_j = \omega_0 \tau_j$ 为第 j 个分子的无量纲弛豫时间。

4.1.2 射线追踪

声射线是几何声学理论中的基本概念，是指声的传播路径，类比于几何光学理论中光的传播路径。在研究声学传播问题时，可不考虑声的波动性质，而假设声是沿射线传播的。

Cleveland 的博士论文 [1] 中给出了在无风标准大气条件下声爆传播射线的求解方法。当环境声速随高度呈线性变化时，传播射线是一段圆弧。然而，在真实大气环境下，平流层和地表之间普遍存在的大气风会使传播射线发生变化，传播射线不再是规则的圆弧。根据几何声学理论，有限小信号的扰动波在大气中的传播路径遵循斯涅耳准则 [11]，即在有风情况下，声爆传播射线的微分方程为

$$\begin{cases} \dfrac{\mathrm{d}\boldsymbol{R}}{\mathrm{d}t} = c_0\boldsymbol{n} + \boldsymbol{w} \\ \dfrac{\mathrm{d}\boldsymbol{n}}{\mathrm{d}t} = -(\boldsymbol{I} - \boldsymbol{n}\otimes\boldsymbol{n}^{\mathrm{T}})\nabla(c_0 + \boldsymbol{w}\cdot\boldsymbol{n}) \end{cases}, \tag{4.1.5}$$

式中，$\boldsymbol{R} = (x, y, z)$ 为三维声线路径矢量；$\otimes$ 为克罗内克积符号；$\boldsymbol{I}$ 为单位阵。

采用 Euler 推进方法对式 (4.1.5) 进行离散，有

$$\begin{cases} \boldsymbol{R}_{i+1} = \boldsymbol{R}_i + \Delta\boldsymbol{R}_i \\ \boldsymbol{n}_{i+1} = \boldsymbol{n}_i + \Delta\boldsymbol{n}_i \end{cases}, \tag{4.1.6}$$

其中，

$$\begin{cases} \Delta\boldsymbol{R}_i = \left.(c_0\boldsymbol{n} + \boldsymbol{w})\right|_i \Delta t \\ \Delta\boldsymbol{n}_i = \left.\left[-(\boldsymbol{I} - \boldsymbol{n}\otimes\boldsymbol{n}^{\mathrm{T}})\nabla(c_0 + \boldsymbol{w}\cdot\boldsymbol{n})\right]\right|_i \Delta t \end{cases}, \tag{4.1.7}$$

式中，i 表示离散求解射线的第 i 步；Δt 为声爆在传播过程中第 i 步到第 i+1 步的时间间隔。如果第 i 步的波阵面法线方向和射线点坐标已知，那么在经过 Δt 时间后，根据式 (4.1.6) 和式 (4.1.7) 就能近似确定第 i+1 步的波阵面法线方向和射线点坐标。初始条件 $\boldsymbol{R}_0$ 和 $\boldsymbol{n}_0$ 的确定方法已在附录 A 中给出。通过这种求解方法，可以得到声爆从飞行器巡航高度到地面的传播路径，同时也可以求出声爆的传播时间。

除上述 Euler 方法外，求解射线方程也可采用精度更高的四阶四步龙格-库塔方法。

在计算声线管面积时，通常的做法是计算由四条声线围成的 “管”[12]，如图 4.1 所示。图中 $\Delta\phi$ 为声线在周向上的角度增量，$\Delta t''$ 为射线 $\boldsymbol{R}_3$ 与射线 $\boldsymbol{R}_1$ 之间的时间间隔，则声线管面积的计算式为

$$A = \frac{1}{2}\{(\boldsymbol{R}_4 - \boldsymbol{R}_1)\times(\boldsymbol{R}_3 - \boldsymbol{R}_2)\}\cdot\boldsymbol{n}_1. \tag{4.1.8}$$

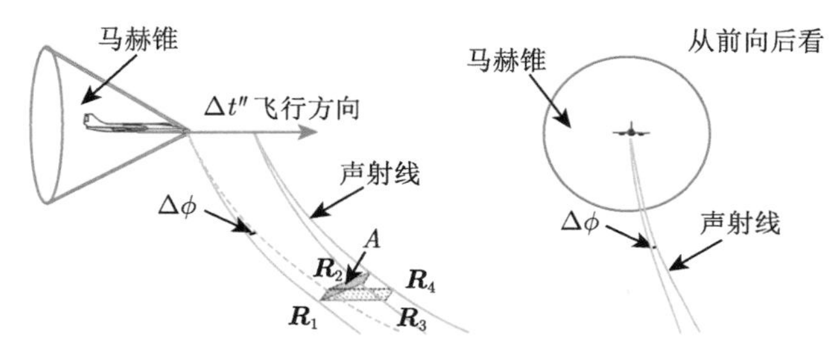

图 4.1 声线管面积计算示意图

4.1.3 热黏吸收效应

热黏吸收效应中需要确定扩散系数 δ[2]，其计算式为

$$\delta = \frac{\mu}{\rho_0}\left(\frac{4}{3} + \frac{\mu_B}{\mu} + \frac{(\gamma-1)^2\kappa}{\gamma R\mu}\right), \tag{4.1.9}$$

式中，μ 和 μ_B 分别为剪切黏性系数和体积黏性系数，其比值近似为 0.6；κ 为热传导系数；R 为气体常数，可取为 287 J/(kg·K)。其中，μ 和 κ 是温度的函数，其表达式分别为

$$\begin{cases} \dfrac{\mu}{\mu_r} = \left(\dfrac{T_0}{T_r}\right)^{3/2} \dfrac{T_r + T_\mu}{T_0 + T_\mu} \\ \dfrac{\kappa}{\kappa_r} = \left(\dfrac{T_0}{T_r}\right)^{3/2} \dfrac{T_r + T_A e^{-T_B/T_r}}{T_0 + T_A e^{-T_B/T_0}} \end{cases}, \tag{4.1.10}$$

式中，T_0 为环境大气温度；$T_\mu = 110.4$ K，$T_A = 245.4$ K，$T_B = 27.6$ K；$T_r = 300$ K，相应地，$\mu_r = 1.846\times10^{-5}$ kg/(m · s)，$\kappa_r = 2.624\times10^{-2}$ W/(m·K)。

4.1.4 分子弛豫效应

能量从小扰动引起的非平衡状态向平衡状态的转换过程称为弛豫过程 (relaxation process)，此过程不是瞬间完成的，而是需要一定的时间，该时间称为弛豫时间 (relaxation time)。弛豫过程涉及能量的转换和传递，部分声波能量转化为分子间的内能。分子的弛豫过程包含了转动弛豫和振动弛豫，但转动弛豫因其吸收作用很小可忽略不计。大气中存在多种分子的弛豫过程，但由于氧气分子 (O_2) 和氮气分子 (N_2) 占空气分子总量的 99%，因此主要考虑 O_2 和 N_2 的弛豫过程。

分子弛豫效应项求解时，需要确定声速增量 $(\Delta c)_j$ [2] 和弛豫时间 τ_j [13]，它们与大气温度、压强、湿度等相关。

声速增量 $(\Delta c)_j$ 的近似表达式如下：

$$(\Delta c)_j = \frac{c_0}{2}\frac{(\gamma-1)^2}{\gamma}\frac{n_j}{n}\left(\frac{T_j^*}{T_j}\right)^2 e^{-T_j^*/T_j}, \tag{4.1.11}$$

式中，n_j/n 为第 j 个弛豫分子占分子总量的比例；T_j^* 为分子振动的特征温度；T_j 为当前分子振动的温度。对于氧气 (O_2) 和氮气 (N_2) 分子的弛豫效应，$n_{O_2}/n = 0.21$，$n_{N_2}/n = 0.78$，$T_{O_2}^* = 2239.1$ K，$T_{N_2}^* = 3352$ K。

根据半经验公式，O_2 和 N_2 的弛豫时间 τ_j 计算如下[①]：

$$\begin{cases} f_{r,O_2} = \dfrac{p_0}{p_s} \times \left(24 + 4.04 \times 10^4 h \dfrac{0.02 + h}{0.391 + h}\right) \\ \tau_{O_2} = \dfrac{1}{2\pi f_{r,O_2}} \end{cases}, \tag{4.1.12}$$

$$\begin{cases} f_{r,N_2} = \dfrac{p_0}{p_s} \left(\dfrac{T_{ref}}{T_0}\right)^{1/2} \times \left(9 + 280h \times e^{-4.17[(T_{ref}/T_0)^{1/3} - 1]}\right) \\ \tau_{N_2} = \dfrac{1}{2\pi f_{r,N_2}} \end{cases}, \tag{4.1.13}$$

式中，p_0 为环境大气压强；T_{ref} 和 p_s 分别为参考温度和相应的参考压强，$T_{ref} = 293.15$ K，$p_s = 101325$ Pa；h 为大气绝对湿度 (单位：%)，它和相对湿度 h_r 的关系为

$$h = 100 \times \frac{p_w}{p_0} = h_r \frac{p_{sat}}{p_0} = h_r \frac{p_{sat}}{p_s} \frac{p_s}{p_0}, \tag{4.1.14}$$

其中，p_w 为水的蒸汽压，p_{sat} 为水的饱和蒸汽压。其与参考压强 p_s 的关系为

$$\lg \frac{p_{sat}}{p_s} = -6.8346 \left(\frac{T_s}{T_0}\right)^{1.261} + 4.6151, \tag{4.1.15}$$

式中，$T_s = 273.16$ K。

在标准大气条件下，O_2 和 N_2 的 $(\Delta c)_j$ 和 τ_j 随高度的变化曲线如图 4.2 所示。

4.1.5 大气参数

标准大气条件下，压强、密度、温度和相对湿度随高度变化的情况如图 4.3 所示，关键高度下的数据可查阅附录 B。

对于真实大气环境，在测量了一系列高度处的压强、温度等大气参数后，为得到测量点间的数据，需要采用插值方法进行处理。对于压强参数应运用静力学压强公式进行插值，否则预测的远场波形可能存在一定误差，而对于温度等其他参数可以采用线性插值方法。静力学压强插值如下。

① 国家标准 GB/T 17247.1—2000 声学 户外声传播衰减 第 1 部分：大气声吸收的计算。

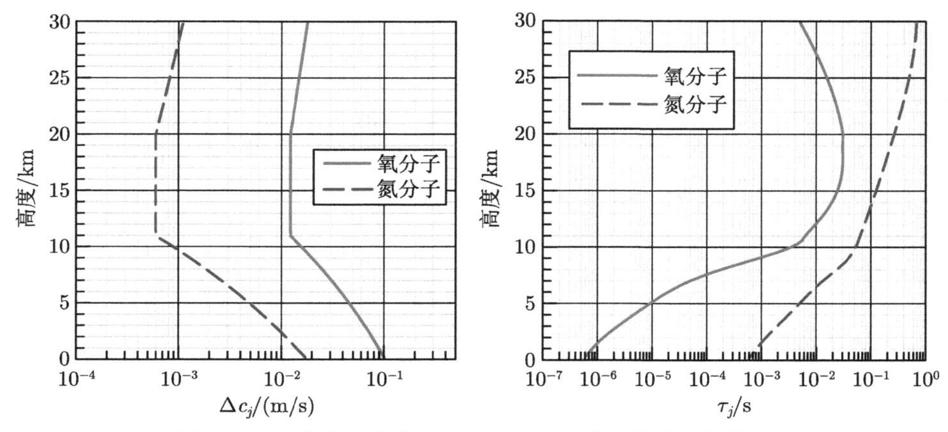

图 4.2 标准大气条件下 $(\Delta c)_j$ 和 τ_j 随高度的变化情况

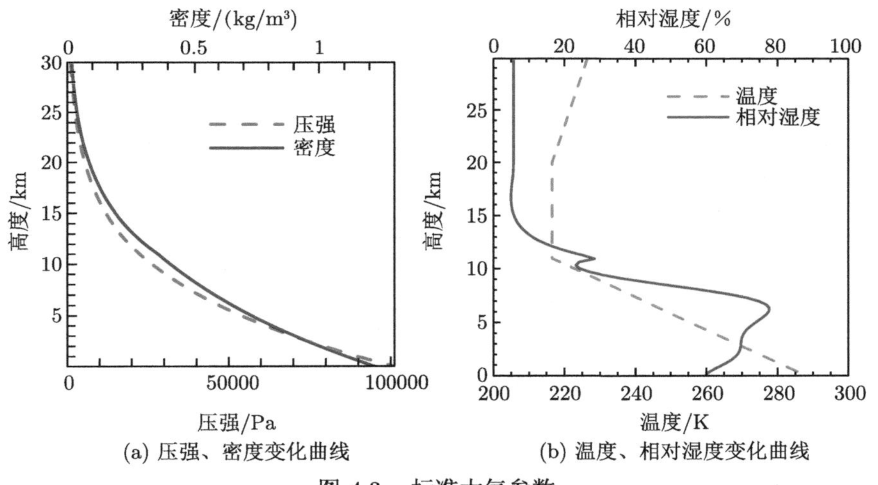

(a) 压强、密度变化曲线 (b) 温度、相对湿度变化曲线

图 4.3 标准大气参数

假设大气温度随高度 z 线性变化，即

$$T_0(z) = T_{\mathrm{b}} + L_{\mathrm{T}}(z - z_{\mathrm{b}}), \tag{4.1.16}$$

式中，T_{b} 为高度 z_{b} 处的温度；L_{T} 为大气温度随高度变化的斜率。则根据静力学方程和完全气体状态方程有

$$\mathrm{d}p_0 = -\rho_0 g \mathrm{d}z = -\frac{g}{R}\frac{p_0 \mathrm{d}z}{T_{\mathrm{b}} + L_{\mathrm{T}}(z - z_{\mathrm{b}})}, \tag{4.1.17}$$

其中，g 为重力加速度，R 为气体常数。则

$$p_0(z)=\begin{cases} p_{\mathrm{b}}\mathrm{e}^{-g(z-z_{\mathrm{b}})/(RT_{\mathrm{b}})}, & L_{\mathrm{T}}=0 \\ p_{\mathrm{b}}\left[\left(T_{\mathrm{b}}+L_{\mathrm{T}}(z-z_{\mathrm{b}})\right)/T_{\mathrm{b}}\right]^{-g/(RL_{\mathrm{T}})}, & L_{\mathrm{T}}\neq 0 \end{cases}, \tag{4.1.18}$$

式中，p_{b} 为高度 z_{b} 处的大气压强。

4.2　广义 Burgers 方程的离散求解

4.2.1　算子分裂方法

求解无量纲的广义 Burgers 方程式 (4.1.4) 时，通常的求解策略是采用算子分裂法 [1]。算子分裂法借鉴“分而治之”思想，基于物理效应对本来复杂的方程进行拆分，将复杂问题简化为一系列简单问题，而后对每个简单问题采用适合的数值离散方法。

对于无量纲的广义 Burgers 方程，依据各物理效应对声爆波形的影响，将式 (4.1.4) 拆分成式 (4.2.1)～ 式 (4.2.4) 后依次进行离散求解，并将前面方程的解作为后面方程的输入，如图 4.4 所示。已经证明，在空间离散步长 $\Delta\sigma$ 足够小时，采用算子分裂法的计算结果收敛于式 (4.1.4) 的解 [14,15]。

$$\frac{\partial P}{\partial \sigma}=\sum_j \frac{C_j}{1+\theta_j\dfrac{\partial}{\partial \tau}}\frac{\partial^2 P}{\partial \tau^2}, \tag{4.2.1}$$

$$\frac{\partial P}{\partial \sigma}=\frac{1}{\varGamma}\frac{\partial^2 P}{\partial \tau^2}, \tag{4.2.2}$$

$$\frac{\partial P}{\partial \sigma}=-\frac{1}{2G}\frac{\partial G}{\partial \sigma}P, \tag{4.2.3}$$

$$\frac{\partial P}{\partial \sigma}=P\frac{\partial P}{\partial \tau}. \tag{4.2.4}$$

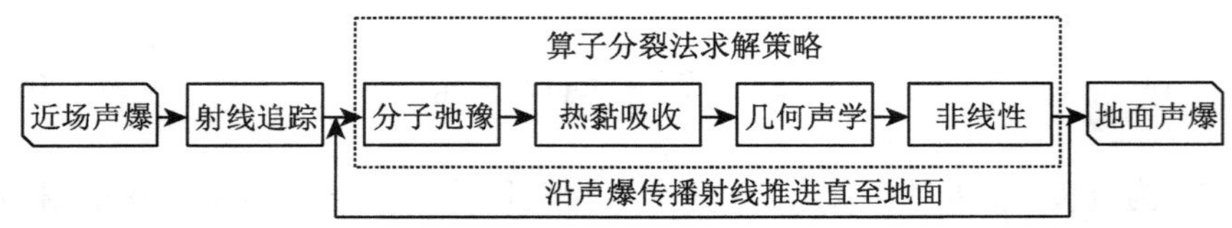

图 4.4　算子分裂法求解广义 Burgers 方程进行远场声爆预测的步骤

在离散过程中，一般将近场声爆信号插值到均匀网格上，以方便有限差分方法求解。插值点数的多少可由波形采样频率 f_{s} 确定，设近场声爆信号时长为 T_{d}，

则插值点数 N 为

$$N = T_{\mathrm{d}} f_{\mathrm{s}} + 1. \tag{4.2.5}$$

当 N 不为整数时可近似取整 $[N]$。那么，无量纲采样周期为

$$\Delta\tau = \omega_0 / f_{\mathrm{s}} = \frac{\omega_0}{([N]-1)/T_{\mathrm{d}}}. \tag{4.2.6}$$

实际操作过程中，近场声爆信号如果是以空间波形的形式给出，那么可以根据巡航马赫数和巡航高度声速将其转变成时域信号。

4.2.2 离散求解域

在离散求解式 (4.2.1)~ 式 (4.2.4) 过程中，声爆信号在时间轴上均匀离散 (即图 4.5(b) 的 τ 轴上)；而在空间推进方向 (即图 4.5(b) 的 σ 轴上)，为了方便求解也可进行均匀离散，即 $\Delta\sigma = \mathrm{constant}$，一般取值为 0.01~0.1。此时，声爆传播射线 (图 4.5(a)) 的离散间隔就由下式确定：

$$\Delta s_k = \bar{x}_k \Delta\sigma. \tag{4.2.7}$$

注意，$\bar{x}_k$ 随高度变化。

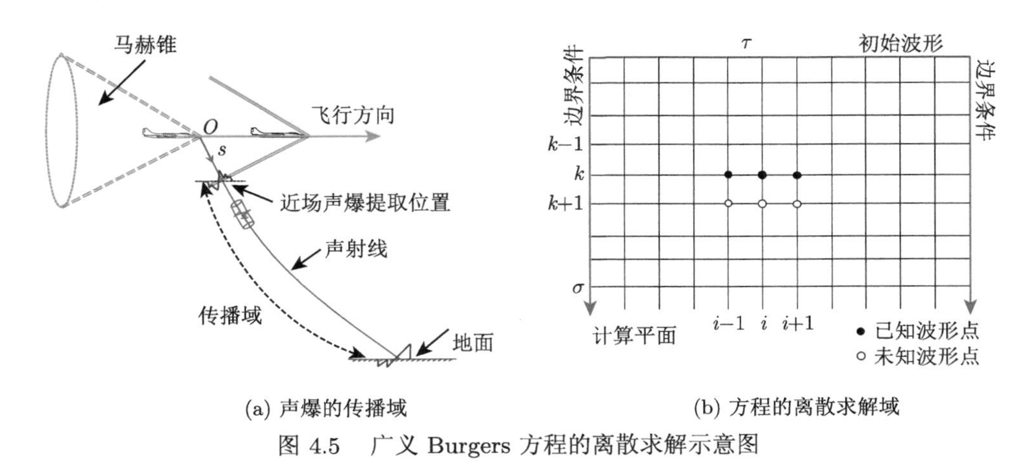

(a) 声爆的传播域　　(b) 方程的离散求解域

图 4.5 广义 Burgers 方程的离散求解示意图

4.2.3 分子弛豫效应的离散

针对式 (4.2.1)，考虑单个分子的弛豫过程，有

$$\frac{\partial P}{\partial \sigma} = \frac{C_j}{1 + \theta_j \dfrac{\partial}{\partial \tau}} \cdot \frac{\partial^2 P}{\partial \tau^2}. \tag{4.2.8}$$

整理得

$$\frac{\partial P}{\partial \sigma}+\theta_j\frac{\partial^2 P}{\partial \tau\partial \sigma}=C_j\frac{\partial^2 P}{\partial \tau^2}. \tag{4.2.9}$$

采用有限差分法在 $(i,k+1/2)$ 位置对上式各项进行离散，有

$$\frac{\partial P}{\partial \sigma}=\frac{P_i^{k+1}-P_i^k}{\Delta\sigma}+O[(\Delta\sigma/2)^2], \tag{4.2.10}$$

$$\begin{aligned}\frac{\partial^2 P}{\partial \tau\partial \sigma}&=\frac{1}{2\Delta\tau}\left(\left.\frac{\partial P}{\partial \sigma}\right|_{\tau+\Delta\tau}-\left.\frac{\partial P}{\partial \sigma}\right|_{\tau-\Delta\tau}\right)+O[(\Delta\tau)^2]\\&=\frac{P_{i+1}^{k+1}-P_{i+1}^k-(P_{i-1}^{k+1}-P_{i-1}^k)}{2\Delta\tau\Delta\sigma}+O[(\Delta\tau)^2,(\Delta\sigma/2)^2]\end{aligned}, \tag{4.2.11}$$

$$\begin{aligned}\frac{\partial^2 P}{\partial \tau^2}=&\frac{1}{(\Delta\tau)^2}[(1-\lambda)\left(P_{i+1}^k-2P_i^k+P_{i-1}^k\right)\\&+\lambda\left(P_{i+1}^{k+1}-2P_i^{k+1}+P_{i-1}^{k+1}\right)]+O[(\Delta\tau)^2]\end{aligned}. \tag{4.2.12}$$

式中，λ 为隐式和显式格式之间的调节系数。$\lambda\in[0,1]$，当 $\lambda=0.5$ 时，式 (4.2.12) 为 Crank-Nicolson 格式，在 σ 方向上具有二阶精度；当 $\lambda=0$ 时，式 (4.2.12) 为完全显格式；当 $\lambda=1$ 时，式 (4.2.12) 为完全隐格式。在分子弛豫离散过程中，一般取 $\lambda=0.5$。当不收敛时，应适当增大 λ 值使格式稳定。

将式 (4.2.10)～ 式 (4.2.12) 代入式 (4.2.9)，可得到差分离散形式：

$$\begin{aligned}&-(a+\lambda b)P_{i-1}^{k+1}+(1+2\lambda b)P_i^{k+1}+(a-\lambda b)P_{i+1}^{k+1}\\&=[(1-\lambda)b-a]P_{i-1}^k+[1-2(1-\lambda)b]P_i^k+[a+(1-\lambda)b]P_{i+1}^k\end{aligned}. \tag{4.2.13}$$

式中，

$$a=\frac{\theta_j}{2\Delta\tau},\quad b=C_j\frac{\Delta\sigma}{(\Delta\tau)^2}.$$

在边界点 $i=1$ 和 $i=M$ 处，令

$$P_1^{k+1}=P_1^k,\ \ P_M^{k+1}=P_M^k. \tag{4.2.14}$$

计算式 (4.2.13) 时需要联立求解，其系数矩阵为三对角矩阵，可以采用诸多求解三对角方程组的方法 (如追赶法)。针对多个弛豫过程，根据算子分裂策略，依次求解单个分子的弛豫过程。

4.2.4 热黏吸收效应的离散

针对式 (4.2.2) 描述的热黏吸收效应，根据式 (4.2.10) 和式 (4.2.12)，在 $(i,k+1/2)$ 位置采用 Crank-Nicolson 格式 ($\lambda=0.5$)，有

$$-cP_{i+1}^{k+1}+(1+2c)P_i^{k+1}-cP_{i-1}^{k+1}=cP_{i+1}^{k}+(1-2c)P_i^{k}+cP_{i-1}^{k}. \tag{4.2.15}$$

其中，

$$c=\frac{1}{2\varGamma}\frac{\Delta\sigma}{(\Delta\tau)^2}.$$

边界条件仍然为式 (4.2.14) 所示。实际上，式 (4.2.15) 也是三对角方程组，同样可以采用追赶法等快速求解方法。

4.2.5 几何声学效应的离散

式 (4.2.3) 经过变换，可写成如下形式：

$$\frac{\partial\left(P\sqrt{G}\right)}{\partial\sigma}=0. \tag{4.2.16}$$

可知，$P\sqrt{G}$ 不随 σ 变化，称之为声学不变量。根据上式，几何声学效应的离散形式为

$$P_i^{k+1}=P_i^k\frac{\sqrt{G_k}}{\sqrt{G_{k+1}}}. \tag{4.2.17}$$

4.2.6 非线性效应的离散

体现非线性效应的式 (4.2.4) 为无黏 Burgers 方程，采用准解析的 Burgers-Hayes 方法 (简称 B-H 方法) 来获得该方程的解。

根据 Burgers 方程的泊松解，假如在空间推进第 k 步处的波形为 P_i^k $(i=1,2,\cdots,M)$，那么在第 k+1 步 $\sigma_k+\Delta\sigma$ 处的波形为

$$P(\sigma_k+\Delta\sigma,\tau_i)=P(\sigma_k,\tau_i+P_i^k\Delta\sigma). \tag{4.2.18}$$

上式的含义为：空间位置 σ_k、波形信号时间序列 $\tau_i+P_i^k\Delta\sigma$ 处的无量纲压强，与空间位置 $\sigma_k+\Delta\sigma$、波形时间序列 τ_i 处的无量纲压强 P_i^{k+1} 相等。

引入扭曲的时间网格 τ_i^{d}，令

$$\tau_i^{\mathrm{d}}=\tau_i-P_i^k\Delta\sigma, \tag{4.2.19}$$

则根据式 (4.2.18)，在空间位置 $\sigma_k+\Delta\sigma$、波形信号时间序列 τ_i^{d} 处有

$$P(\sigma_k+\Delta\sigma,\tau_i^{\mathrm{d}})=P(\sigma_k,\tau_i). \tag{4.2.20}$$

该式表明，空间位置 σ_k、波形信号时间序列 τ_i 处的无量纲压强 P_i^k，与空间位置 $\sigma_k+\Delta\sigma$、波形信号时间序列 τ_i^{d} 处的无量纲压强相等。于是，可以根据式 (4.2.19) 和式 (4.2.20) 来确定第 $k+1$ 步 $\sigma_k+\Delta\sigma$ 处的波形。在空间位置 $\sigma_k+\Delta\sigma$ 处，已知压强以时间序列 τ_i^{d} 排列的波形后，需要将其插值到原始均匀网格 τ_i 上，以方便之后的计算。

观察式 (4.2.19)，如果 $\Delta\sigma$ 满足如下条件：

$$\Delta\sigma>\frac{1}{\max\left(\dfrac{\partial P}{\partial\tau}\right)},\tag{4.2.21}$$

就会出现 $\tau_{i+1}^{\mathrm{d}}<\tau_i^{\mathrm{d}}$ 的情况，即会出现如图 4.6 所示的多值波形。多值波形是非物理的，它意味着在多值区域存在激波，需要在弱激波假设下根据“面积平衡”方法来确定激波位置。

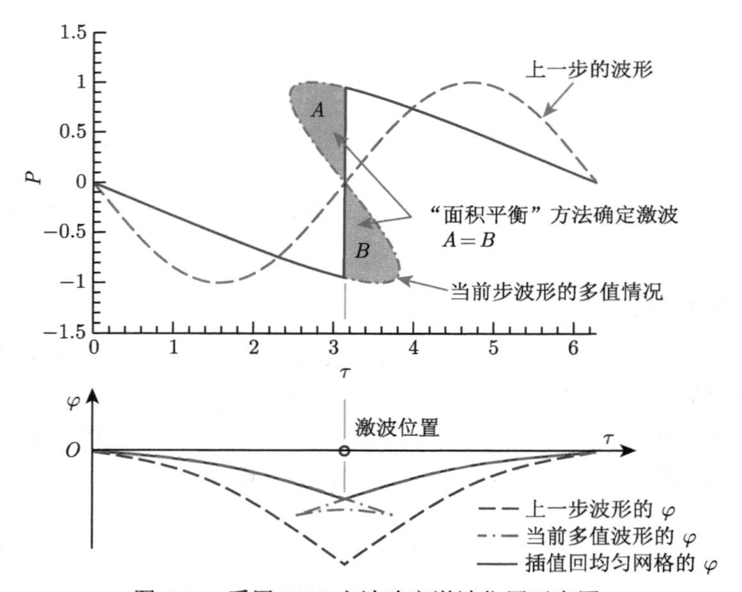

图 4.6　采用 B-H 方法确定激波位置示意图

B-H 方法的示意图如图 4.6 所示。首先，定义势函数 φ：

$$\varphi(\tau)=\int_{-\infty}^{\tau}P(\xi)\mathrm{d}\xi.\tag{4.2.22}$$

当出现多值波形时，势函数 φ 也会呈现多值现象，且多值区域 (在 τ 轴上的区间) 相同。那么，引入激波后的波形应当满足这样的条件：在多值区域内，τ_i 处的势

函数 $\varphi(\tau_i)$ 应在所有对应值中取最大值。依据该条件，由 τ_i^{d} 序列定义的波形插值回原始均匀网格 τ_i 上时，自然而然会产生激波。

B-H 方法是在 Burgers 方程的泊松解上实现的，整个过程中除了插值步骤其余都是精确的，插值是该方法的唯一近似。

当然，求解式 (4.2.4) 也可以采用计算流体力学 (CFD) 中发展的高阶离散格式和通量分裂方法，如 WENO 格式 [10]。

4.3 远场声爆强度的主观评价

研究人员发现，对于相同强度的声音，当频率不同时观察者的感受也不相同。于是，为了研究声爆对人们正常生活的影响，通过引入能反映人们感受程度的主观响度评价级作为参考量，来量化人们对不同频率下声爆强度的感受程度。本节将介绍 3 种主观评价指标：A 计权声暴露级 (A-weighting sound exposure level, ASEL)、C 计权声暴露级 (C-weighting sound exposure level, CSEL) 和感觉声压级 [16] (perceived loudness in deciBel, PLdB)。国外研究表明，这 3 种评价指标能够比较好地反映室内/室外人们对声爆的反感程度。目前学术界和工业界还没有就哪种指标最合适达成一致，因此，在有关超声速民机低声爆设计的研究中，它们都常用于衡量低声爆设计效果。

图 4.7 给出了计算地面声爆 ASEL、CSEL 和 PLdB 的主要步骤和流程。不管计算哪种评价指标，都首先需要对地面波形进行傅里叶变换 (见附录 C)，获得声爆的频谱结果。为保证频谱分析结果可靠，声爆波形的采样频率应尽可能高 (一般不小于 48 kHz)。对于 ASEL 和 CSEL，需要在频谱结果上引入计权网格后，才能进行下一步计算。而 PLdB 的计算相对复杂，频谱结果需要转换成频带噪声。

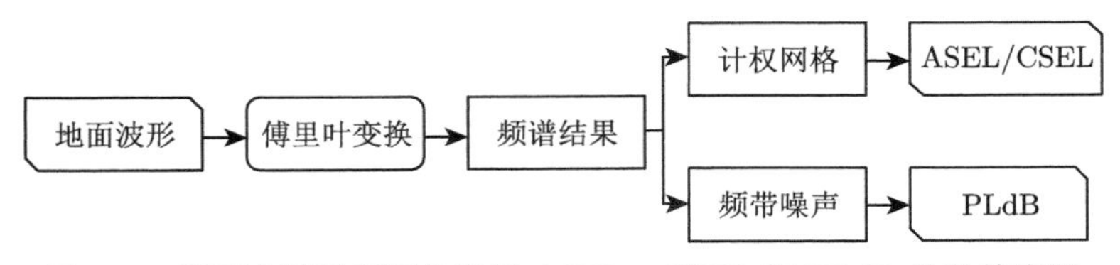

图 4.7 地面声爆强度评价指标 ASEL、CSEL 和 PLdB 的计算步骤

4.3.1 A/C 计权声暴露级

A 计权是主观噪声级评价中最常见的加权方式，它模拟了人耳对等响度曲线中 40 方纯音的响应。而 C 计权是模拟人耳对等响度曲线中 100 方纯音的响应，其权重值在整个频率范围内几乎平直。

不同频率 f 下，A 计权和 C 计权的权重可由下式计算：

$$W_{\mathrm{A}}=\frac{10^{2/20}f_4^2f^4}{(f^2+f_1^2)(f^2+f_4^2)\sqrt{(f^2+f_2^2)(f^2+f_3^2)}}. \tag{4.3.1}$$

$$W_{\mathrm{C}}=\frac{10^{0.062/20}f_4^2f^2}{(f^2+f_1^2)(f^2+f_4^2)}. \tag{4.3.2}$$

其中，$f_1=20.6\ \mathrm{Hz}$, $f_2=107.2\ \mathrm{Hz}$, $f_3=737.9\ \mathrm{Hz}$, $f_4=12194\ \mathrm{Hz}$。①

计权声暴露级的计算公式如下：

$$X\mathrm{SEL}=10\lg\left(\frac{2}{t_{\mathrm{ref}}}\frac{\int_0^{\infty}|\bar{p}(f)W_X(f)|^2\,\mathrm{d}f}{p_{\mathrm{ref}}^2}\right), \tag{4.3.3}$$

式中，$t_{\mathrm{ref}}=1\ \mathrm{s}$ 为基准持续时间，$\bar{p}(f)$ 为时域声爆信号 $p'(t')$ 在频域的分布，$p_{\mathrm{ref}}=20\ \mu\mathrm{Pa}$ 为参考压强，X 代表了 A 计权或 C 计权。

4.3.2 感觉声压级

感觉声压级是基于史蒂文斯 [16] 发展的 Mark Ⅶ 方法。它以中心频率为 3150 Hz 的 1/3 倍频带声压级为参考，以中心频率上 32 dB 所产生的响度为基本度量单位 (单位: 宋，Sone; 图 4.8)，计算时考虑最响频带对其他频带响度的掩蔽效

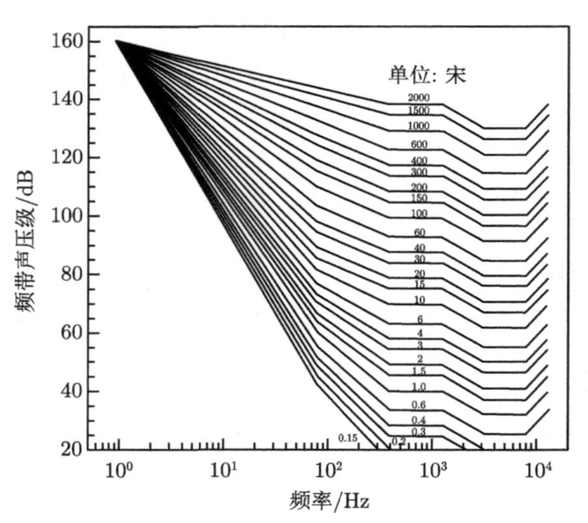

图 4.8 不同频率和 1/3 倍频带声压级下的等响度曲线

① 国家标准 GB/T 3785.1—2010 电声学声级计 第 1 部分：规范。

应。响度以声压的 2/3 次方增加，每当声压级增加 9 dB，响度值增加一倍。噪声的主观感受随频带宽度的增加而增加，但两个频带相邻、响度相同的噪声分两次听时却不会产生两倍的噪声感受。因此，通过引入掩蔽因子 F_{m}，来描述最响频带对其他频带的掩蔽影响，使其能够很好地反映人们对噪声的感受程度。

感觉声压级的计算分三个步骤 [17]：第一步，计算时域声爆波形的 1/3 倍频带声压级；第二步，将频带声压级以分贝为单位转换到图 4.8 所示的等响度曲线上，得到各频带的响度值；第三步，考虑最大响度的掩蔽效应，将响度值转化为感觉声压级。

1. 1/3 倍中心频率及频带声压级

名义 1/3 倍中心频率以及相应的频率范围 (频带宽度) 已经在附录 D 中列出，这里只给出频带声压级的计算方法。

帕塞瓦尔定理 (Parseval's theorem)：信号的总能量既可以按照每单位时间内的能量在整个时间内的积分计算出来，也可以按照每单位频率内的能量在整个频率范围内的积分而得到。

简言之，对于声爆波形 $p'(t')$ 来讲，它含有的总能量正比于 E_{total}：

$$E_{\text{total}} = \int_{-\infty}^{\infty} |p'(t')|^2 \, \mathrm{d}t', \tag{4.3.4}$$

将波形 $p'(t')$ 进行傅里叶变换，得到频域分布 $\bar{p}(f)$。根据帕塞瓦尔定理，有

$$E_{\text{total}} = \int_{-\infty}^{\infty} |\bar{p}(f)|^2 \, \mathrm{d}f, \tag{4.3.5}$$

其中，$|\bar{p}(f)|$ 一般称作能量密度、谱密度或功率谱密度函数。

将声爆波形 $p'(t')$ 含有的能量在频域上按 1/3 倍频带进行划分，由式 (4.3.5) 得

$$E_{\text{total}} = \sum_{i}^{\infty} E_i = \sum_{i}^{\infty} \int_{f_{\text{lower},i}}^{f_{\text{upper},i}} |\bar{p}(f)|^2 \, \mathrm{d}f, \tag{4.3.6}$$

式中，i 表示第 i 个中心频率，$f_{\text{upper},i}$ 和 $f_{\text{lower},i}$ 分别为第 i 个中心频率的上下界，E_i 为第 i 个 1/3 倍频带所含有的能量。

于是 1/3 倍频带声压级的计算式为

$$L_{p,i} = 10\lg\left(\frac{E_i/t'_{\text{ref}}}{2p_{\text{ref}}^2}\right) = 10\lg\left(\frac{E_i/t'_{\text{ref}}}{p_{\text{ref}}^2}\right) - 10\lg 2, \tag{4.3.7}$$

式中，$t'_{\text{ref}} = 0.07$ s 为人类听觉系统的临界时间，它代表了听觉系统对声音刺激做出充分反应的时间 [18]。声爆的大多数能量集中在前后激波处，并且前后激波的相

隔时间一般大于听觉系统的临界时间，所以认为声爆前后激波对人耳的影响是两个独立的事件。于是，在计算时需要将声爆含有的总能量平均分配到这两个事件中，式 (4.3.7) 中每个频带能量都需要除以 2。

2. 1/3 倍频带响度值

首先，以中心频率为 3150 Hz 的 1/3 倍频带声压级为参考，计算各频带的等效声压级 $L_{\mathrm{eq},i}$。然后，根据等效声压级 $L_{\mathrm{eq},i}$ 在附录 E 中查找对应的 Mark Ⅶ 响度数据，得到各频带的 Mark Ⅶ 响度 S_i。

以下计算等效声压级 $L_{\mathrm{eq},i}$ 的公式与图 4.8 所示的等响度曲线直接相关，以中心频率 $f_{\mathrm{C},i}$ 为参考进行分段：

(1) $f_{\mathrm{C},i} > 8$ kHz (频带代号大于 39) 时，频率每增加一倍，等响度曲线对应的频带声压级增加 12 dB。那么，以中心频率为 3150 Hz 的频带声压级为参考，有

$$L_{\mathrm{eq},i} = L_{\mathrm{p},i} - X, \tag{4.3.8}$$

其中，

$$X = \begin{cases} 4\ \mathrm{dB}, & f_{\mathrm{C},i} = 10\ \mathrm{kHz} \\ 8\ \mathrm{dB}, & f_{\mathrm{C},i} = 12.5\ \mathrm{kHz} \end{cases}.$$

(2) 3.15 kHz $\leqslant f_{\mathrm{C},i} \leqslant$ 8 kHz (频带代号为 35~39) 时，等响度曲线不随频率变化，此时 $L_{\mathrm{eq},i} = L_{\mathrm{p},i}$。

(3) 1.25 kHz $< f_{\mathrm{C},i} <$ 3.15 kHz (频带代号为 32~34) 时，频率每增加一倍，等响度曲线对应的频带声压级降低 6 dB。那么等效声压级仍然可以用式 (4.3.8) 来计算，X 改为

$$X = \begin{cases} 6\ \mathrm{dB}, & f_{\mathrm{C},i} = 1.6\ \mathrm{kHz} \\ 4\ \mathrm{dB}, & f_{\mathrm{C},i} = 2.0\ \mathrm{kHz} \\ 2\ \mathrm{dB}, & f_{\mathrm{C},i} = 2.5\ \mathrm{kHz} \end{cases}.$$

(4) 400 Hz $\leqslant f_{\mathrm{C},i} \leqslant$ 1.25 kHz (频带代号为 26~31) 时，等响度曲线不随频率变化，用式 (4.3.8) 来计算，此时 $X = 8$ dB。

(5) 80 Hz $\leqslant f_{\mathrm{C},i} <$ 400 Hz (频带代号为 19~25) 时，先将频带声压级等效到 400 Hz 频率，然后再从 400 Hz 频率等效到 3150 Hz 频率。即

$$L_{\mathrm{eq},i} = L_{400,i} - 8\ \mathrm{dB}, \tag{4.3.9}$$

式中，$L_{400,i}$ 为以 400 Hz 为参考的各频带等效声压级。

$L_{400,i}$ 的计算依据表 4.1 所示的上下界分成 3 种情形。

表 4.1 中心频率介于 80 Hz 和 400 Hz 之间时计算响度值的上下界参考值

$f_{\mathrm{C},i}$/Hz	80	100	125	160	200	250	315
L_{lower}/dB	86.5	85.0	83.5	82.0	80.5	79.0	77.5
L_{upper}/dB	131.5	130.0	128.5	127.0	125.5	124.0	122.5
X/dB	10.5	9.0	7.5	6.0	4.5	3.0	1.5

当 $L_{\mathrm{p},i} \leqslant L_{\mathrm{lower},i}$ 时

$$L_{400,i} = 115 - \frac{(115 - L_{\mathrm{p},i})\lg(400)}{\lg(f_{\mathrm{C},i})}\ \mathrm{dB}.$$

当 $L_{\mathrm{lower},i} < L_{\mathrm{p},i} < L_{\mathrm{upper},i}$ 时

$$L_{400,i} = L_{\mathrm{p},i} - X.$$

当 $L_{\mathrm{p},i} \geqslant L_{\mathrm{upper},i}$ 时

$$L_{400,i} = 160 - \frac{(160 - L_{\mathrm{p},i})\lg(400)}{\lg(f_{\mathrm{C},i})}\ \mathrm{dB}.$$

(6) $f_{\mathrm{C},i} < 80$ Hz (频带代号小于 19) 时，先将频带声压级等效到 80 Hz 频率，然后从 80 Hz 频率等效到 400 Hz 频率，最后从 400 Hz 频率等效到 3150 Hz 频率。以 80 Hz 为参考的各频带等效声压级计算式如下：

$$L_{80,i} = 160 - \frac{(160 - L_{\mathrm{p},i})\lg(80)}{\lg(f_{\mathrm{C},i})}\ \mathrm{dB}.$$

于是，以 3150 Hz 为参考的等效声压级 $L_{\mathrm{eq},i}$ 为

$$L_{\mathrm{eq},i} = \begin{cases} 115 - \dfrac{(115 - L_{80,i})\lg(400)}{\lg(80)} - 8\ \mathrm{dB}, & L_{80,i} < 86.5 \\ L_{80,i} - 10.5 - 8\ \mathrm{dB}, & 86.5 \leqslant L_{80,i} \leqslant 131.5 \\ 160 - \dfrac{(160 - L_{80,i})\lg(400)}{\lg(80)} - 8\mathrm{dB}, & L_{80,i} > 131.5 \end{cases}. \tag{4.3.10}$$

3. 感觉声压级的计算

查找最大响度值 S_{m}，并根据掩蔽因子 F_{m} 的统计曲线 (附录 F)，得到 S_{m} 对应的因子 $F_{\mathrm{m,max}}$。之后，根据式 (4.3.11) 计算感觉声压级：

$$\mathrm{PLdB} = 32 + 9\log_2 S_t, \tag{4.3.11}$$

式中，

$$S_t = S_{\mathrm{m}} + F_{\mathrm{m,max}}\left(\sum S_i - S_{\mathrm{m}}\right). \tag{4.3.12}$$

4.4　远场声爆传播的示例

本节将给出两个例子。第一个是美国 AIAA 第二届声爆预测研讨会标模 NASA C25D 构型的远场声爆传播算例，其中用于对比的参考数据是由 NASA 的 sBOOM 声爆传播程序计算得到，该数据可在声爆预测研讨会官网下载。第二个是美国 F-5E 飞机的地面声爆预测算例，该算例将预测结果与飞行试验测量结果进行对比，来说明本章所介绍方法的预测能力。

4.4.1　NASA C25D 构型的远场声爆预测

C25D 构型是美国 NASA 研究的低声爆概念机，也是 AIAA 第二届声爆预测研讨会中的标模，如图 4.9 所示。机身长度为 32.92 m，半模参考面积为 37.16 m^2。用于传播的近场声爆信号来源于 NASA 研究人员 Aftosmis[19] 采用 Cart3D 求解器的计算结果 (图 4.10)，读者可以在声爆研讨会官网上查询到。近场模拟条件为：马赫数 $Ma = 1.6$，攻角 $\alpha = 3.375°$，Euler 方程，发动机短舱为通气模型。近场声爆提取位置为距离航迹 3 倍机身长度、传播周向角 ϕ 为 0° 和 30° 处。

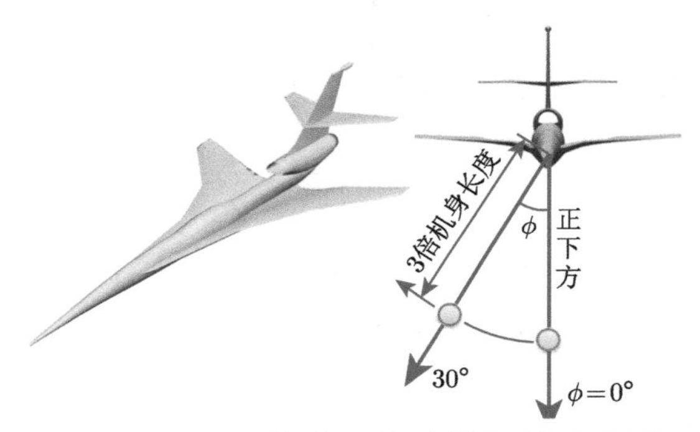

图 4.9　C25D 构型及近场声爆信号提取位置

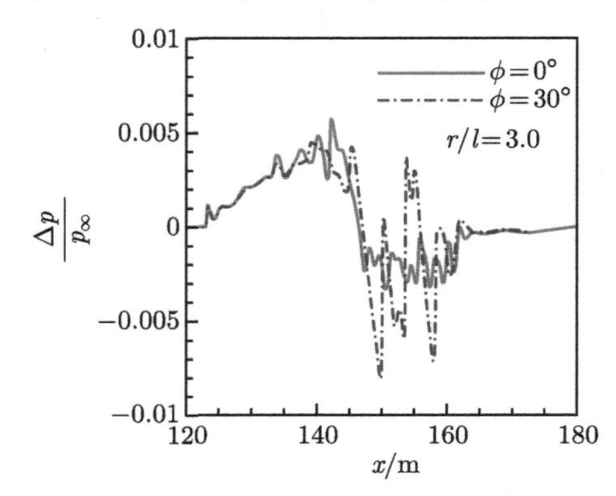

图 4.10　C25D 构型的近场声爆信号

在远场传播时，采用了西北工业大学韩忠华团队自主开发的 bBoom 程序 [7,8]。bBoom 程序可以模拟飞行器定常飞行状态下产生的声爆在大气中的传播过程，目前已经考虑了分层大气、几何声学扩散、热黏性吸收、分子弛豫、非线性、大气湍流等效应对波形的影响。其离散求解的方程有广义 Burgers 方程、考虑湍流效应的 HOWARD 方程和 KZK 方程 (本书第 5 章内容)，非线性效应求解方法有 B-H 方法、WENO 格式等，射线求解方法有 Euler 法和四阶四步龙格-库塔法。

在标准大气条件下，将近场声爆信号由巡航高度 15.76 km 处传播到地面，地面反射因子①取 1.9。在计算时，近场声爆信号的采样频率 f_s 设置为 500 kHz，无量纲推进步长 $\Delta\sigma$ 为 0.05。将我们计算的地面声爆波形和感觉声压级与 sBOOM 程序计算结果对比，如图 4.11 所示。由对比图可知，在两个传播方向上，我们计算的波形基本与 sBOOM 结果一致，而且感觉声压级差别在 1 PLdB 以内。

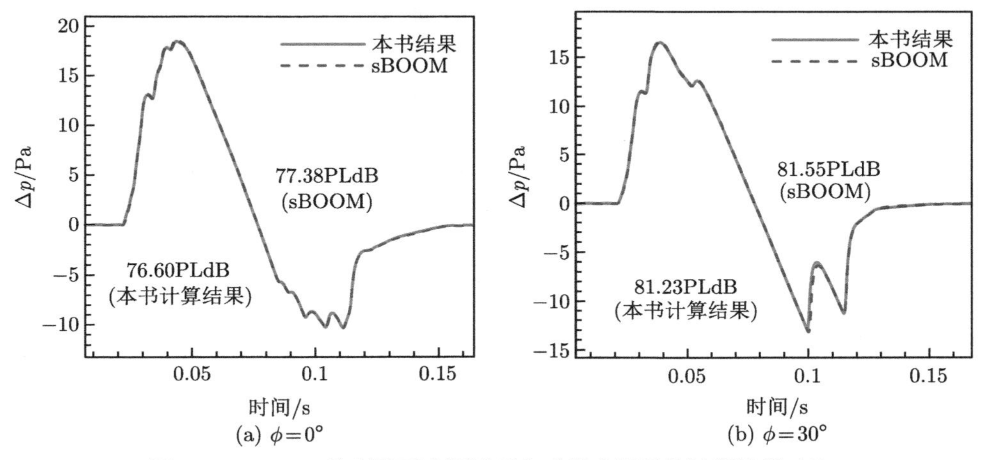

图 4.11 C25D 构型地面声爆波形和感觉声压级的计算结果对比

将地面波形进行傅里叶变换，得到频域上的声爆能量分布情况，如图 4.12 所示。可以看到，我们计算波形的频谱分布与 sBOOM 结果在低、中、高频的分量上基本一致。同时，也可以看到，与周向角 $\phi = 0°$ 方向上的声爆相比，在 $\phi = 30°$ 方向上，声爆能量的高频分量较大。

一般来讲，飞机对正下方空气的压缩效应最大，而且该方向上声爆在大气中的传播距离也最短，受大气耗散作用最小，声爆强度最大。不过从本算例结果可以看到，对于一架经过低声爆设计的飞机，它产生的最强声爆不一定在飞行航迹的正下方 ($\phi = 30°$ 方向的声爆达到了 81 PLdB 以上)。

---

① 地面反射因子反映了地面对声爆的反射作用，一般取 1.9。在通过广义 Burgers 方程计算出地面声爆波形后，需要将计算波形乘以地面反射因子。

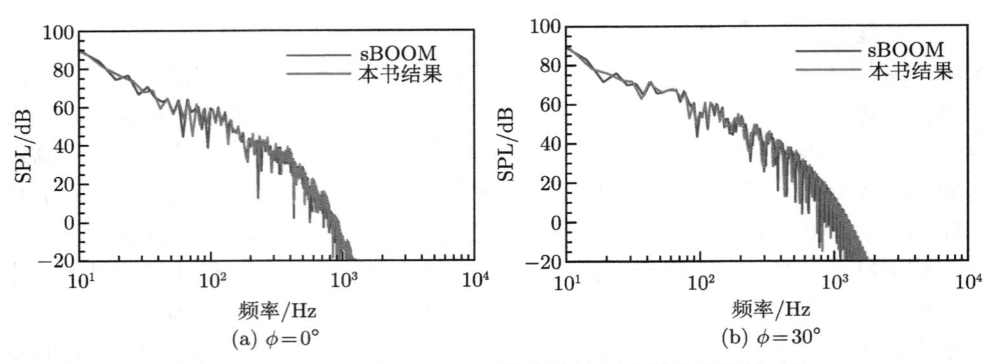

(a) $\phi=0°$　　(b) $\phi=30°$

图 4.12　bBoom 和 sBOOM 计算的地面声爆波形频谱对比

4.4.2　F-5E 飞机的远场声爆预测

F-5E 飞机是美国诺斯罗普公司研制的战斗机。2003 年 8 月，美国国防部高级研究计划局 (DARPA) 资助的修型声爆试验 (Shaped Sonic Boom Demonstration，SSBD) 项目，在爱德华兹空军基地对 F-5E 飞机和基于低声爆设计理论对 F-5E 修型的 SSBD 飞机进行了地面声爆测量，来验证当时的低声爆设计技术①。两架飞机的地面声爆信号测量结果如图 4.13 所示，F-5E 飞机的声爆波形为典型的 N 型波，而 SSBD 飞机的波形在头激波处好像被剪刀修剪过一样，超压峰值明显降低。

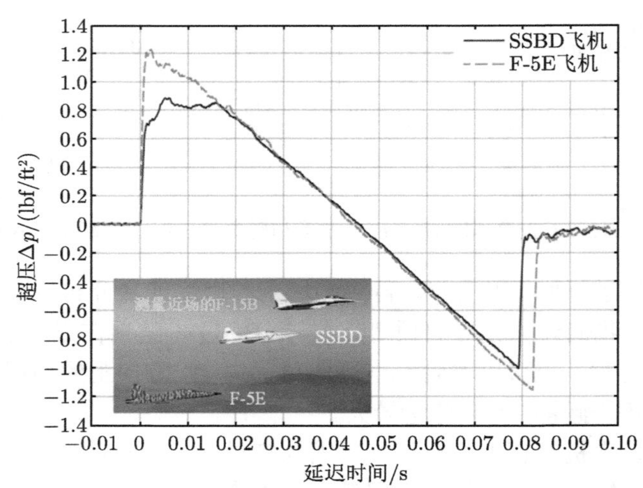

图 4.13　F-5E 飞机和 SSBD 飞机的地面声爆信号测量结果 (Ma = 1.4，巡航高度 9.75 km)[20]

采用 bBoom 程序对 F-5E 飞机的地面声爆进行预测。假设大气条件为无风的标准大气，地面反射因子为 1.9。用于传播的近场声爆信号为 2002 年 2 月份的

① 经典的 JSGD 低声爆反设计方法，相关内容将在 7.1 节介绍。

飞行试验测量结果，如图 4.14 所示。远场声爆预测结果与飞行试验测量数据的对比如图 4.15，预测结果与测量结果基本吻合，表明本章介绍的声爆传播方法能够准确地预测地面声爆。

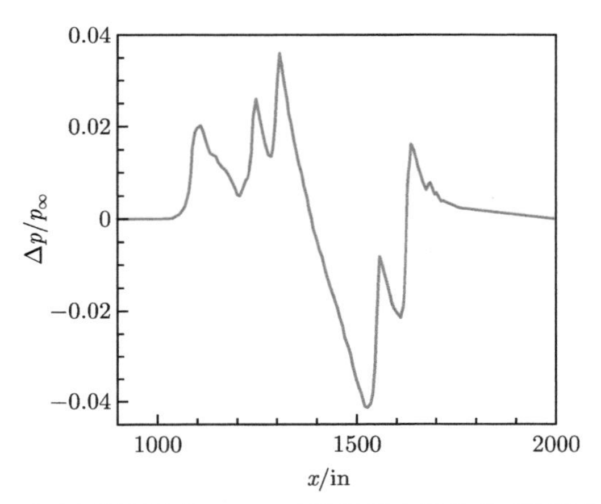

图 4.14 F-5E 正下方距离飞机 84 ft 处的近场声爆信号 (数据来源于文献 [21])
$1\text{ft} = 3.048\times10^{-1}\text{m}$

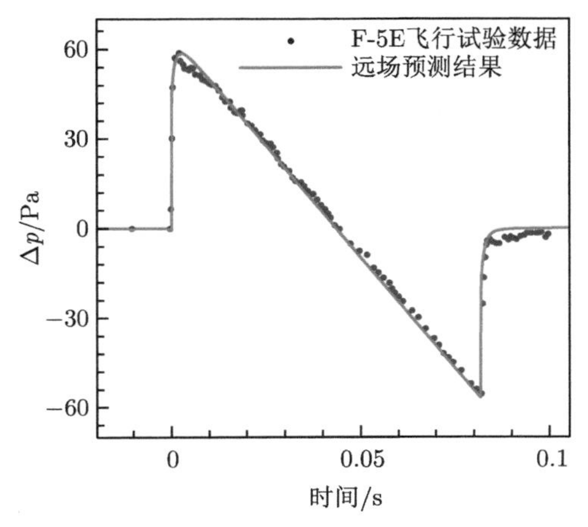

图 4.15 远场声爆的预测结果与飞行试验测量结果的对比 (试验数据来源于文献 [20])

4.5 远场声爆传播的再讨论

本节重点讨论影响远场声爆模拟结果的一些关键因素，包括涉及数值计算过程的近场声爆信号采样频率、近场声爆提取位置以及大气环境中的一些气体效应。通过本节的讨论，希望读者能对本章介绍的方法有更深的认识。

4.5.1　近场声爆信号采样频率对远场计算的影响

在 4.4 节的算例中，我们在计算远场声爆时，近场声爆信号的采样频率参考了 AIAA 声爆研讨会上报告的结果。实际上，为获得高可信度的远场结果，需要研究声爆采样频率对远场波形计算的影响。本小节以 4.4.1 节中的验证算例 (C25D 标模算例) 来说明这一问题。

近场声爆信号和传播条件都与 4.4.1 节相同，在传播过程中将近场声爆信号以频率 $f_s = \{1, 2, 5, 10, 20, 50, 100, 200, 500, 1000\}$ kHz 的形式插值到均匀网格上。两个周向角方向上，不同采样频率下，计算的地面声爆波形对比和感觉声压级对比如图 4.16 和图 4.17 所示。由图 4.16 可知，$\phi = 0°$ 和 $\phi = 30°$ 时，在 $f_s = 500$ kHz 和 $f_s = 1000$ kHz 两种采样频率下，计算的远场波形完全重合。并且由图 4.17 可知，采样频率 f_s 分别为 500 kHz 和 1000 kHz 时，声爆感觉声压

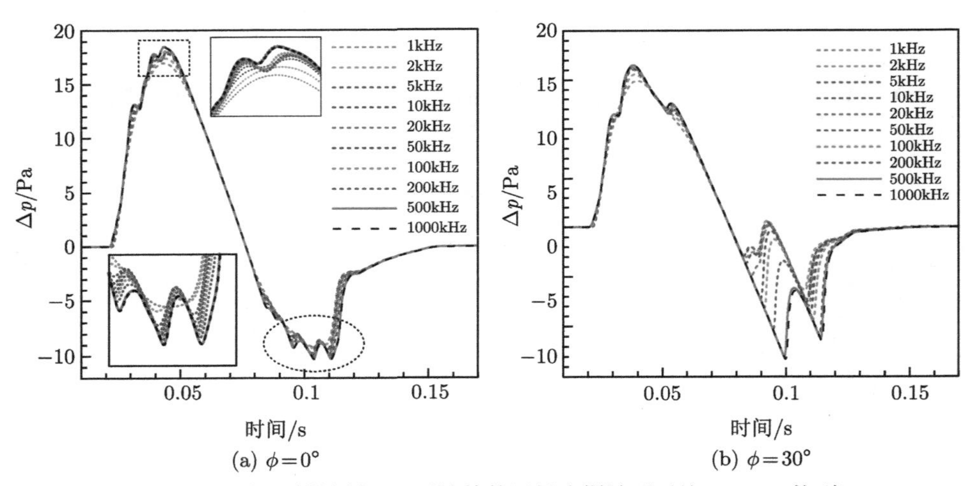

(a) $\phi=0°$　　(b) $\phi=30°$

图 4.16　不同采样频率 f_s 下计算的远场声爆波形对比 (C25D 构型)

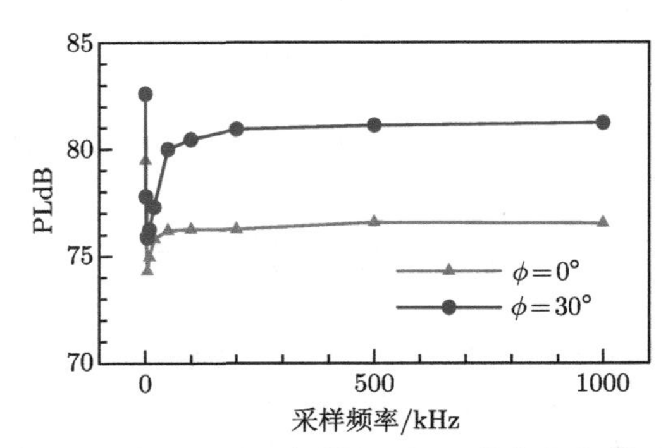

图 4.17　地面声爆感觉声压级随采样频率 f_s 的变化曲线 (C25D 构型)

级基本一致。因此，根据目前的结果，为使计算的远场声爆波形更具有可靠性，采样频率应不小于 500 kHz。

4.5.2 近场声爆信号提取位置对远场计算的影响

广义 Burgers 方程是一维传播方程，在弱激波假设下描述了近场声爆信号以平面波形式向远场的传播过程。如果在距离飞机很近的位置获取近场信号并用于传播，一方面此时由于流动三维效应明显 (不满足一维假设)，波系发展不充分，部分飞机部件的贡献未能体现在一维近场波形上，造成远场声爆预测结果不可靠；另一方面此时的非线性效应过强，如果远场传播模型过早介入，则导致预测结果存在一定的不确定性。从这一观点来看，近场信号获取位置应离飞机越远越好。然而，近场声爆信号一般从风洞试验或 CFD 流场解中得到，风洞尺寸和 CFD 求解计算量都限制了近场信号获取位置不可能距离模型或飞机太远。那么，是否存在比较合适的距离，使得该位置的近场声爆用于传播时能够获得可靠的远场结果。

本小节以 4.4.1 节 C25D 标模为例，将传播周向角 ϕ 为 0° 和 30° 方向上 1 倍、3 倍、5 倍机身长度位置处的近场声爆传播到远场。其中，近场声爆信号是由 NASA 研究人员 Aftosmis[19] 采用 Cart3D 求解器计算的，读者可登录第二届声爆预测研讨会官网查询详细数据。

在标准大气环境下，取地面反射因子为 1.9，将两个方向上不同近场位置的声爆信号传播到远场，结果如图 4.18 所示。由对比图可知，不同近场位置传播到远场的波形，其主要差异在后体。并且，从近场 1 倍处传播到地面的波形与其他两者相差较大，而由 3 倍和 5 倍位置传播到地面的波形相差较小。从 1 倍到 5 倍，

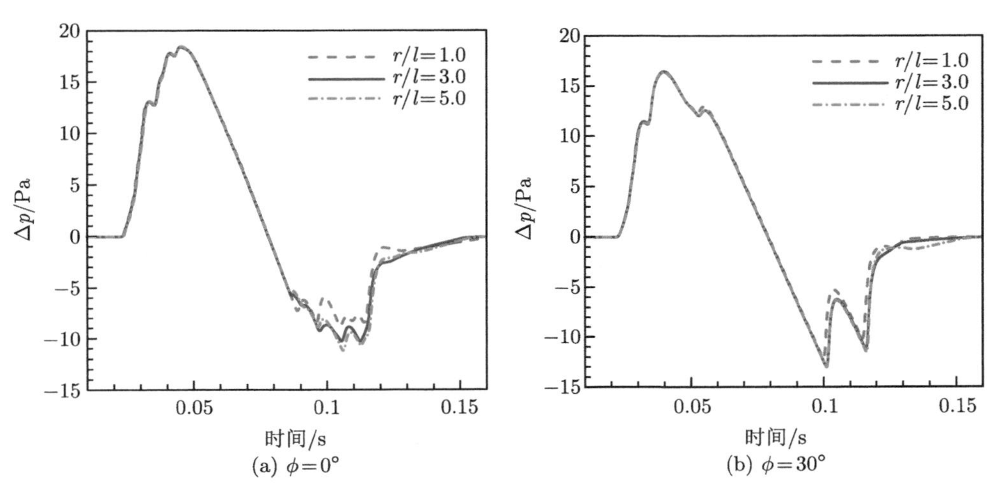

图 4.18 由不同近场位置传播到地面的波形对比 (C25D 构型，l 表示飞机长度)

远场波形有收敛趋势。因此，针对该标模，为使远场声爆预测结果可靠，近场提取位置应至少在 3 倍机身长度处[①]。

4.5.3 大气效应对远场声爆计算的影响

1. 热黏吸收与分子弛豫效应的影响

广义 Burgers 方程 (式 (4.1.1)) 等号右端前两项为几何声学效应和非线性效应，在只考虑这两种效应时，它与 2.3 节介绍的 Thomas 波形参数法在本质上是相同的，预测波形在激波位置为强间断。现在考察方程中描述的另外两种效应 (即热黏吸收效应和分子弛豫效应) 对远场声爆预测结果的影响。

仍然以 C25D 标模为例，将正下方 3 倍机身长度处的近场声爆信号传播到远场，传播大气条件为标准大气，取地面反射因子为 1.9。热黏吸收效应和分子弛豫效应对波形的影响效果如图 4.19 所示，可以看到：热黏吸收效应使波形参数法预测的激波变得略微光滑，但不会改变波形结构；而分子弛豫效应使波形整体都变得光滑，各小激波消失，超压峰值降低。说明在这两种效应中，分子弛豫在吸收声爆能量和形成上升时间方面都占据了主导地位。

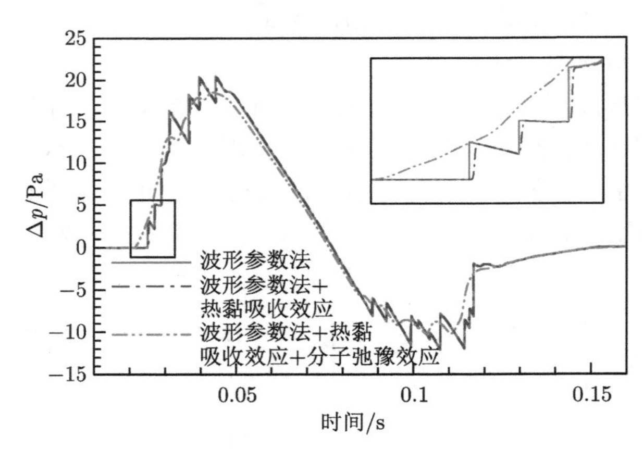

图 4.19 不同大气效应下 C25D 构型正下方的地面声爆波形对比

2. “大气风” 的影响

真实环境中，“大气风” 是普遍存在的，它会改变声爆的原始传播路径，对远场声爆强度和声爆毯有重要影响。本小节以 C25D 标模为例，来讨论这一影响。远场传播条件为 $Ma = 1.6$，$\alpha = 3.375°$，巡航高度为 15.76 km，近场提取位置为

① 近场声爆信号提取位置一般在 3 倍机身长度处，如果近场声爆信号在传播之前采用 George 发展的多极分析法进行修正，那么远场波形随近场提取位置的收敛更快。(George A R. Reduction of sonic boom by azimuthal redistribution of overpressure. AIAA Journal, 1969.)

$\phi = 0°$ (即正下方) 方向上 3 倍机身长度处，地面反射因子为 1.9，大气条件为在标准大气中增加风剖面。

1) 不同飞行方向下，“大气风” 对声爆强度的影响

给定如表 4.2 所示的单向风剖面 (风向沿海拔不变)，飞机在巡航高度分别向正东、正西、正南、正北方向飞行，考察其引起的地面声爆强度。

表 4.2 给定的单向风剖面

海拔/km	西风风速/(m/s)	南风风速/(m/s)
0	0	0
5	10	0
10	20	0
20	20	0

图 4.20 为飞机向不同方向飞行时，地面声爆波形的计算结果对比。从计算结果来看，四个飞行方向上形成的地面声爆波形相似。当飞机向正北或正南飞行时，在 $\phi = 0°$ 方向上该风剖面对声爆传播影响的效果相同，因此这两个地面声爆波形相同。从声爆超压值的对比来看，当飞机向正东飞行时超压值最大，而向正西飞行时超压值最小。也就是说，当飞机顺风飞行时 $\phi = 0°$ 方向上的地面声爆超压值增大，而逆风飞行时超压值减小。这一结果与文献 [22] 中第 25~26 页的结论一致。

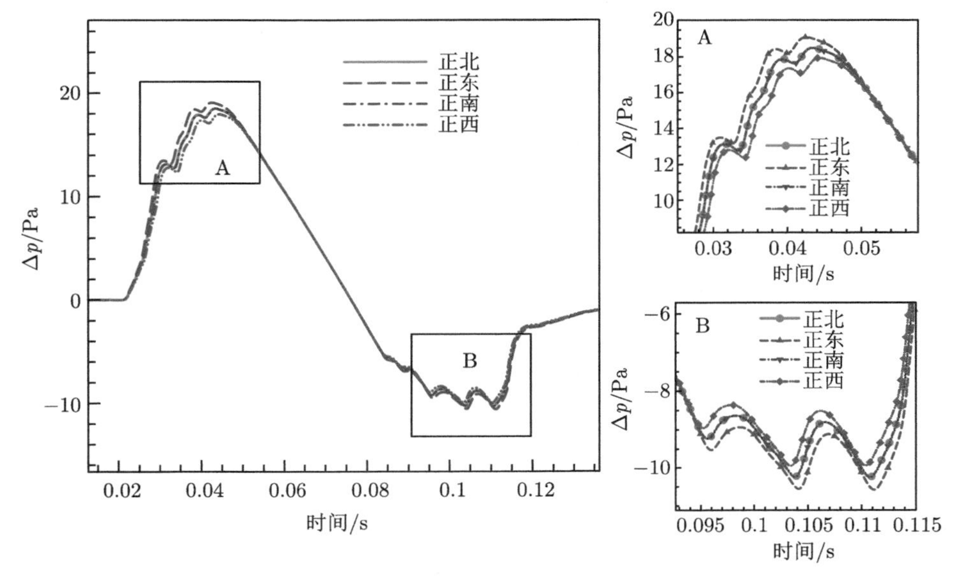

图 4.20 在风剖面下，飞机向不同方向飞行时，地面声爆波形的计算结果对比 (C25D)

2) “大气风” 对声爆毯的影响

选取表 4.2 所示的风剖面，以 C25D 标模向正北飞行为例，考察“大气风”对声爆毯范围的影响。在两种大气环境下，声爆传播的射线路径及地面声爆毯的形成如图 4.21 所示。地面声爆毯对比如图 4.22 所示，图中未标角度的点，周向角两两相差 10°。

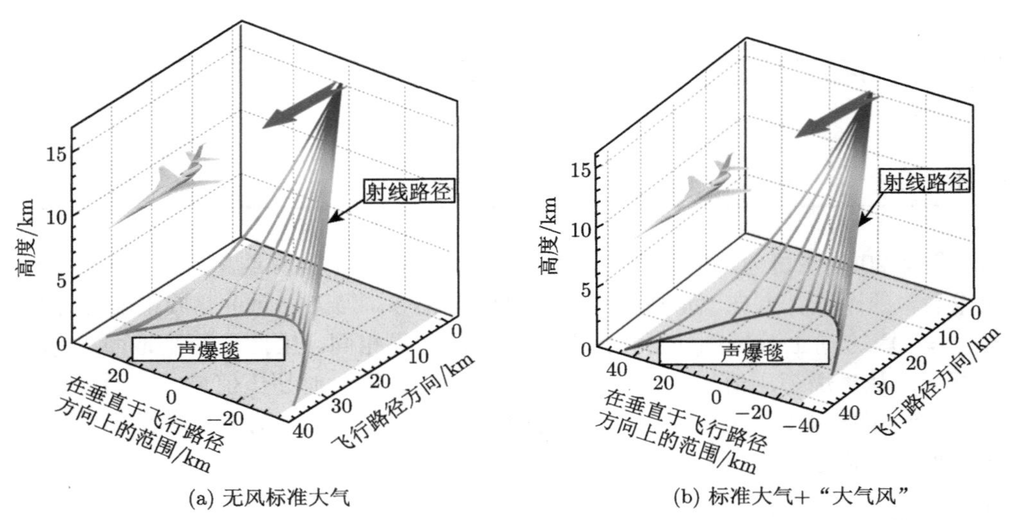

(a) 无风标准大气　　(b) 标准大气+“大气风”

图 4.21　大气风作用下，声爆传播的射线及地面声爆毯的形成示意图 (C25D 构型)

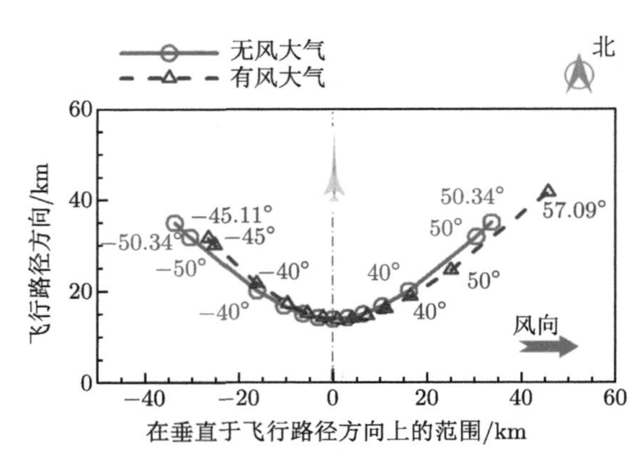

图 4.22　“大气风” 作用下，C25D 构型的声爆毯变化情况 (角度为传播周向角 ϕ)

在无风标准大气下，声射线关于飞行航迹所在的铅垂面对称，其形成的声爆毯关于飞行航迹在地面上的投影线对称，声爆传播的侧向截止角[①]为 ±50.34°，声

① 由于大气的分层效应，声射线会向大气上方折射，当传播周向角 $|\phi|$ 很大时，声射线不会与地面相交。我们称声射线恰好不与地面相交时对应的周向角 ϕ 为声爆传播的侧向截止角。

爆毯范围约为 67 km。在西风作用的情况下，侧向截止角、声爆毯的位置和范围均发生了变化，侧向截止角分别为 57.09° 和 −45.11°，声爆毯的迎风侧范围缩小、顺风侧范围扩大，整个范围为 72 km。这是水平分层大气和“大气风”对声射线综合作用的结果。水平分层的大气环境下，声射线会向上方折射，如图 4.23 中虚线所示。在表 4.2 所示的风剖面作用下，声射线会向迎风侧折射，形成如图 4.23 中实线所示的声射线，迎风侧截止角小于无风情况，顺风侧截止角大于无风情况，最终导致声爆毯范围变化。

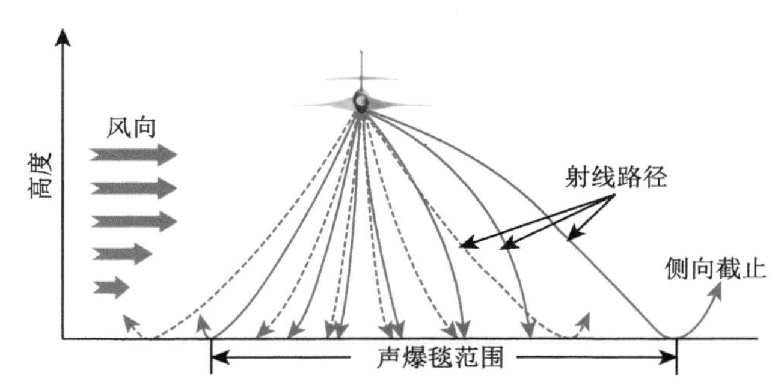

图 4.23 “大气风”作用下声射线及声爆毯形成示意图 (图中虚线为无风情况)

4.6 超声速民机 Tu-144 的声爆性能评估

本节以超声速民机 Tu-144 为例，从几何外形和飞行状态出发，完整地展示声爆评估的具体实施步骤。本节的目的是使读者能够更深入地理解本书所讲的高可信度声爆预测方法，即近场声爆 CFD 计算与远场基于广义 Burgers 方程传播的方法。

Tu-144 是苏联于 20 世纪 60 年代末研制成功的超声速客机，采用了双三角翼无尾布局。在声爆评估时相关计算参数如表 4.3 所示，经过气动评估，巡航攻角在 6.5795° 时达到了巡航升力系数要求。

表 4.3 Tu-144 声爆评估时的计算参数

半模参考面积	253.5 m^2	参考长度	10 m
高度	18.59 km	升力系数	0.126
机身长度	63.7 m	马赫数	2.0
雷诺数	4.64×10^7		

4.6.1 近场声爆计算的网格收敛性研究

针对 Tu-144 的声爆评估，生成了粗、中、细三套结构化网格，网格量分别为 11504832、23285696、44124416 个单元，网格示意图如图 4.24(左) 所示。在生成网格之前，先将几何模型绕机头旋转 6.5797°，即保证在声爆评估时，飞机处于巡航攻角状态。同时，在网格线离开物面后尽可能地沿马赫锥方向排列。

采用第 2 章提到的 PMNS3DR 程序对三套结构化网格进行流动求解，求解时采用 Euler 方程，空间离散格式为 AUSM±up，限制器为 Minmod 限制器，时间推进采用隐式的 LU-SGS 迭代。其计算结果如图 4.24(右) 所示。这三套网格下，波系结构基本一致。在飞机航迹正下方和周向角 ϕ 为 30° 方向上距离飞机飞行航迹 1 倍、3 倍和 5 倍机身长度位置，提取三套网格计算的近场声爆信号，其对比结果如图 4.25 所示。由对比结果可知，基于三套网格计算的近场声爆波形基

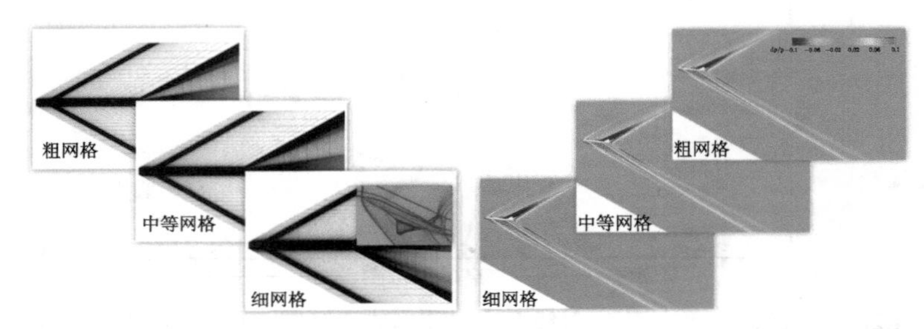

图 4.24 粗、中、细三套结构化网格及 Tu-144 对称面处的超压值云图

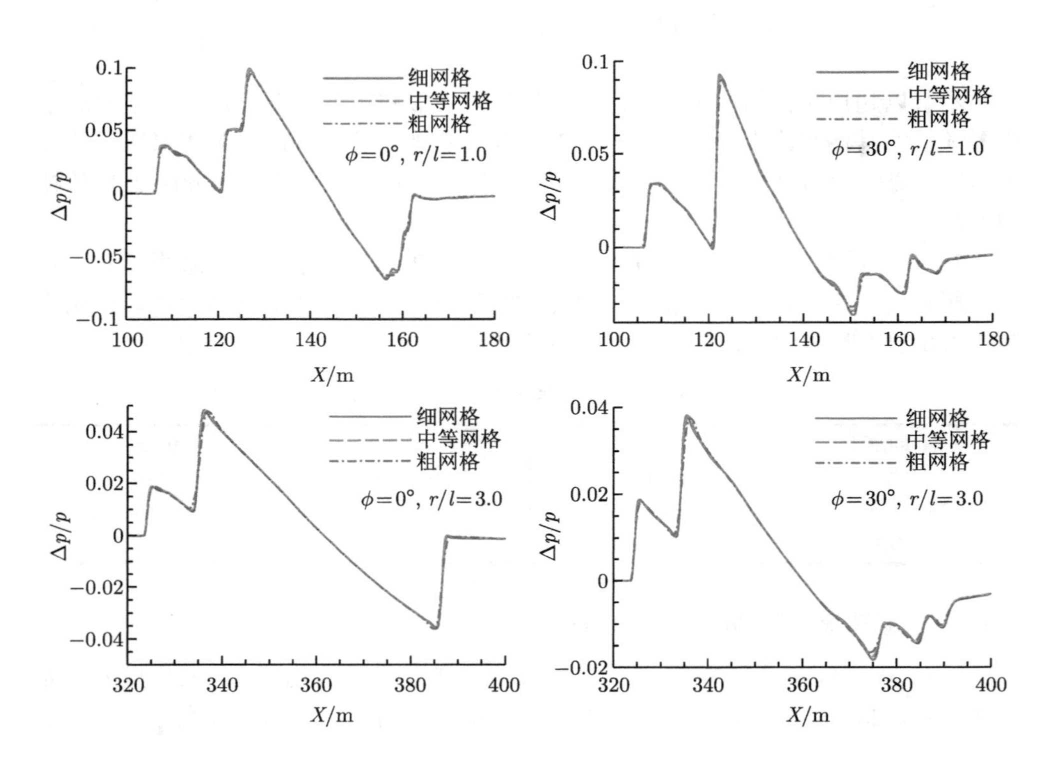

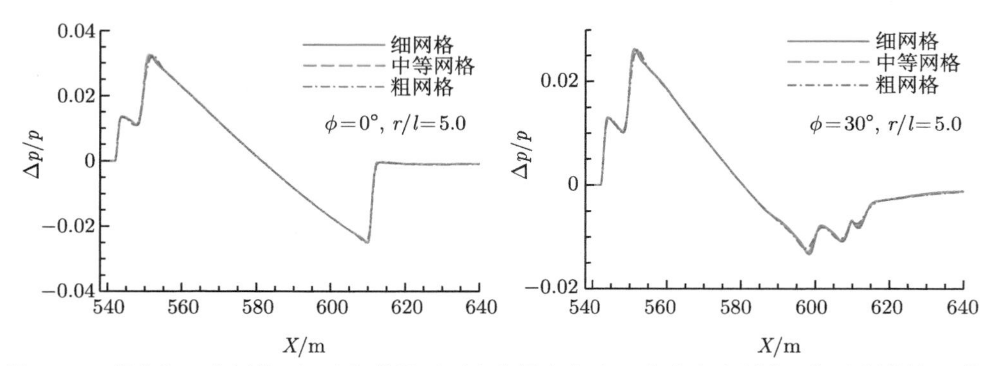

图 4.25 粗中细三套网格下，飞机航迹正下方和周向角为 30° 方向上距离飞机飞行航迹 1 倍、3 倍和 5 倍机身长度位置处计算的近场声爆信号

本一致，且随着网格量的增加，波系捕捉精度逐渐提高，近场声爆波形尖角处细节逐渐清晰，且有收敛趋势。因此，在接下来的声爆评估中，采用密网格的流场计算结果作进一步分析。

4.6.2 Tu-144 近场声爆计算结果

图 4.26 为飞机航迹正下方的 1 倍、3 倍和 5 倍机身长度位置处的近场声爆信号，由自由来流马赫数和飞机长度进行了归一化。由图 4.26 可知，在靠近飞机的位置 (图 4.26(a))，可以清楚地看到由机头及机身头部、机翼边条、机翼导致的激波，同时由于机翼上表面大范围膨胀引起了较强的膨胀波，结果在机翼后缘、机身后部形成了较强的激波；在稍微远离飞机的位置 (图 4.26(b))，机翼引起的激波追上了由边条导致的激波，最终在机头激波之后形成了较强的激波；随着传播距离的进一步增加 (图 4.26(c))，机头激波与随后的强激波距离逐渐减小，可以预见这两道激波可在有限传播距离内形成一道强激波。

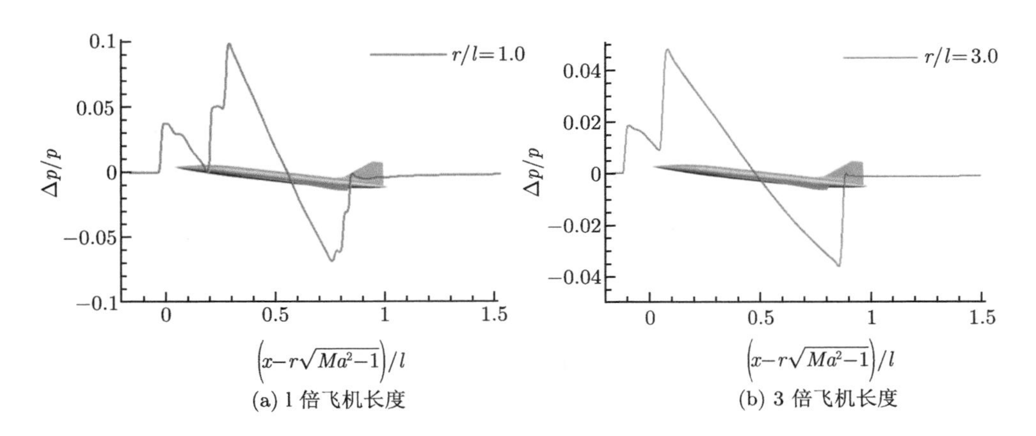

(a) 1 倍飞机长度　　(b) 3 倍飞机长度

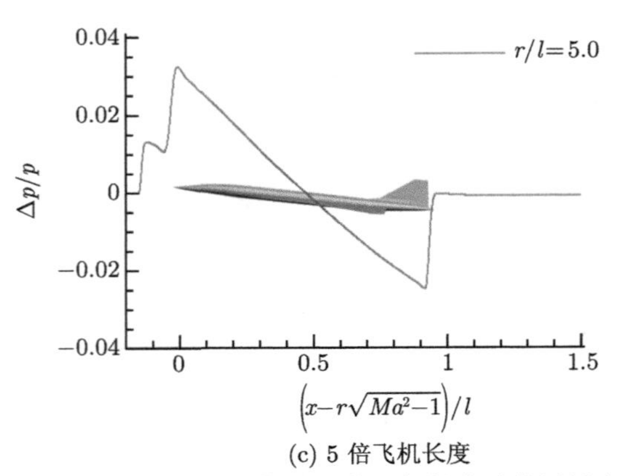

(c) 5 倍飞机长度

图 4.26　Tu-144 飞机航迹正下方 1 倍、3 倍和 5 倍飞机长度处的近场声爆信号 (细网格结果)

图 4.27 为密网格下 Tu-144 附近的超压值分布灰度图。可以看到，在离航迹线相同距离处 (相同的 r 值)，飞机正下方的膨胀波最强，并且之后形成较强的激波使压强恢复到环境大气水平；随着传播距离的增加 (r 值增大)，膨胀波后的激波很快成为一道强激波。而在非正下方的方向上，膨胀波强度较弱，其后存在多道较弱的激波使压强逐步恢复到环境大气水平。

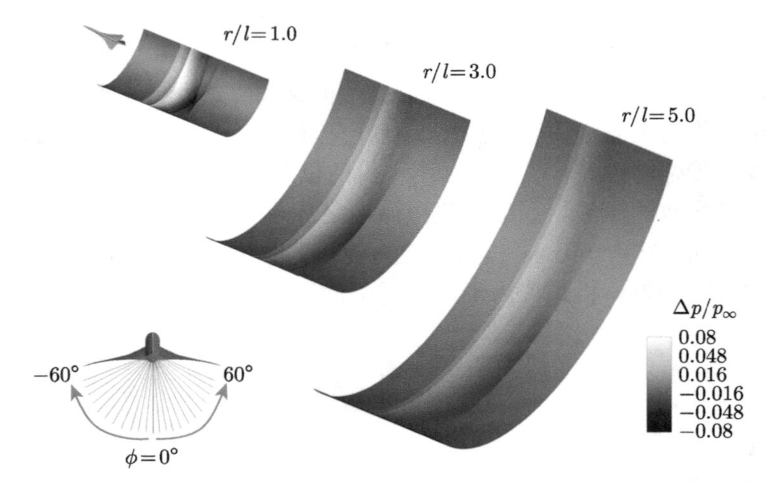

图 4.27　Tu-144 飞机下方 ±60° 范围内，1 倍、3 倍和 5 倍机身长度处的超压值分布灰度图

4.6.3　Tu-144 远场声爆传播结果

采用本章介绍的远场声爆预测方法 (4.4 节提到的 bBoom 程序) 将 4.6.2 节获得的近场声爆传播到远场。以 Tu-144 正下方和周向角 ϕ 为 30° 方向为例，研究不同近场提取位置对远场声爆预测结果的影响。在远场传播过程中，传播条件为标准大气，地面反射因子为 1.9，传播中的采样频率为 800 kHz，无量纲空间推

进步长为 0.05。图 4.28 为在两个方向上，由不同近场位置传播到远场的声爆波形对比及感觉声压级对比情况。由图可知，从 3 倍和 5 倍机身长度位置传播到远场的波形差异较小。因此，在接下来的远场声爆评估中，近场位置选择为离航迹线 3 倍机身长度处。

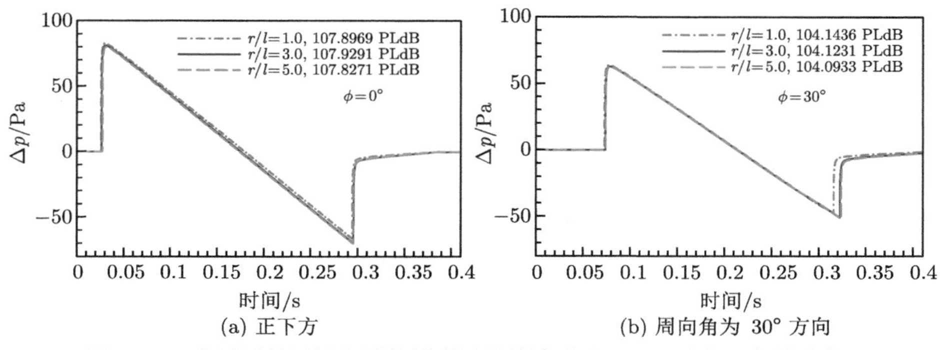

(a) 正下方 (b) 周向角为 30° 方向

图 4.28 从不同的近场位置传播到远场的波形 (Tu-144 飞机，标准大气)

经过计算，在巡航状态下，声爆传播的侧向截止角度为 54.5°，声爆毯范围大约 80 km，如图 4.29 所示。声爆毯上感觉声压级分布如图 4.30 所示，由图可知飞机正下方的声爆强度最大，达到了 107.93 PLdB。随着侧向角度的增大，地面声爆强度逐渐减弱，截止角度处的声爆强度降低为 93.54 PLdB。造成这一现象的原因主要有两个：一方面是近场声爆信号随着侧向角度的增大而减弱，使得传播到远场的声爆强度逐渐降低；另一方面是随着侧向角度的增大，声爆的传播距离增加，大气对声爆能量的耗散和吸收逐步增加，使得远场声爆波形的能量逐渐降低。

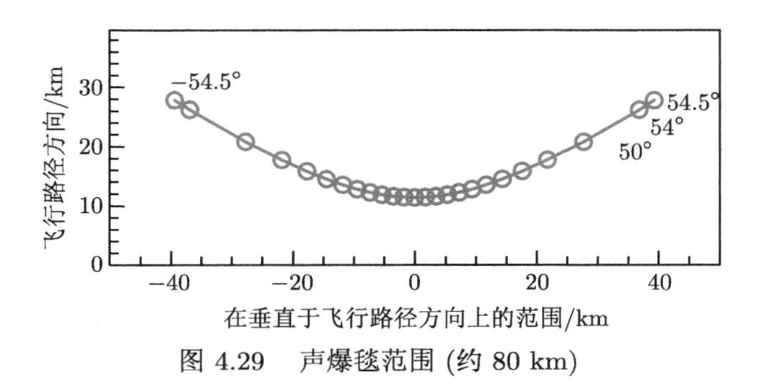

图 4.29 声爆毯范围 (约 80 km)

图 4.31 给出了五个典型传播方向上的地面声爆波形。由图可知，在周向角 $\phi = \{0°, 15°, 30°\}$ 的方向上，地面形成了典型的 N 型波，前后激波的上升时间很短。而在周向角 $\phi = \{45°, 54.5°\}$ 的方向上，尾激波的强度较弱，一定程度上保留了近场波形特征，且存在较长的上升时间。

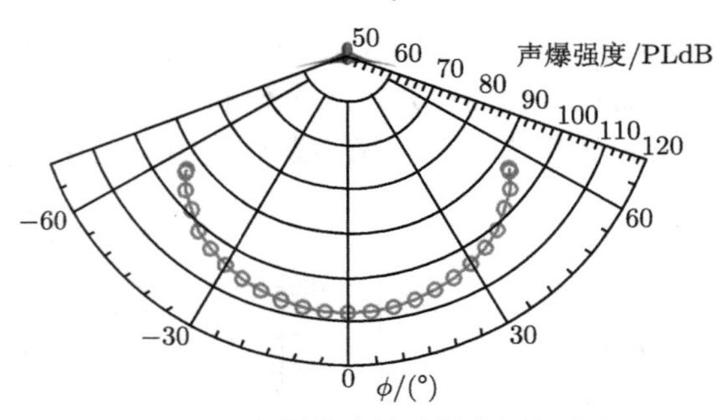

图 4.30　声爆毯上的感觉声压级分布

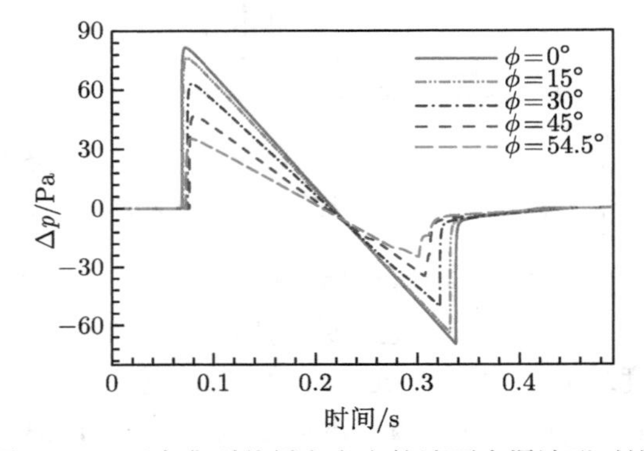

图 4.31　五个典型传播方向上的地面声爆波形对比

不同传播方向上地面声爆波形的主观声压级如表 4.4 所示，随着声爆传播周向角的增加，ASEL 和 CSEL 与 PLdB 声压级的变化规律相同。

表 4.4　不同传播方向上远场预测波形的主观声压级

周向角/(°)	ASEL	CSEL	PLdB	周向角/(°)	ASEL	CSEL	PLdB
0	93.0614	106.8664	107.9291	30	89.6451	104.1908	104.1231
5	92.9314	106.7718	107.8324	35	88.4944	103.3614	102.7597
10	92.6430	106.5401	107.4776	40	86.9748	102.3358	101.1653
15	92.1766	106.1540	106.8848	45	84.5544	100.8088	98.6257
20	91.5257	105.6436	106.1436	50	82.5455	99.3055	96.6385
25	90.6368	104.9382	105.1644	54.5	79.4812	97.7576	93.5359

4.7　小　　结

基于广义 Burgers 方程的远场声爆预测方法，目前仍是国际上广泛采用的传播方法。本章重点介绍了广义 Burgers 方程及其数值求解方法，给出了目前常用的 A 计权、C 计权和感觉声压级等声爆强度主观评价方法。首先给出了两个声爆传播的示例，然后讨论了影响远场声爆计算结果的关键因素，最后还以 Tu-144 为例演示了声爆评估的主要步骤。其目的是希望读者可参照本章内容能够编写自己的声爆传播程序，并能针对某个超声速飞行器完成声爆评估。由于篇幅限制，本章内容无法面面俱到，如果读者对其中的某一部分感兴趣，也可以查阅相关的参考文献开展研究。

参考文献

[1] Cleveland R O. Propagation of sonic booms through a real, stratified atmosphere[D]. Texas: The University of Texas at Austin, 1995.

[2] Pierce A D. Acoustics: an Introduction to its Physical Principles and Applications[M]. 3rd ed. Switzerland: Springer, 2019: 627-636.

[3] Rallabhandi S K. Advanced sonic boom prediction using the augmented Burgers equation[J]. Journal of Aircraft, 2011, 48(4): 1245-1253.

[4] Yamamoto M, Hashimoto A, Takahashi T, et al. Long-range sonic boom prediction considering atmospheric effects [R]. 40th International Congress and Exposition on Noise Control Engineering 2011, INTER-NOISE, 2011.

[5] Yamamoto M, Hashimoto A, Takahashi T, et al. Numerical simulation for sonic boom propagation through an inhomogeneous atmosphere with winds[J]. AIP Conference Proceedings, 2012, 1474(1): 339-342.

[6] 张绎典, 黄江涛, 高正红. 基于增广 Burgers 方程的音爆远场计算及应用 [J]. 航空学报, 2018, 39(7): 122039.

[7] 乔建领, 韩忠华, 丁玉临, 等. 基于广义 Burgers 方程的超声速客机远场声爆高精度预测方法 [J]. 空气动力学学报, 2019, 37(4): 663-674.

[8] Qiao J L, Han Z H, Song W P, et al. Development of sonic boom prediction code for supersonic transports based on augmented Burgers equation[R]. AIAA-2019-3571, 2019.

[9] 徐悦, 瞿丽霞, 韩硕, 王宇航. 超声速民机的高可信度声爆预测方法 [M]// 孙侠生. 绿色航空技术研究与进展. 北京：航空工业出版社, 2020.

[10] 王迪, 钱战森, 冷岩. 广义 Burgers 方程声爆传播模型高阶格式离散研究 [J]. 航空学报, 2021, 42.

[11] Onyeonwu R O. The effects of wind and temperature gradients on sonic boom corridors: AFOSR-TR-71-3087 [R]. Arlington, VA: AFOSR, 1971.

[12] Yamamoto M, Sakia T. A unified approach to an augmented Burgers equation for propagation of sonic booms[J]. The Journal of the Acoustical Society of America, 2015, 137(4): 1857-1866.

[13] Bass E H, Sutherland C L, Zuckerwar J A, et al. Atmospheric absorption of sound: further developments[J]. The Journal of the Acoustical Society of America, 1995, 97(1): 680-683.

[14] Lee Y S. Numerical solution of KZK equation for pulsed finite amplitude sound beams in thermoviscous fluids[D]. Austin: University of Texas at Austin, 1993.

[15] Lee Y S, Hamilton F M. Time-domain modeling of pulsed finite-amplitude sound beams[J]. Journal of the Acoustical Society of America, 1995, 97(2): 906-917.

[16] Stevens S S. Perceived level of noise by Mark Ⅶ and decibels (E)[J]. The Journal of the Acoustical Society of America, 1972, 51(2B): 575-601.

[17] Bolander C R, Hunsaker D F, Shen H, et al. A procedure for the calculation of the perceived loudness of sonic booms[R]. AIAA-2019-2091, 2019.

[18] Johnson D, Robinson D. Procedure for calculating the loudness of sonic bangs[J]. Acta Acustica united with Acustica, 1969, 21(6): 307-318.

[19] Anderson G R, Aftosmis M J, Nemec M. Cart3D simulations for the second AIAA sonic boom prediction workshop [J]. Journal of Aircraft, 2019, 56(3): 896-911.

[20] Pawlowski J W, Graham D H, Boccadoro C H, et al. Origins and overview of the shaped sonic boom demonstration program[C]. Reston(VA): AIAA, 2005, Report No.: 2005-5.

[21] Meredith K B, Dahlin J A, Graham D H, et al. Computational fluid dynamics comparison and flight test measurement of F-5E off-body pressures[C]. Reston(VA): AIAA, 2005, Report No.: 2005-6.

[22] Maglieri D J, Bobbitt P J, Plotkin K J, et al. Sonic boom six decades of research: NASA SP-622 [R]. Hampton, VA: NASA, 2014.

第 5 章　考虑大气湍流效应的远场声爆预测方法

大气湍流普遍存在于地球大气边界层中，并伴随着动量、热量、湿度等的传递。受湍流的随机性和多尺度特性的影响，当声爆传播射线穿过大气边界层时会出现相交，且衍射效应显著，此时一维广义 Burgers 方程不再适用。为了更加精确地预测超声速飞行器的地面声爆，本章将引入能够考虑衍射效应的二维 HOWARD 方程和二维 KZK 方程，介绍声爆信号在大气边界层湍流场中传播的数值模拟方法。同时，本章还将采用 JAXA 抛体试验模型对预测方法进行算例验证和展示，并以典型 N 型波为例讨论二维 HOWARD 方程中湍流脉动输运项和衍射项的影响。

5.1　大气湍流效应概述

超声速民机产生的声爆信号在由高空向地面传播的过程中，大气边界层的湍流效应会使波形发生扭曲、畸变和振荡，并改变波形的能量分布，形成 “P 型波” 或 “R 型波”。文献 [1] 提出的湍流对声爆作用的 “折射-聚焦-衍射” 理论，拓展了几何声学理论中的射线概念，可用于描述 “P 型波” 和 “R 型波” 产生的具体过程，也阐明了声爆波形发生扭曲的原因。

当声爆信号穿过大气边界层时，声射线受大气非均匀性影响会发生不同程度的折射，导致原本均匀一致的波前呈现波纹状 (图 5.1(a))。由于声射线方向与当地波前垂直，那么褶皱波前的声射线必然会出现聚集和分散，聚集的射线会在某个区域相交，该区域称为射线相交区，其中包络相交区的边界线称为焦散曲线 (图 5.1(b))。在焦散曲线处波前发生折叠 (图 5.1(c))，波前折叠宽度取决于衍射效应强弱。由于大气湍流效应的随机性和多尺度特点，波前会发生多个不同尺度的折叠 (图 5.1(d))，使得波形头激波或尾激波处产生多个小尖峰，导致波形振荡。

“P 型波” 的产生类似于声爆聚焦，它由声爆传播射线发生一定聚集后形成。当湍流作用导致声射线聚集时，声爆能量在某点汇集，波前发生重叠，导致超压值叠加，进而出现 “P 型波”。而 “R 型波” 的产生源于传播射线的分散，其超压峰值会比普通 “N 型波” 低，且形态呈现出圆顶状。

经过精心设计的低声爆波形在穿过大气边界层后，由于湍流对它的畸变作用可能会失去低声爆的特征。因此，研究和发展考虑大气湍流效应的声爆预测方法对超声速飞机低声爆设计具有重要意义。

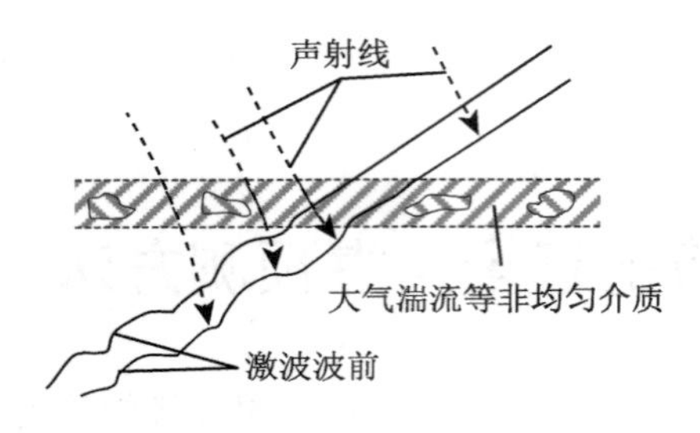

(a) 湍流作用后波前扭曲

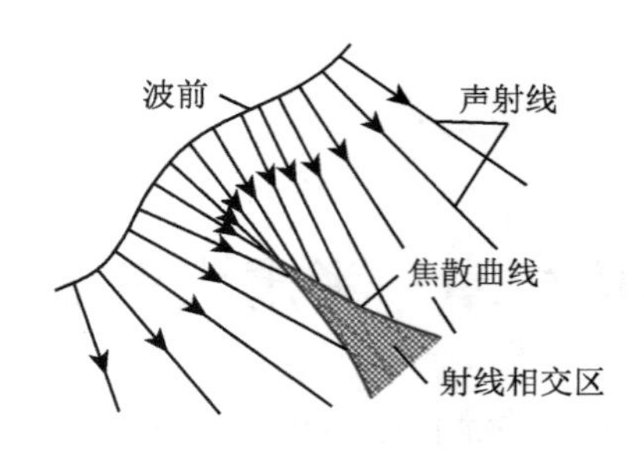

(b) 扭曲波前的射线发生聚焦和分散

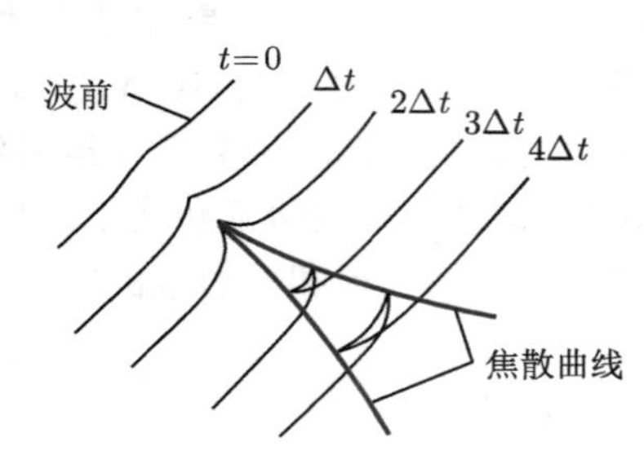

(c) 射线聚焦后波前发生折叠

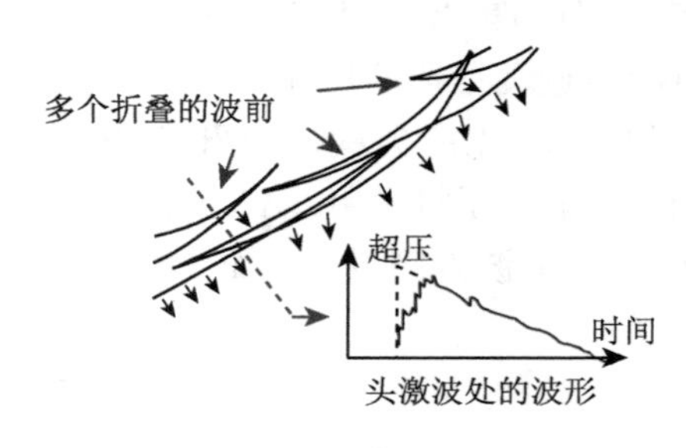

(d) 波前折叠后引起波形振荡

图 5.1 湍流作用下声爆波形的波前变化情况 [1]

然而，大气湍流作用给高可信度声爆预测带来了极大挑战。一方面，大气湍流与地貌、建筑物、季节、时间等因素相关，很难真实模拟；另一方面，人们对于湍流对声爆的作用机理的认识尚不完全清晰。尽管如此，目前国内外也已经发展了一些能够考虑大气湍流主要特征的方法。

首先，我们回顾一下不考虑大气湍流时高可信度声爆预测的一般流程，主要分为两步：第一步，采用高可信度 CFD 数值模拟方法获取飞机附近的近场声爆信号；第二步，通过高可信度传播模型将近场声爆信号从巡航高度传播到远场或地面，其中广泛使用的传播模型为一维广义 Burgers 方程。从图 5.2 中可以看到，大气湍流作用的范围位于远场传播阶段。

按本书划分，大气湍流的影响属于介观效应，呈现多尺度的特点。声爆信号在大气湍流中发生衍射，射线出现聚集和分散，此时基于射线理论的一维传播方程不再适用。因此，在大气边界层内常用的是考虑衍射效应的二维或三维传播模型。具体步骤为：首先，根据广义 Burgers 方程将高可信度的近场声爆信号传播到大气边界层顶端；然后，将大气边界层顶端的声爆信号扩展成平面波，并采用考虑衍射效应的传播模型将其传播到地面。本章主要介绍考虑衍射效应的二维传播方程。

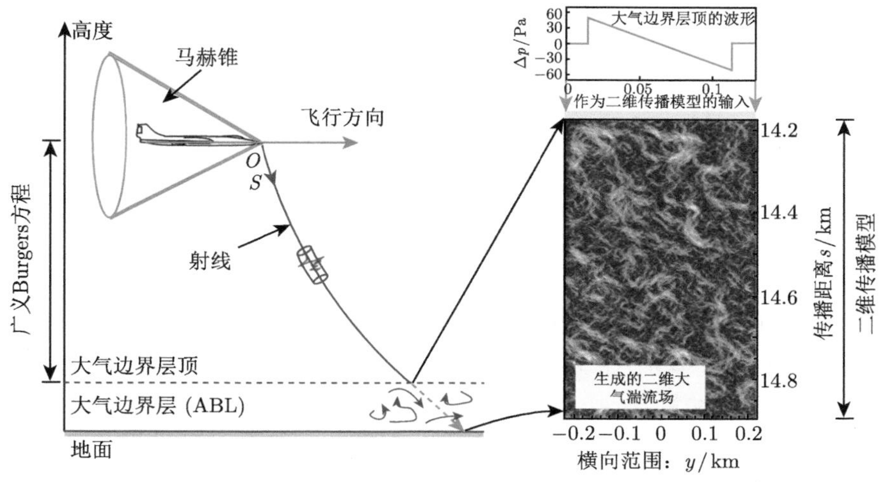

图 5.2 考虑大气边界层湍流效应的远场声爆预测方法示意图

5.2 二维 HOWARD 方程及其求解

Dagrau 等 [2] 从广义 Lighthill-Westervelt 方程 [3] 出发，提出了非均匀介质中单向近似假设的衍射求解方法，即求解 HOWARD 方程的方法。后来，Kanamori 等 [4] 基于该方法成功模拟了大气湍流对声爆波形扭曲的现象。

5.2.1 二维 HOWARD 方程

从 Dagrau 提出的 HOWARD 方程 [2] 出发，忽略湍流场中密度的脉动量，考虑温度和风速脉动的作用后，用于模拟声爆信号在湍流场中传播过程的二维 HOWARD 方程可表述如下：

$$\begin{aligned}\frac{\partial p'}{\partial s} = &-\frac{1}{2G}\frac{\partial G}{\partial s}p' + \frac{\beta p'}{\rho_0 c_0^3}\frac{\partial p'}{\partial t'} + \frac{\delta}{2c_0^3}\frac{\partial^2 p'}{\partial t'^2} + \sum_j \frac{(\Delta c)_j \tau_j}{c_0^2}\left(1+\tau_j\frac{\partial}{\partial t'}\right)^{-1}\frac{\partial^2 p'}{\partial t'^2} \\ &+ \frac{c_0}{2}\int_{-\infty}^{t'}\left(\frac{\partial^2 p'}{\partial s^2}+\frac{\partial^2 p'}{\partial y^2}\right)\mathrm{d}\tau' + \frac{u_s}{c_0^2}\frac{\partial p'}{\partial t'} + \frac{c'}{c_0^2}\frac{\partial p'}{\partial t'}\end{aligned}, \tag{5.2.1}$$

式中，y 是与传播射线 s 垂直的方向，简称横向；u_s 为风速脉动在射线方向上的分量，c' 为由于温度脉动引起的声速变化量，τ' 为声压 p' 在时间方向的积分变量；其余各量的含义与式 (4.1.1) 中相同。与式 (4.1.1) 对比可以发现，上式第二行均为新增项，依次描述的是衍射效应、风速脉动在传播方向上的影响以及温度脉动的影响。其中，最后两项称为湍流脉动的轴向输运效应。

对式 (5.2.1) 进行无量纲化 (过程与广义 Burgers 方程类似)，可得

$$\begin{aligned}\frac{\partial P}{\partial \sigma} = -\frac{1}{2G}\frac{\partial G}{\partial \sigma}P + P\frac{\partial P}{\partial \tau} + \frac{1}{\Gamma}\frac{\partial^2 P}{\partial \tau^2} + \sum_j \frac{C_j}{1+\theta_j \dfrac{\partial}{\partial \tau}}\frac{\partial^2 P}{\partial \tau^2} \\ +D\int_{-\infty}^{\tau}\left(\frac{\partial^2 P}{\partial \sigma^2} + \frac{\partial^2 P}{\partial \eta^2}\right)\mathrm{d}\tau'' + \frac{M_\mathrm{s}}{2D}\frac{\partial P}{\partial \tau} + \frac{M_\mathrm{c}}{2D}\frac{\partial P}{\partial \tau}\end{aligned} \quad (5.2.2)$$

上式第一行各项与式 (4.1.4) 相同。第二行分别是：$\eta = y/\bar{x}$ 为无量纲的横向坐标；$D = c_0/(2\omega_0\bar{x})$；$M_\mathrm{s} = u_\mathrm{s}/c_0$ 为风速脉动 $\boldsymbol{u}$ 在 s 方向上的无量纲分量；$M_\mathrm{c} = c'/c_0$ 为无量纲的声速脉动量。

在大气边界层中，风速脉动的幅值相对较小，一般为每秒几米，于是 M_s 的量级为 0.01。温度脉动幅值一般为 5~10℃，由此引起的无量纲化声速脉动量 M_c 也为 0.01 的量级。

5.2.2　大气边界层湍流场生成

由于大气参数发生显著变化的时间尺度远大于声爆信号的特征周期，即在声爆信号穿过大气边界层时，大气湍流还未来得及发生显著变化。因此，在声爆传播过程中，可以认为大气湍流场不发生变化。正是基于这样的假设，使得可以采用“先生成大气湍流场，后模拟声爆传播过程”的方法。目前广泛采用的大气湍流场生成方法是基于修正冯 · 卡门能谱分布的傅里叶模式法 [5−7]，它能够生成均匀各向同性的湍流场。

对于风速脉动湍流场，生成公式如下：

$$\begin{cases}\boldsymbol{u}(\boldsymbol{r}) = 2\displaystyle\sum_{n=1}^{M}\sqrt{E_u(k_n)\Delta k_n}\ \cos(\boldsymbol{k}_n\cdot\boldsymbol{r}+\varphi_n)\cdot\boldsymbol{N}(k_n) \\ \boldsymbol{N}(k_n)\cdot\boldsymbol{k}_n = 0\end{cases}, \quad (5.2.3)$$

其中，$\boldsymbol{r}$ 是 $s-y$ 平面内的二维位置矢量；$\boldsymbol{k}_n$ 是第 n 个傅里叶模式的波矢，$k_n = |\boldsymbol{k}_n|$ 为波数；Δk_n 为相邻模式间波数之差；φ_n 为第 n 个模式的相位；$\boldsymbol{N}(k_n)$ 为第 n 个模式下风速脉动矢量，由第二个式子可知，该矢量与波矢垂直；$E_u(\cdot)$ 为能谱分布函数。为了更清楚地描述波矢方向，定义第 n 个波矢与声爆主传播方向 s 正方向的夹角为 υ_n。υ_n 和 φ_n 分别为区间 $[0, 2\pi]$ 内的随机数。那么对于给定位置 $\boldsymbol{r}_0$，风速脉动量由 M 个傅里叶模式依据式 (5.2.3) 合成。

对于每个傅里叶模式，$E_u(k_n)$ 由修正冯 · 卡门能谱估算：

$$E_u(k_n)=\frac{2\sigma_{\mathrm{u}}^2}{3\sqrt{\pi}L_0^{2/3}}\frac{\Gamma(17/6)}{\Gamma(1/3)}\frac{k_n^4}{(k_n^2+1/L_0^2)^{17/6}}\exp\left(-\frac{k_n^2}{k_m^2}\right), \tag{5.2.4}$$

式中，σ_{u}^2 是风速脉动方差；$\Gamma(\cdot)$ 为 Γ 函数；L_0 为湍流场的外尺度；k_m 为 Kolmogorov 波数，$k_m=5.92/l_0$，l_0 为湍流场内尺度，其典型值为 0.001m。而离散的波数 k_n 在 $k_{\min}$ 和 k_m 之间以对数分布形式取值，$k_{\min}$ 的典型值为 0.001 m^{-1}。

对于温度脉动湍流场，其生成公式为

$$T'(\boldsymbol{r})=\sum_{n=1}^{M}\sqrt{E_{\mathrm{T}}(k_n)\Delta k_n}\cos\left(\boldsymbol{k}_n\cdot\boldsymbol{r}+\varphi_n\right), \tag{5.2.5}$$

式中，

$$E_{\mathrm{T}}(k_n)=\frac{2\sigma_{T'}^2L_0^{-5/3}}{\Psi\left(1,\dfrac{1}{6},\dfrac{1}{k_m^2L_0^2}\right)}\frac{k_n}{(k_n^2+1/L_0^2)^{11/6}}\exp\left(-\frac{k_n^2}{k_m^2}\right), \tag{5.2.6}$$

其中，$T'(\boldsymbol{r})$ 为位置 $\boldsymbol{r}$ 处的温度脉动量，$\sigma_{T'}^2$ 为温度脉动标准差，Ψ 为合流超几何函数。由式 (5.2.5) 和声速公式，可以得到

$$c'=\sqrt{\gamma R(T_0+T')}-\sqrt{\gamma RT_0}\approx\frac{c_0T'}{2T_0}. \tag{5.2.7}$$

图 5.3 展示了采用上述方法生成的二维均匀各向同性湍流场。其中，湍流的外尺度为 40 m，湍流内尺度为 0.001m，风速脉动标准差为 5 m/s，温度脉动标准差为 2 K，傅里叶模式总数量为 400。s 方向的离散间隔为 0.5 m，y 方向的离散间隔为 0.25 m。

5.2.3 数值求解方法

二维 HOWARD 方程模拟的是声爆在大气边界层中的传播过程，其求解域是由大气边界层内的射线 (如图 5.2 虚线所示) 扩展而来，即 s-y 平面。射线确定方法已经在 4.1.2 节进行了介绍，本章不再赘述。需要说明的是，在射线追踪过程中我们并不考虑大气边界层湍流的影响，且湍流场只在 s-y 平面生成。

假设无量纲形式的 HOWARD 方程在 σ-η 平面的均匀网格上离散求解，考虑到 $\eta=y/\bar{x}$ 和 $\sigma=s/\bar{x}$，并且参考量 $\bar{x}$ 随着高度的降低而增加，那么 HOWARD 方程所描述的求解域 s-y 平面如图 5.4 所示，即随着传播距离增加 (或者说随着高度的降低)，横向范围逐渐扩大。这种逐渐扩张的现象，与声爆在真实传播过程中射线管扩张是定性一致的。

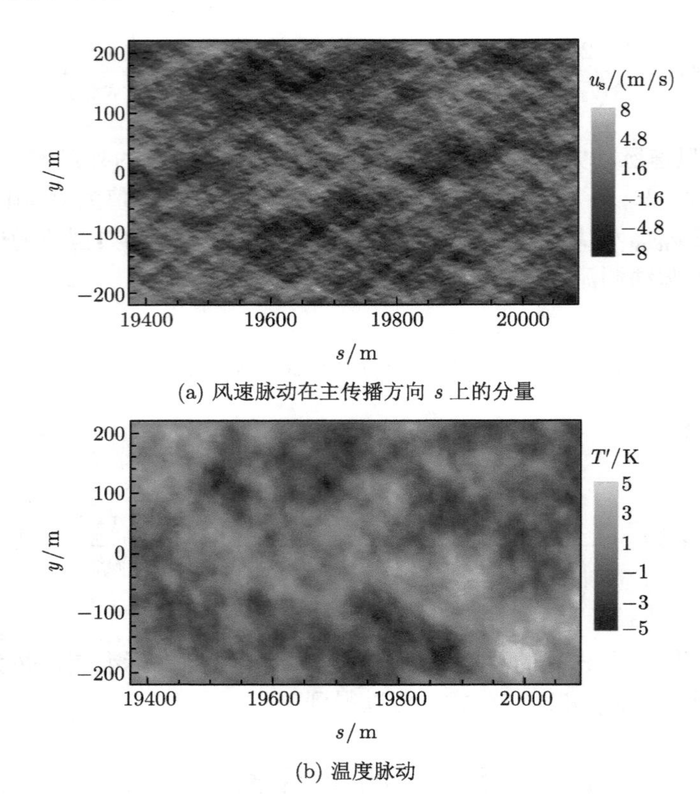

(a) 风速脉动在主传播方向 s 上的分量

(b) 温度脉动

图 5.3　采用基于修正冯 · 卡门能谱分布的傅里叶模式法生成的二维均匀各向同性湍流场

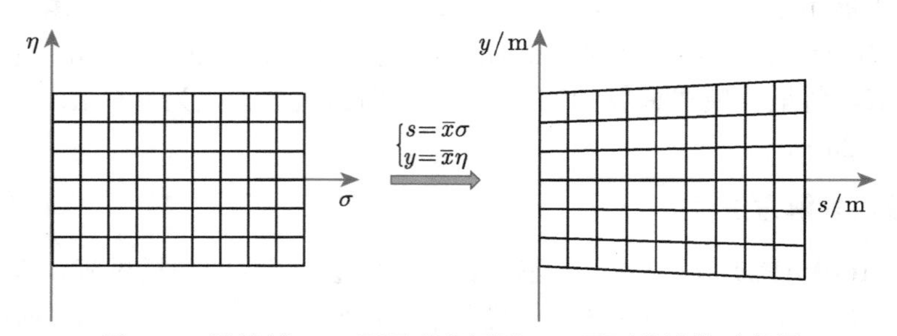

图 5.4　计算域 σ-η 平面到求解域 s-y 平面的转换示意图

数值方法求解无量纲的 HOWARD 方程时，也可采用算子分裂法。依据方程右端代表的各物理效应，将其拆分成式 (5.2.8)∼ 式 (5.2.12) 后依次进行离散，并将前面方程的解作为后面方程的输入。

$$\frac{\partial P}{\partial \sigma} = P\frac{\partial P}{\partial \tau} + \frac{M_{\mathrm{s}}}{2D}\frac{\partial P}{\partial \tau} + \frac{M_{\mathrm{c}}}{2D}\frac{\partial P}{\partial \tau}, \tag{5.2.8}$$

$$\frac{\partial P}{\partial \sigma}=\sum_j \frac{C_j}{1+\theta_j \dfrac{\partial}{\partial \tau}} \frac{\partial^2 P}{\partial \tau^2}, \tag{5.2.9}$$

$$\frac{\partial P}{\partial \sigma}=\frac{1}{\Gamma} \frac{\partial^2 P}{\partial \tau^2}, \tag{5.2.10}$$

$$\frac{\partial P}{\partial \sigma}=-\frac{1}{2G} \frac{\partial G}{\partial \sigma} P, \tag{5.2.11}$$

$$\frac{\partial P}{\partial \sigma}=D \int_{-\infty}^{\tau}\left(\frac{\partial^2 P}{\partial \sigma^2}+\frac{\partial^2 P}{\partial \eta^2}\right) \mathrm{d} \tau''. \tag{5.2.12}$$

对于式 (5.2.8) 的离散，可以采用 4.2.6 节介绍的 B-H 方法。根据方程的泊松解，假如 (σ,η) 位置的声爆信号 $P(\sigma,\eta,\tau)=f(\eta,\tau)$，那么在 $(\sigma+\Delta\sigma,\eta)$ 位置处的声爆信号为

$$P(\sigma+\Delta \sigma, \eta, \tau)=f\left(\eta, \tau+\left(P+\frac{M_{\mathrm{s}}}{2D}+\frac{M_{\mathrm{c}}}{2D}\right) \Delta \sigma\right). \tag{5.2.13}$$

上式与式 (4.2.18) 在形式上完全相同，解的性质也是相同的。当求解过程中存在多值时，可以采用相同的方法确定激波位置。

式 (5.2.9)~ 式 (5.2.11) 的离散与 4.2.3 节 ~4.2.5 节介绍的方法相同，这里不再赘述。

下面重点介绍式 (5.2.12)(即衍射效应) 的求解方法。经过变换，可得到

$$\frac{\partial^2 P}{\partial \sigma \partial \tau}=D\left(\frac{\partial^2 P}{\partial \sigma^2}+\frac{\partial^2 P}{\partial \eta^2}\right). \tag{5.2.14}$$

引入二维傅里叶变换

$$\bar{\bar{P}}(\sigma, k_\eta, \omega)=\int_{-\infty}^{\infty} \int_{-\infty}^{\infty} P(\sigma, \eta, \tau) \mathrm{e}^{-\mathrm{i} \omega \tau} \mathrm{e}^{-\mathrm{i} k_\eta \eta} \mathrm{d} \tau \mathrm{d} \eta. \tag{5.2.15}$$

则式 (5.2.14) 的偏微分方程在频域 (k_η,ω) 上的形式为

$$\frac{\mathrm{d}^2 \bar{\bar{P}}}{\mathrm{d} \sigma^2}-\mathrm{i} \frac{\omega}{D} \frac{\mathrm{d} \bar{\bar{P}}}{\mathrm{d} \sigma}-k_\eta^2 \bar{\bar{P}}=0, \tag{5.2.16}$$

式中，i 为虚数单位。该方程为二阶常微分方程，其解是由两个方向传播的波叠加而成，为了与求解式 (5.2.2) 的推进方向一致，这里忽略后向传播的解，只保留前

向传播的解。这也是 HOWARD 方程中单向传播假设的体现。于是，式 (5.2.16) 的单向解为

$$\bar{\hat{P}}(\sigma+\Delta\sigma)=\begin{cases}\bar{\hat{P}}(\sigma)\exp\left(\Delta\sigma\dfrac{-\mathrm{i}\omega-\sqrt{-\omega^2+4D^2k_\eta^2}}{2D}\right), & 4D^2k_\eta^2\geqslant\omega^2\\[2ex] \bar{\hat{P}}(\sigma)\exp\left(\Delta\sigma\dfrac{-\mathrm{i}\omega-\mathrm{sign}(\omega)\mathrm{i}\sqrt{\omega^2-4D^2k_\eta^2}}{2D}\right), & 4D^2k_\eta^2<\omega^2\end{cases},\tag{5.2.17}$$

式中，$\mathrm{sign}(\omega)$ 为符号函数，目的是获取 ω 的正负号。上式第一行描述的是正向传播和衰减的倏逝波，第二行描述的是正向传播的波。

在由式 (5.2.17) 得到频域下的解后，需要经过二维傅里叶反变换将频域解转换到时域上，才能与式 (5.2.8)~ 式 (5.2.12) 中的其他式耦合。

5.3 二维 KZK 方程及其求解

Aver'yanov 等 [8] 推导和发展了用于描述声爆在湍流场中传播的广义 KZK 型方程，可以考虑衍射效应、非线性效应、吸收效应、标量湍流 (密度脉动和温度脉动) 以及风速脉动湍流的影响。KZK 方程是一种对原波动方程进行抛物近似得到的方程，忽略了波的后向衍射效应。本节将通过与 HOWARD 方程进行对比，来简要介绍二维广义 KZK 方程。

5.3.1 二维 KZK 方程

从广义 KZK 型方程 [2] 出发，忽略湍流场中密度的脉动量，但考虑温度脉动和风速脉动的作用后，二维 KZK 方程可表述如下：

$$\begin{aligned}\frac{\partial p'}{\partial s}=&-\frac{1}{2G}\frac{\partial G}{\partial s}p'+\frac{\beta p'}{\rho_0c_0^3}\frac{\partial p'}{\partial t'}+\frac{\delta}{2c_0^3}\frac{\partial^2p'}{\partial t'^2}+\sum_j\frac{(\Delta c)_j\tau_j}{c_0^2}\left(1+\tau_j\frac{\partial}{\partial t'}\right)^{-1}\frac{\partial^2p'}{\partial t'^2}\\&+\frac{c_0}{2}\int_{-\infty}^{t'}\frac{\partial^2p'}{\partial y^2}\mathrm{d}\tau'+\frac{u_\mathrm{s}}{c_0^2}\frac{\partial p'}{\partial t'}+\frac{c'}{c_0^2}\frac{\partial p'}{\partial t'}\end{aligned},\tag{5.3.1}$$

方程中各变量的含义与二维 HOWARD 方程相同，差别为衍射项，即二维 KZK 方程忽略了声压 p' 对射线 s 的二阶偏导数。

式 (5.3.1) 的无量纲化形式如下：

$$\begin{aligned}\frac{\partial P}{\partial \sigma} = & -\frac{1}{2G}\frac{\partial G}{\partial \sigma}P + P\frac{\partial P}{\partial \tau} + \frac{1}{\Gamma}\frac{\partial^2 P}{\partial \tau^2} + \sum_j \frac{C_j}{1+\theta_j \dfrac{\partial}{\partial \tau}}\frac{\partial^2 P}{\partial \tau^2} \\ & + D\int_{-\infty}^{\tau}\frac{\partial^2 P}{\partial \eta^2}\mathrm{d}\tau'' + \frac{M_{\mathrm{s}}}{2D}\frac{\partial P}{\partial \tau} + \frac{M_{\mathrm{c}}}{2D}\frac{\partial P}{\partial \tau}\end{aligned}, \tag{5.3.2}$$

式中各无量纲变量与 5.2.1 节中无量纲的二维 HOWARD 方程相同。

5.3.2 数值求解方法

与二维 HOWARD 方程求解相比，主要不同在于衍射项。对于 KZK 方程中衍射项的求解，这里介绍一种基于 Crank-Nicolson 格式的差分求解方法。

采用算子分裂方法后，描述衍射效应的方程如下：

$$\frac{\partial P}{\partial \sigma} = D\int_{-\infty}^{\tau}\frac{\partial^2 P}{\partial \eta^2}\mathrm{d}\tau''. \tag{5.3.3}$$

设：$P_{i,j}^{k}$ 中 i 表示离散点在 τ 方向上的标号，j 为在 η 方向上的标号，k 为 σ 方向上的标号，相应方向上的离散间隔分别为 $\Delta\tau$、$\Delta\eta$ 和 $\Delta\sigma$。将式 (5.3.3) 在 $P_{i,j}^{k+1/2}$ 点进行离散，有

$$\frac{\partial P}{\partial \sigma} = \frac{P_{i,j}^{k+1} - P_{i,j}^{k}}{\Delta\sigma} + O[(\Delta\sigma)^2], \tag{5.3.4}$$

$$\begin{aligned}\frac{\partial^2 P}{\partial \eta^2} = & \lambda\frac{P_{i,j+1}^{k+1} - 2P_{i,j}^{k+1} + P_{i,j-1}^{k+1}}{(\Delta\eta)^2} \\ & + (1-\lambda)\frac{P_{i,j+1}^{k} - 2P_{i,j}^{k} + P_{i,j-1}^{k}}{(\Delta\eta)^2} + O[(\Delta\eta)^2]\end{aligned}, \tag{5.3.5}$$

当且仅当 $\lambda = 0.5$ 时，式 (5.3.5) 为 Crank-Nicolson 格式，在 σ 方向的精度为二阶精度。式 (5.3.5) 简记为

$$\frac{\partial^2 P}{\partial \eta^2} = CN(P_{i,j}^{k}, \lambda) + O[(\Delta\eta)^2]. \tag{5.3.6}$$

考虑梯形积分公式：

$$\int_{-\infty}^{\tau} f(\tau')\mathrm{d}\tau' = \Delta\tau\left(\sum_{m=2}^{i-1} f_m + \frac{1}{2}(f_1 + f_i)\right) + O[(\Delta\tau)^2]. \tag{5.3.7}$$

则式 (5.3.3) 右端的积分项的离散形式为

$$D\int_{-\infty}^{\tau}\frac{\partial^2 P}{\partial\eta^2}\mathrm{d}\tau''=D\cdot\Delta\tau\left(\sum_{m=2}^{i-1}CN(P_{m,j}^k,\lambda)+\frac{1}{2}\left[CN(P_{1,j}^k,\lambda)+CN(P_{i,j}^k,\lambda)\right]\right) +O[(\Delta\tau)^2+(\Delta\eta)^2] \tag{5.3.8}$$

考虑到边界条件 $P_{1,j}^k\equiv 0$，则上式中 $CN(P_{1,j}^k,\lambda)=0$。

于是衍射效应方程的离散格式为

$$\frac{P_{i,j}^{k+1}-P_{i,j}^k}{\Delta\sigma}=D\cdot\Delta\tau\left(\sum_{m=2}^{i-1}CN(P_{m,j}^k,\lambda)+\frac{1}{2}CN(P_{i,j}^k,\lambda)\right), \tag{5.3.9}$$

上式中，$P_{m,j}^{k+1}$ 值是已知的，未知量只有 $P_{i,j-1}^{k+1},P_{i,j}^{k+1},P_{i,j+1}^{k+1}$。令

$$(\Delta\sigma)^2=k(\Delta\eta)^2,\quad \Delta\sigma=r\Delta\tau,\quad R_{i,j}^k=(\Delta\eta)^2\sum_{m=2}^{i-1}CN(P_{m,j}^k,\lambda),$$

则式 (5.3.9) 可整理为

$$\begin{aligned}&-\frac{\lambda}{2}P_{i,j-1}^{k+1}+\left(\frac{r}{Dk}+\lambda\right)P_{i,j}^{k+1}-\frac{\lambda}{2}P_{i,j+1}^{k+1}\\=&\frac{(1-\lambda)}{2}P_{i,j+1}^k+\left(\frac{r}{Dk}-(1-\lambda)\right)P_{i,j}^k+\frac{(1-\lambda)}{2}P_{i,j-1}^k+R_{i,j}^k\end{aligned} \tag{5.3.10}$$

等式右端为已知量，左端为未知量，需要将 η 方向的各离散点联立求解。由于系数矩阵为三对角矩阵，可以采用追赶法进行快速求解。

5.4　声爆在大气边界层内的传播

本节主要对二维 HOWARD 方程方法进行验证与讨论。首先，以日本 JAXA 的抛体试验为例验证考虑大气湍流的声爆预测方法；然后，介绍典型 N 型波经大气边界层后出现的扭曲现象。

5.4.1　JAXA 抛体试验 NWM 的地面声爆预测

2011 年 5 月，JAXA 第一阶段的抛体试验在瑞典开展 (图 5.5)，共有两个试验模型，即 N 型波模型 (N-wave model，NWM) 和低声爆模型 (low-boom model，LBM)[9,10]。共进行了两次试验，在 5 月 7 日进行的第一次试验中，试验模型与试

验平台在 21 km 高度处分离，下降过程中最大马赫数为 1.4 左右。远场声爆观测位置有两处，即空中测量和地面测量，其中空中测量位于距离地面 500 m 高度处。

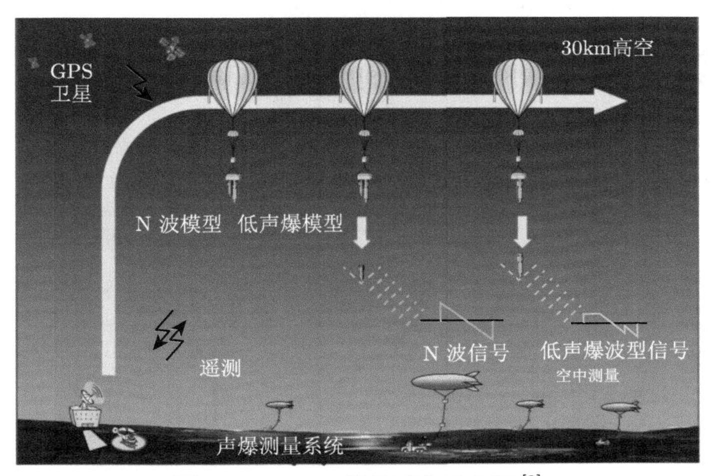

图 5.5 JAXA 抛体试验示意图 [9]

本节选取 NWM 的试验结果对考虑大气湍流的声爆预测方法进行验证。该模型在 5.9 km 高度处达到试验马赫数 1.414，相应的空中测量结果和地面测量结果对比如图 5.6 所示。为了方便对比，图中也绘出了空中测量结果乘以地面反射因子 2.0 后的波形。空中测量结果受大气边界层湍流的影响很小，保留了 N 型波的特征。由于大气湍流作用，地面测量结果在 0.002~0.004 s 时间段内出现了明显浮动。正因如此，选取空中测量结果作为二维 HOWARD 方程的输入，通过对比地面预测结果和测量结果来考察它的预测能力。

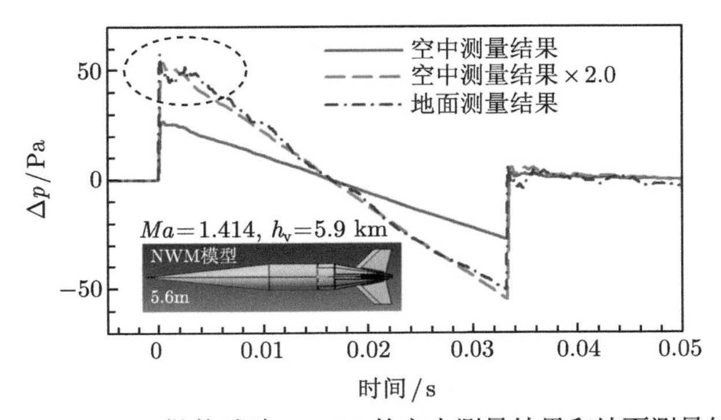

图 5.6 JAXA 抛体试验 NWM 的空中测量结果和地面测量结果

首先，生成均匀各向同性的二维大气湍流场。生成参数为：横向范围 500 m，边界层厚度 500 m，s 方向和 y 方向的离散间隔为 1 m，傅里叶模式总数为 600，风速脉动标准差为 1 m/s，温度脉动标准差为 1 K，湍流外尺度为 40 m。其次，将空中测量结果沿 y 方向进行扩展，形成平面波。然后，该平面波作为输入，经二维 HOWARD 方程传播到地面。在横向站位 y=34.5 m 处地面波形的计算结果与试验观测结果对比如图 5.7 所示，可以看到，计算结果重现了湍流引起的波形振荡。

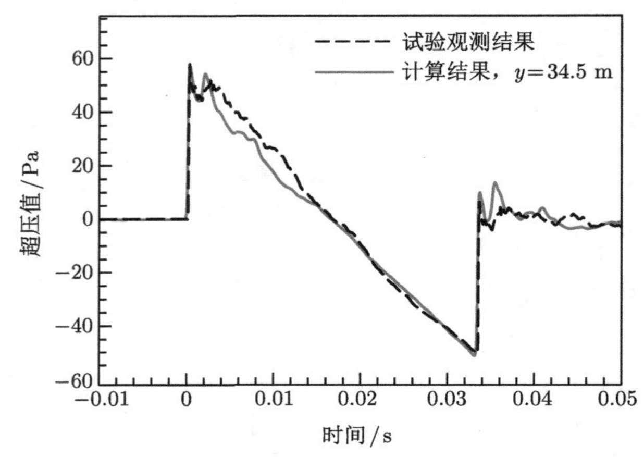

图 5.7 JAXA 抛体试验 NWM 的地面声爆波形计算结果与试验观测结果对比

5.4.2 大气湍流对波形的扭曲作用

二维 HOWARD 方程与广义 Burgers 方程相比，新增项描述了湍流脉动效应和衍射效应。本节以大气边界层顶端的 N 型波为例，将其传播到地面，来说明新增项对波形传播的影响。

假设某超声速飞机在 11 km 高度以马赫数 1.6 巡航，在大气边界层顶端 (距离地面 500 m) 产生了超压峰值 50 Pa、持续时间 0.1 s、上升时间 0.001 s 的 N 型波，如图 5.8 所示。大气湍流场生成时的参数为：风速脉动标准差 5 m/s，温度脉动标准差 1 K，湍流外尺度为 40 m，s 方向和 y 方向的离散间隔为 1 m，共使用了 400 个傅里叶模式。所生成的大气湍流如图 5.9 所示。在模拟声爆的传播过程中，地面反射因子设为 1.0。

1. 湍流输运效应影响

在图 5.9 所示的二维湍流场条件下，只考虑湍流脉动的输运效应 (即只保留式 (5.2.1) 中等式右端最后两项)，经大气边界层湍流作用后，N 型波波前变化情况如图 5.10 所示。可以看到，原本均匀一致的波前，在经湍流输运效应作用后变得不规则。实际上，这些扭曲的波前为衍射效应的作用提供了条件。

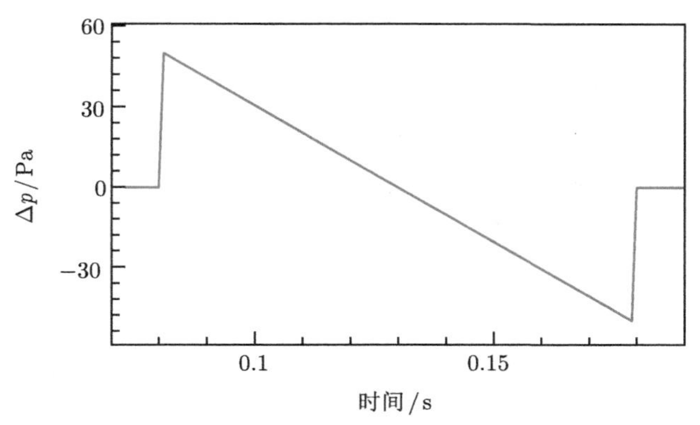

图 5.8 大气边界层顶端的 N 型波

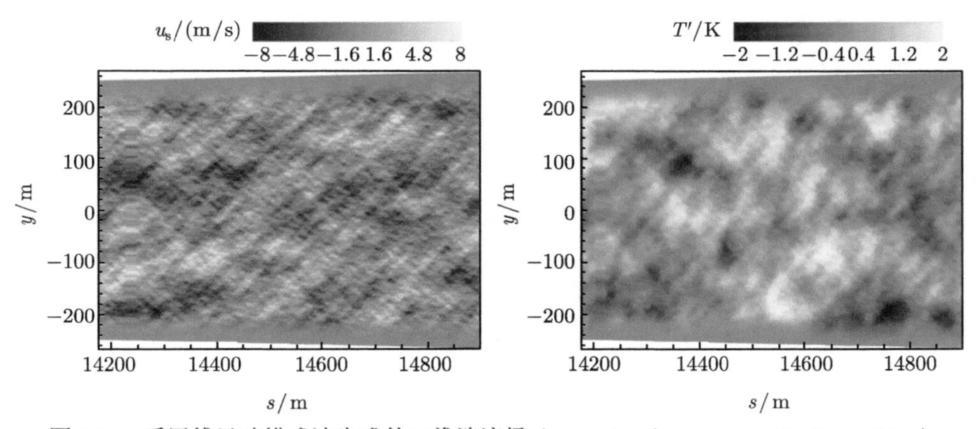

图 5.9 采用傅里叶模式法生成的二维湍流场 ($\sigma_{\mathrm{u}} = 5$ m/s, $\sigma_{T'} = 1$ K, $L_0 = 40$ m)

2. 衍射效应影响

为了说明衍射效应作用，考察上述 N 型波在声速为 340 m/s 的均匀介质中传播的情况。与 5.4.2 节 1. 湍流输运效应影响不同的是，本算例中输入波的波前不是均匀一致的，而是以正弦函数形式进行了扭曲，如图 5.11 所示。图中正弦函数的相关参数为 $\lambda R = 200$ m、$t_{\mathrm{delay}} = 0.04$ s，波长 $\lambda = 34$ m。在只考虑衍射效应项的情况下，该 N 型波传播了 40 个波长。在传播之前，对 N 型波信号进行了延长，即在信号开始前和结束后分别增加了 0.2 s 的时间长度，输入信号长度达到了 0.5 s。在传播过程中，横向范围 40 个波长且每个波长 40 个离散点，传播方向上每个波长 20 个离散点，时间方向 8192 个离散点。

图 5.12 为传播 40 个波长后的 N 型波情况。可以看到，虽然在不同位置处传播速度相同，但由于波前沿当地法向传播，扭曲波前的射线在传播过程中出现了

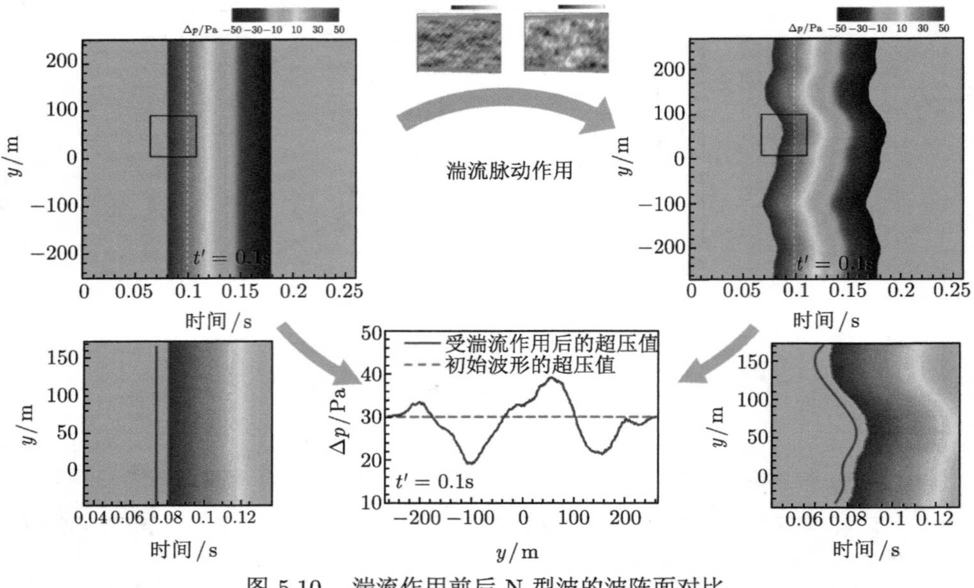

图 5.10　湍流作用前后 N 型波的波阵面对比

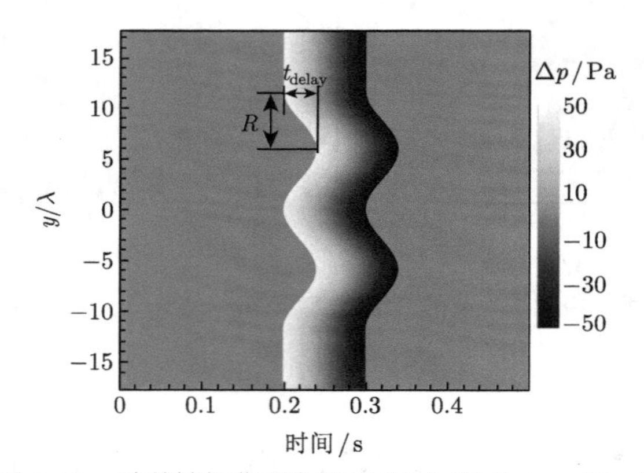

图 5.11　波前被扭曲两次的 N 型波 (波长 $\lambda = 34$ m)

聚焦和分散。在凹的波前处射线聚集、能量汇聚，形成聚焦现象，超压峰值远大于 50 Pa，并且在聚焦区形成了类似“燕尾”的图案。而在凸的波前处射线分散、能量分散，超压峰值降低。

3. N 型波在湍流场中的扭曲

前两小结已经提到，大气边界层湍流场中的输运效应会使原本均匀一致的波前变得不规则，而不规则的波前在衍射效应作用下会出现能量的聚集和分散。本

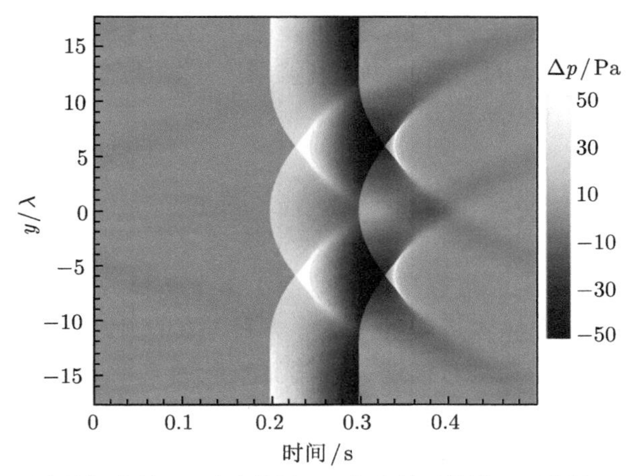

图 5.12 波前扭曲的 N 型波传播 40 个波长后的情况 (波长 $\lambda = 34$ m)

小节同时考虑湍流输运效应和衍射效应，来考察 N 型波在湍流场中的扭曲现象。

图 5.13 为 N 型波经过大气边界层后的波阵面。可以看到，在横向 y=0~100m 的范围内，产生了比较强的聚焦现象，形成了 P 型波，其超压峰值几乎为普通 N 型波的两倍。此外，由于波阵面前凸，射线分散、能量分散，在 $y \approx -145$ m 的位置，形成了 R 型波。

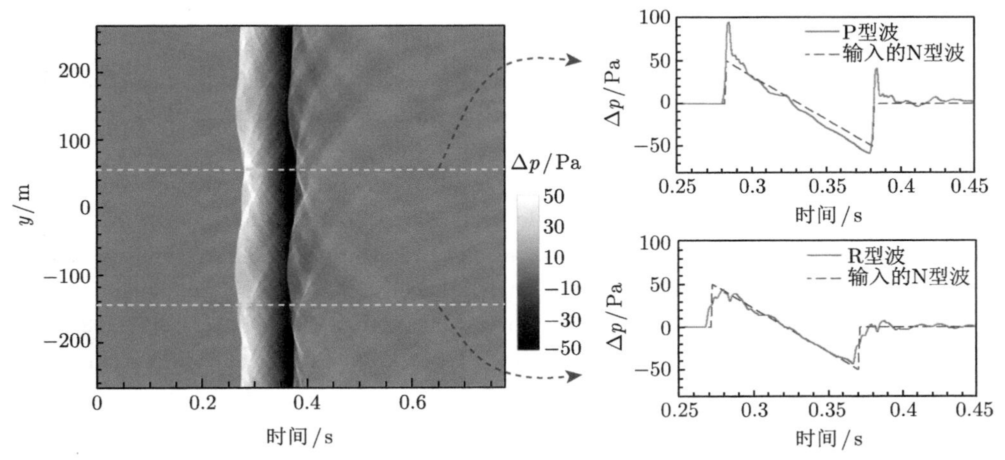

图 5.13 N 型波在穿过大气边界层后得到的波阵面

从图 5.13 也可以看到，普通的 N 型波被扭曲成存在小振荡的波形。由于波前被湍流输运效应扭曲，且扭曲半径不一，而衍射效应使凹的波前发生聚焦，形成了一系列强度不同的焦散曲线，并延伸到很宽的横向范围。焦散曲线起源于 N

型波头激波波阵面和后激波波阵面，而且基本上与当地波阵面相切。当在某一横向位置提取波形时，不同的焦散曲线会使波形产生微小的振荡。这与图 5.1 所示的 “折射-聚焦-衍射” 作用机理是一致的。

5.5　小　　结

本章首先介绍了考虑大气湍流效应的两类声爆传播方程，分别为单向近似假设的 HOWARD 方程和抛物近似的 KZK 方程，其区别在于衍射项不同。然后，以 JAXA 的抛体试验为例，对描述大气湍流效应的二维 HOWARD 方程方法进行了验证。同时，以典型 N 型波为例，讨论了二维 HOWARD 方程中湍流脉动输运项和衍射项的影响。本章内容是高可信度远场声爆预测方法的扩展内容，可为读者开展相关研究提供参考，也可为超声速民机低声爆型号方案的设计和评估提供参考。

参 考 文 献

[1] Pierce A D. Spikes on sonic-boom pressure waveforms[J]. The Journal of the Acoustical Society of America, 1968, 44(4): 1052-1061.

[2] Dagrau F, Renier M, Marchiano R, et al. Acoustic shock wave propagation in a heterogeneous medium: a numerical simulation beyond the parabolic approximation[J]. The Journal of the Acoustical Society of America, 2011, 130(1):20-32.

[3] Taraldsen G. Derivation of a generalized Westervelt equation for nonlinear medical ultrasound[J]. The Journal of the Acoustical Society of America, 2001, 109(4):1329-1333.

[4] Kanamori M, Takahashi T, Ishikawa H, et al. Numerical evaluation of sonic boom deformation due to atmospheric turbulence[J]. AIAA Journal, 2021, 59(3): 972-986.

[5] Blanc-Benon P, Lipkens B, Dallois L, et al. Propagation of finite amplitude sound through turbulence: modeling with geometrical acoustics and the parabolic approximation[J]. The Journal of the Acoustical Society of America, 2002, 111(1): 487-498.

[6] Averiyanov M, Blanc-Benon P, Cleveland R O, et al. Nonlinear and diffraction effects in propagation of N-waves in randomly inhomogeneous moving media[J]. The Journal of the Acoustical Society of America, 2011, 129(4): 1760-1772.

[7] Takahashi H, Kanamori M, Naya Y, et al. Statistical characterization of atmospheric turbulence behavior responsible for sonic boom waveform deform[J]. AIAA Journal, 2018, 56(2): 673-686.

[8] Aver'yanov M V, Khokhlova VA, Sapozhnikov OA, et al. Parabolic equation for nonlinear acoustic wave propagation in inhomogeneous moving media[J]. Acoustical Physics, 2006, 52(6): 623-632.

[9] Japan Aerospace Exploration Agency. Drop test for simplified evaluation of non-symmetrically distributed sonic boom[Z]. [updated 2012 May 30; cited 2020 Aug 18]. Available from: http://d-send.jaxa.jp/d_send_e/index.html.

[10] Kanamori M, Takahashi T, Makino Y, et al. Comparison of simulated sonic boom in stratified atmosphere with flight test measurements[J]. AIAA Journal, 2018, 56(7): 2743-2755.

第 6 章　声爆试验及测量技术

除数值模拟外，风洞试验和飞行试验是声爆问题研究不可或缺的研究手段。风洞试验可为理论分析和数值模拟的验证提供精确的近场超压信号，而飞行试验则能够获取真实大气条件下的远场声爆信号。本章重点介绍声爆风洞试验和飞行试验测量的相关方法与技术，希望与本书前面介绍的数值模拟方法一起，为读者提供声爆研究三大手段的完整知识体系。

6.1　声爆风洞试验与测量方法

6.1.1　声爆风洞试验的特点与难点

声爆风洞试验的本质是近场脱体压力信号的测量。常规风洞试验主要关心飞行器模型表面的压力分布，而声爆试验则需要测量离开模型一定距离处的空间压力分布。根据 Whitham 理论 [1,2]，在保证风洞试验模型几何外形相似、来流马赫数相同的同时，还要求脱体压力测量位置 r/l 与真实飞行条件下相同，其中 r 为距离模型的垂直高度，l 为模型的特征长度。此外，声爆试验在模型支撑以及风洞流场品质等方面也存在技术特殊性。

1. 缩比试验模型

相比于常规风洞试验，声爆风洞试验模型的尺寸一般要小得多，其具体尺寸需要根据风洞试验段尺寸以及空间压力测量位置需求来确定。关于声爆风洞试验模型的缩比尺度通常有两种思路:

第一种思路是采用小尺度的模型 (图 6.1)，以便尽可能地测量距离模型较远处的空间压力分布。就目前超声速风洞的尺寸条件，通常可测范围为 5 倍至 50 倍模型长度 (即 r/l=5～50)。这样做虽然可以直接得到模型的中场声爆波形，但缺点是模型的尺寸极小，给模型精确加工带来极大困难。

第二种思路是采用尺度相对较大的模型，这样可以在一定程度上克服模型外形模拟不准确及精细加工困难等问题，但受限于风洞尺寸，只能测量得到模型近场 (通常指 r/l<5) 的空间压力分布。

选择合理的声爆试验模型缩比尺寸是获得理想试验结果的重要因素之一。早期的声爆风洞试验通常采用第一种思路，而近年来的声爆试验研究则主要采用第

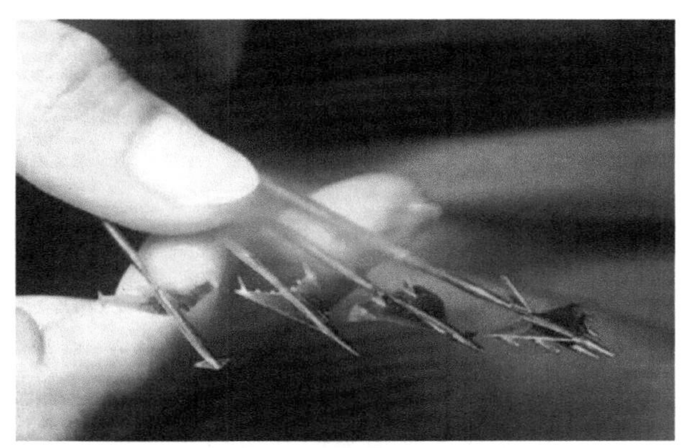

图 6.1 声爆风洞试验的小尺寸模型 [3]

二种思路，即只获得近场空间压力的分布，其主要原因是大尺寸模型对实际外形模拟更准确，测量的近场超压信号精度更高，试验结果可靠性更好。

2. 模型支撑

为了将模型固定在风洞试验段指定位置，需要引入额外的模型支撑结构。声爆试验常用的模型支撑方式有尾撑和背撑两种形式。研究表明，模型支撑会对声爆信号测量结果 (特别是后体声爆信号) 产生严重干扰。因此，在声爆试验设计中需要加以考虑。

为了减小风洞试验中模型支撑对后体声爆特征的影响，研究人员尝试了多种方法。一种方法是将试验模型尾部支撑与飞行器尾喷管羽流的等效外形进行一体化设计，即利用模型支杆的几何外形来模拟飞行器喷管羽流的形状。这种支撑方法能够在一定程度上改善测量结果，但由于不同的飞行条件对应不同的喷流条件，喷管羽流的等效外形也不尽相同，就需要设计一系列模拟不同羽流边界的尾撑支杆，同时由于设计结果仍存在不确定性，限制了该方法的广泛应用。

近年来，研究人员发展了一种叶片型支撑方式，其实质是一种外形经过精心设计的带后掠的背部支撑结构。美国湾流公司的低声爆概念机风洞试验就采用了这种支撑方法，如图 6.2 所示。研究表明，这种叶片型支撑从模型背部伸出并沿着马赫线后掠，可以使模型支撑对声爆信号测量的影响达到最小。在近年来的低声爆模型试验，尤其是主要关注后体声爆特性的研究中得到了广泛应用。

3. 风洞流场品质

由于声爆风洞试验测量的是远离模型的空间压力信号，与常规模型表面测压试验相比，其压力信号更弱。这对风洞试验段的流场品质提出了更高要求。由于加工和装配误差，风洞试验段壁面存在一定缺陷，导致风洞流场存在空间不均匀

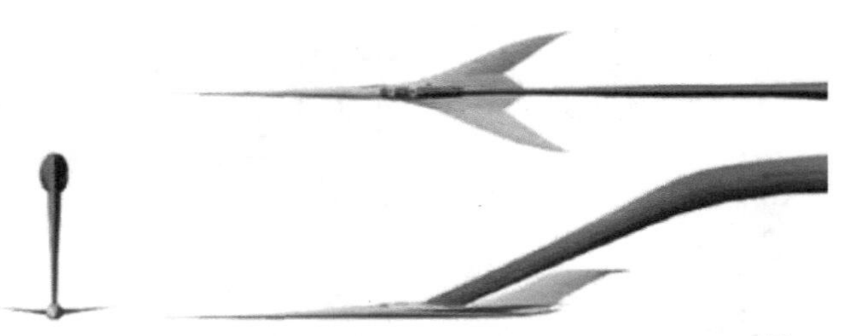

图 6.2 采用叶片型支撑的低声爆概念机模型三视图 [4]

性。另外，由于风洞的主控系统一般采用基于伺服反馈的动态调节方法，即流场总压保持在某一设定值，因而严格来说流场参数会随时间波动，存在时间非定常性。这些空间不均匀性和时间非定常性因素对于常规风洞试验影响较小，但是对声爆试验影响显著，这些影响因素带来的流场压力波动甚至比声爆信号更强。因此，在声爆近场空间压力测量试验中，需要重点考虑风洞流场的空间均匀性和时间稳定性。在开展声爆试验之前，需要对风洞试验段流场进行校测，充分了解风洞的流场特性，以便确定开展声爆试验的具体方案，选择合适的试验工况，以及模型和测量设备在风洞中的摆放位置。

4. 其他干扰因素

风洞试验过程中模型一般会发生振动 (振动特性与模型尺寸、气动载荷以及支撑刚度等多种因素有关)，且试验模型和测量设备产生的激波在试验段壁面上的反射以及激波与壁面边界层存在的相互干扰，都会对声爆信号的测量造成影响。此外，试验过程中需要将试验介质的湿度严格控制在很低水平，并尽量保持介质湿度和环境温度的相对稳定。

总之，声爆风洞试验的技术难点可以概述为如下以下几个方面：

(1) 远离模型的空间压力信号较弱；

(2) 模型支撑对流场干扰大；

(3) 风洞流场的空间不均匀性与时间非定常性对测量结果有影响；

(4) 模型振动、激波反射及其与边界层干扰、试验介质湿度和环境温度变化等其他因素对测量结果有一定影响。

6.1.2 近场空间压力分布测量技术的发展

声爆风洞试验技术的核心是近场空间压力精确测量技术。自 1959 年 Carlson[5] 首次在超声速风洞中开展声爆试验研究以来，研究人员依次发展了测压板、静压探针和测压轨等多种空间压力测量技术。下面将针对这几种技术分别作简要介绍。

1. 静压探针技术

静压探针是最直接的压力测量技术。在长达几十年的声爆风洞试验研究中，发展了多种超声速静压探针，其中一种细长的锥形探针得到了广泛应用，如图 6.3 所示。探针直径为 0.2in，半锥角通常在 1°～2°，在前端锥段中间位置的截面上均匀分布有四个测压孔。这种探针适用的马赫数范围广，对测量结果无反射 (反射因子为 1.0)，测量精度较高。

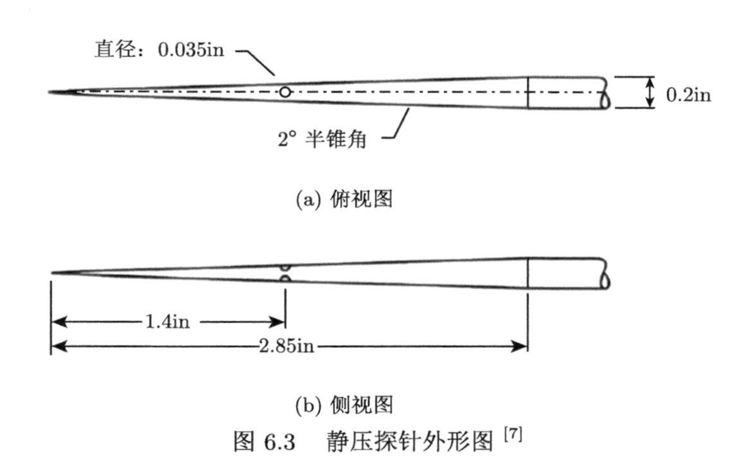

(a) 俯视图

(b) 侧视图

图 6.3 静压探针外形图 [7]

采用静压探针进行声爆信号的压力测量属于单点测量技术，其主要缺点是试验效率低。为了获得一个复杂模型的近场压力分布数据，往往需要几十分钟甚至超过一小时的试验时间。对于暂冲式风洞来说，因受气源条件限制，几乎不可能完成试验。使用连续式风洞虽然可以实现，但是能耗巨大，且长时间保持试验段条件的平稳十分困难。这些因素增加了测量结果的不确定性。为了克服上述不足，研究人员发展了测压板测量技术。

2. 测压板技术

为解决静压探针试验效率较低的问题，Carlson 等设计了专用的测压板，又称为反射平板。它是一种采用表面有多个测压孔的平板装置来测量空间压力分布的测量技术。1959 年 Carlson 采用这种测量技术开展了声爆风洞试验，也是实质意义上的第一次声爆近场空间压力信号的测量。它将测压板固定安装在风洞壁面，在距离测压板一定高度位置处支撑模型，对空间压力信号进行测量，如图 6.4 所示。

理想情况下，测压板表面的反射系数为 2.0，即采用测压板测量得到的声爆超压是真实值的两倍。但是，1961 年 Carlson[6] 通过对比静压探针和测压板的测量

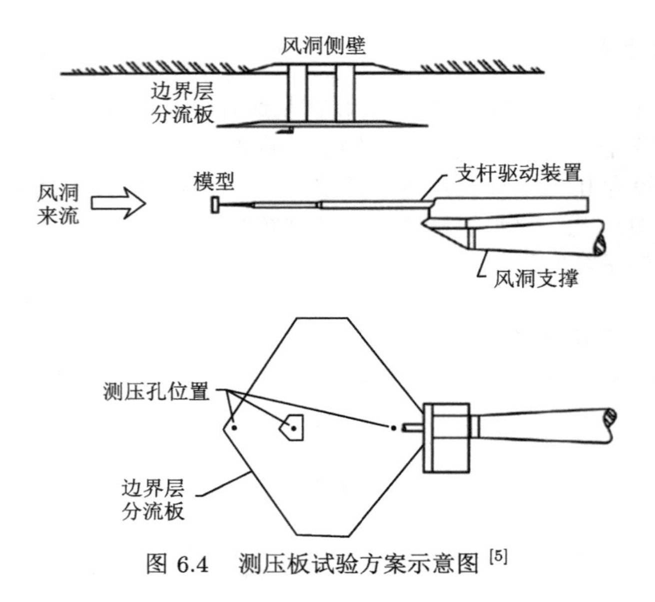

图 6.4　测压板试验方案示意图 [5]

结果发现，由于测压板表面会存在较为严重的边界层累积，模型产生的激波与测压板边界层相互作用显著影响了测压板的测量效果，导致了测量结果的不确定性。

3. 测压轨技术

测压轨是一种窄条形的轨道装置，其上表面沿中心线密集分布着数百个测压孔。相比于静压探针，测压轨的优点是试验效率高，一般能够在一个测量车次中得到完整的空间压力分布信号。与测压板相比，这种测压轨轨道表面为窄条形平面或弧面，因而大大减小了边界层累积造成的测量不确定性。近年来，NASA 和 JAXA 相继采用测压轨开展了声爆试验研究，如图 6.5 所示。

相比于测压板，测压轨技术虽然能较大程度减弱边界层累积，但测压轨厚度较大，仍然会对流场带来严重干扰。另外，早期采用的测压轨的测压面与风洞壁面之间距离较小，无法完全避免洞壁边界层的影响以及模型波系经壁面反射对测量结果造成的干扰。实践证明，相比于测压板，窄条形的上表面导致测压轨不同位置的反射系数不确定性更大。为了克服以上问题，近年来研究人员又进一步发展了新型的无反射测压轨。

4. 无反射测压轨技术

在传统静压探针和前述测压轨测量技术的研究基础上，NASA 于 2011 年率先提出无反射测压轨的概念 [10,11]，称之为 RF1.0(Reflection Factor 1.0) 测压轨。所谓无反射测压轨，是指测压轨的测压表面不会对模型波系产生反射，即不会对空间压力的测量结果产生放大作用，其原理类似于超声速静压探针。

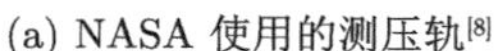
(a) NASA 使用的测压轨[8]

(b) JAXA 使用的测压轨[9]

图 6.5 声爆风洞试验的测压轨试验装置

无反射测压轨的顶端设计为与静压探针类似的圆弧形，在圆弧面上布置测压孔。这种设计使得测压轨顶端与静压探针表面具有相似的流动特性，可以很好地解决测量面对激波的反射干扰问题。测压轨从顶端到底部一体化设计，两侧面呈夹角很小的薄刃形状，以期尽可能地减弱对流动的干扰。无反射测压轨所需具体高度与模型尺寸、试验马赫数以及风洞洞壁边界层厚度等因素有关。在 NASA Ames 研究中心的 9ft×7ft 超声速风洞中，无反射测压轨的高度为 14in(图 6.6)，可以避免洞壁边界层的影响，以及由模型产生的激波经风洞壁面反射对测压孔测量结果造成的影响。该新型测压轨非常薄，顶端直径只有 0.1in，底部宽度为 1in，两侧面呈 3.5° 夹角。新型测压轨对流场干扰较小，并且实现了测压表面的无反射，即反射系数为 1.0。

(a) 试验装置

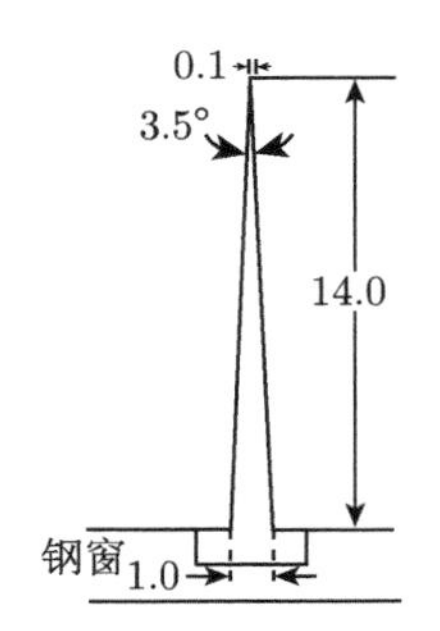

(b) 横截面几何图形（单位: in）

图 6.6 声爆风洞试验无反射测压轨 [11]

近年来，NASA 在 Ames 研究中心的 9ft×7ft 超声速风洞应用无反射测压轨技术，开展了多期声爆近场压力测量试验研究。NASA 举办的第一届和第二

届声爆预测研讨会 [12,13]，所提供的标模风洞试验数据均为采用无反射测压轨测量得到。Durston 等 [14,15] 近期开展的发动机喷管羽流对声爆特征的影响研究试验中，也应用了这种新型测压轨。中国航空工业空气动力研究院 (后文简称航空工业气动院) 依托 FL-60 亚跨超三声速风洞开展了声爆近场压力测量风洞试验技术研究，在国内率先发展了基于无反射测压轨的大型风洞空间压力精确测量技术 [16−19]。图 6.7 给出了航空工业气动院发展的无反射测压轨试验装置及其安装示意图 [16]。

图 6.7 航空工业气动院发展的无反射测压轨试验装置及其安装示意图 [16]

6.1.3 声爆风洞试验数据采集与处理方法

1. *参考试验修正方法*

与传统测压轨相比，无反射测压轨虽然对流场干扰比较小，但测量结果仍然会存在误差，因此需要进行修正。修正方法如图 6.8 所示，具体步骤为：

第一步，将模型置于测压轨上方，测量得到模型与测压轨等所有部件的空间压力分布数据，称之为 “测量车次数据”；

第二步，将模型移到测量区域之外或将其拆除，测量得到只有测压轨时的空间压力分布数据，称之为 “参考车次数据”；

第三步，将测量车次数据减去参考车次数据，得到的差值即认为是模型引起的空间压力变化 (即近场声爆超压信号)。

声爆试验数据处理采用无量纲化的声爆超压 $(p-p_\infty)/p_\infty$，其中 p 代表测压轨测量得到的静压，p_∞ 代表风洞自由来流静压。将测量车次数据记为 $(p-p_\infty)/p_\infty|_{\text{run}}$，将参考车次数据记为 $(p-p_\infty)/p_\infty|_{\text{ref}}$，仅由模型引起的近场声爆超压分布记为 f_i，即

$$f_i=\left(\frac{p-p_\infty}{p_\infty}\right)_{\text{run}}-\left(\frac{p-p_\infty}{p_\infty}\right)_{\text{ref}}. \tag{6.1.1}$$

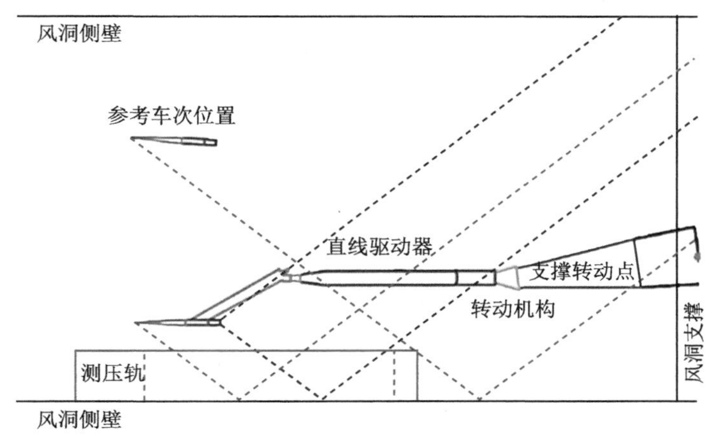

图 6.8 “参考车次” 与 “测量车次” 布置图 [11]

2. 传感器及数据采集系统

低声爆模型产生的近场声爆超压的绝对值通常仅为百帕量级，这就要求压力测量传感器及数据采集系统的精度必须足够高，因此对传感器的量程匹配提出了较高的要求。近年来开展的基于无反射测压轨的声爆试验多采用电子压力扫描阀测量系统。如图 6.9 所示，这是一个高度模块化的压力测量系统，配有 1PSI、2.5PSI、5PSI、10PSI、15PSI 等多种量程的扫描阀块，测压精度一般为满量程的 0.05% 。考虑一般超声速风洞试验段静压范围，一般应选择 2.5PSI 量程以下的扫描阀模块才能保证测量结果的可靠性。

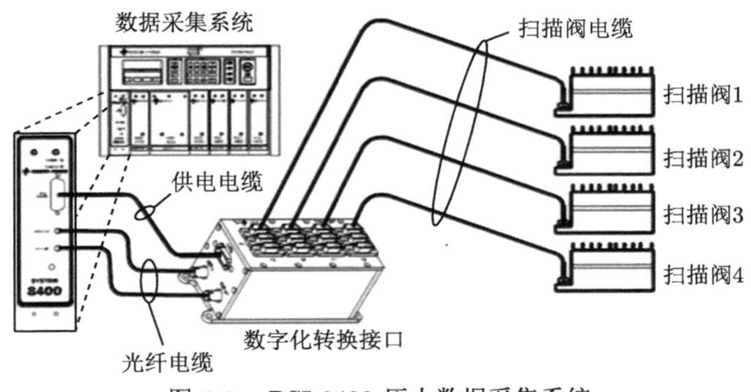

图 6.9 PSI 8400 压力数据采集系统

无反射测压轨设计思想、干扰修正方法及传感器量程匹配等技术的提出，大幅提高了声爆风洞试验测量的效率和精度。但是，由于超声速风洞的特殊性，试验段流场中存在由激波和膨胀波引起的非均匀扰动。无反射测压轨虽然能够较好消除自身引起的干扰，但不能消除风洞流场本身存在的扰动。而下文介绍的空间平均数据修正技术，能够大幅减弱这些因流场非均匀扰动带来的测量误差。

3. 空间平均数据修正技术

空间平均数据修正技术是在无反射测压轨测量技术的基础上，近年来发展的一种针对超声速风洞试验段流场非均匀性的数据修正技术。空间平均数据修正技术要求在试验过程中固定测压轨，在其上方沿风洞轴向以固定间隔移动试验模型，开展多次测量，对测量数据进行平均，进而得到模型近场声爆信号。

世界上所有的超声速风洞都存在一定的空间不均匀特性，图 6.10 展示了 NASA Ames 研究中心的 9ft×7ft 风洞和航空工业气动院 FL-60 风洞的空风洞纹影图像。从图中可以看出这些风洞试验段流场都存在一定的杂波。这些杂波可能导致气流马赫数、流向角、压力等流场参数在空间各个方向上非均匀分布。此外，这些流场参数会随着风洞总压的波动而变化，在时间上也表现出非定常特性。而上述发展的各种空间压力测量技术均无法消除这种非均匀扰动带来的测量误差。实践证明，空间平均数据修正技术是一种修正流场非均匀性影响的行之有效的方法。

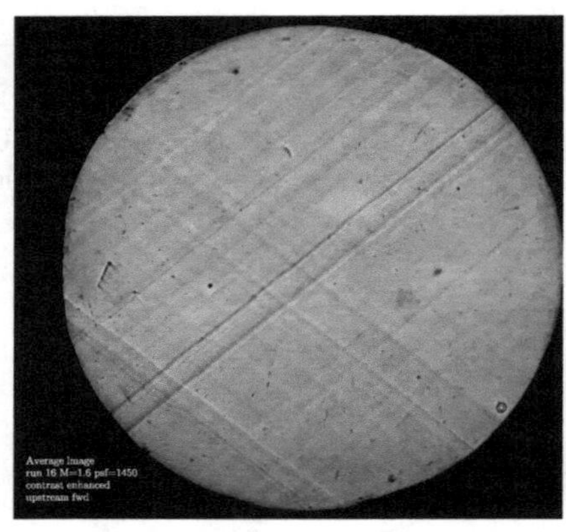

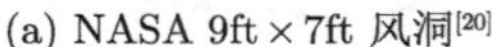
(a) NASA 9ft × 7ft 风洞[20]

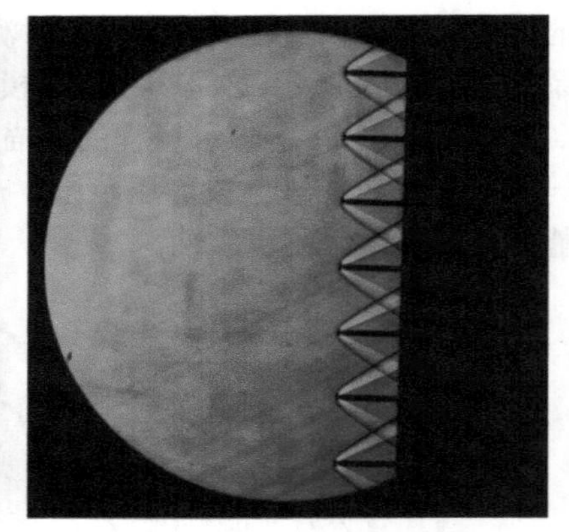
(b) 航空工业气动院 FL-60 风洞[16]

图 6.10　超声速风洞流场的纹影图像

试验模型在测压轨上方沿轴向以一定距离移动，在每个位置处进行一次测量，共得到 N 组数据。然后将这 N 组测量数据 f_i 进行位置对齐后作算术平均，即得到空间平均后的近场声爆超压测量结果，记为 $\bar{f}$，即

$$\bar{f} = \frac{1}{N}\sum_{i=1}^{N} f_i, \tag{6.1.2}$$

由此得到测量数据的标准差：

$$\sigma = \sqrt{\frac{1}{N}\sum_{i=1}^{N}(f_i - \bar{f})^2}. \tag{6.1.3}$$

自 NASA 提出空间平均数据修正技术以来，其后续进行的所有声爆风洞试验研究几乎都采用了该技术。测量结果表明，该技术在改善风洞流场的非均匀性方面展示出了显著的效果。航空工业气动院近年来基于 FL-60 风洞发展的声爆近场压力测量技术也采用了该技术，并完成了 SEEB-ALR 等声爆标模的验证性试验，6.3 节将详细介绍该模型的试验结果。

6.2 声爆的飞行试验与测量方法

6.2.1 声爆飞行试验技术的发展概述

通常情况下，风洞试验技术只能提供近场声爆信号分布，无法模拟声爆在大气中的传播过程，于是飞行试验成为远场声爆研究不可或缺的手段。飞行试验一方面能够确定波系结构及演化历程，有助于更深入地认识大气湍流等因素对声爆的影响；另一方面，还可以通过测量数据验证声爆预测方法的可靠性。此外，飞行试验也能验证低声爆设计技术的有效性。

飞行试验测量系统通常包括空中测量系统和地面测量系统，如图 6.11 所示。空中测量系统常采用低速有人/无人飞机，测量超声速飞行器近场或中场信号。地面测量系统通常在热气球、塔架、山顶及地面上布置传感器，测量远场信号。

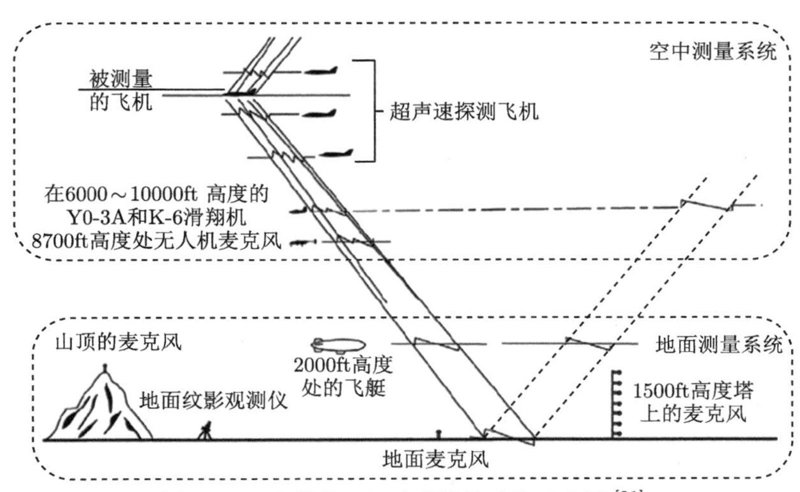

图 6.11 声爆的飞行试验测量系统示意图 [21]

NASA 从 20 世纪 60 年代就开展了声爆的飞行试验研究，先后测量了 SR-71 飞机 [22] 和 XB-70 飞机 [23] 巡航状态声爆以及阿波罗系列飞船 [24] 在发射和再入条件下的声爆信号，获得了早期飞行试验数据。20 世纪 80 年代早期，美国空军开展了噪声和声爆影响技术 (NSBIT) 项目，对噪声以及飞行操作对环境的影响进行了评估，取得了一些值得关注的成果：① 收集了美国超声速军用飞机定常飞行的声爆数据，以应用于大气对声爆传播影响研究；② 发展了聚焦声爆的预测方法，完善了 Thomas 方法并开发了 PCBoom 程序；③ 研究了声爆对动物的影响；④ 定量评估了典型军用超声速飞机机动飞行相关的聚焦区域。

近年来，国际上陆续开展了针对低声爆设计的一些飞行演示项目。21 世纪初，美国国防高级研究计划局 (Defense Advanced Research Projects Agency，DARPA) 资助了一种名为“安静超声速平台”(Quiet Supersonic Platform，QSP) 的远程高效低声爆超声速飞机的研制，其中包含在 QSP 中的修型声爆演示 (Shaped Sonic Boom Demonstration, SSBD) 计划 [25] 及后续的修型声爆试验 (Shaped Sonic Boom Experiment，SSBE) 计划 [26]。SSBD 是第一个验证低声爆设计理论的全尺寸飞行演示，由 DARPA、诺斯罗普 · 格鲁曼公司和美国 NASA 联合发起，并在德莱顿飞行研究中心进行了飞行测试。2003 年对经过低声爆设计的 F-5E 飞机 (主要对机头几何形状进行了修型，见图 6.12) 进行了声爆测量，结果表明其声爆强度比基准 F-5E 飞机降低了三分之一，首次验证了声爆最小化理论的有效性。此外，2004 年研究人员还开展了聚焦声爆的飞行试验，并对声爆波形进行了测量。

图 6.12　F-5E(左下) 和 SSBD(右上) 飞机对比图 [25]

由 Wyle 公司和 NASA 主导的超爆焦散面分析与测量项目 (The Superboom Caustic Analysis and Measure Project, SCAMP)[27]，旨在通过 F-18B 飞行试验评估可以用于低声爆设计的声爆聚焦模型。该项目重点发展了描述声爆聚焦现象的 Tricomi 方程和 NPE 方程。

除美国外，日本也较系统地开展声爆飞行试验及演示验证研究工作。日本从 1997 年就开始推进了超声速民机技术研究，并于 2005 年成功完成 NEXST (National EXperimental Supersonic Transport) 项目第一阶段的飞行试验。JAXA 于 2006 年启动了“安静超声速技术验证”(Silent SuperSonic Technology Demonstration，S3TD) 项目，计划开展新的飞行验证项目来评估安静超声速技术，例如低声爆/低阻力外形设计方法。S3TD 项目目的在于确认超声速飞机多学科优化设计工具并验证安静超声速飞机概念。项目研究目标包括：① 声爆强度降低 50%，验证由多目标/多学科优化设计的低声爆/低阻力布局；② 降低着陆起飞噪声 50%，论证机体-推进高度一体化布局以屏蔽发动机噪声；③ 论证系统集成技术，论证先进飞行控制系统以及复合材料结构。

JAXA 于 2009 年启动了非对称分布声爆简化评估投放试验 (Drop test for Simplified Evaluation of Non-symmetrically Distributed sonic boom，D-SEND) 项目 [28]，第一阶段目标为验证 JAXA 的大气声爆测试系统，以及其低声爆设计方法，第二阶段目标是验证 JAXA 设计的低声爆布局 (图 6.13)。针对测试声爆数据的技术要求，研究人员专门设计和制造了试验概念样机 S3CM，于 2011 至 2015 年在瑞典的欧洲航天靶场进行了多次高空投放试验。D-SEND 项目以探空气球作为高空试验平台，具有大载重、高升限、运行平稳、低成本的优势；采用无动力的 S3CM 测试体自由下落实现超声速飞行，降低了研发成本。通过 D-SEND 项目得到的声爆数据以及大气参数测试技术，验证了 JAXA 发展的低声爆设计技术，提高了技术成熟度，同时测量结果有助于国际民用航空组织 (ICAO) 制定未来超声速民机陆地飞行的声爆标准。

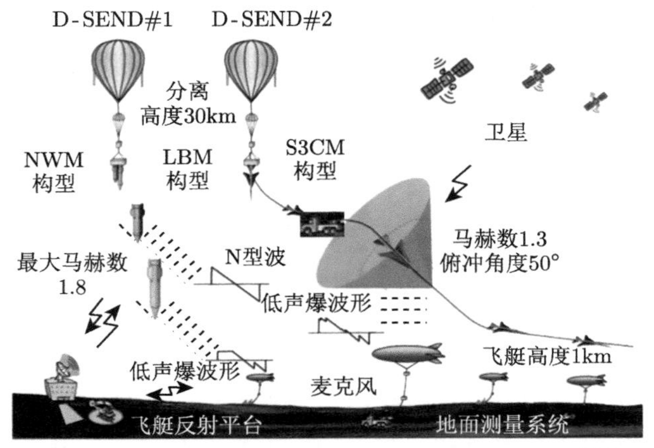

图 6.13 日本开展 JAXA D-SEND 项目示意图 [28]

在国内，声爆飞行试验技术研究近年逐渐得到重视，航空工业气动院与北京零壹空间科技集团有限公司 (以下简称零壹空间) 基于亚轨道火箭动力飞行器开展了声爆特性飞行试验的合作研究。依托零壹空间的飞行试验平台 OS-X0，航空工业气动院声爆技术研究团队借助自主研的数值预测平台 ARI_Boom (Aerodynamics Research Institute Sonic Boom Prediction Platform)，发展了飞行过程中的声爆信号地面测量技术，构建了以声学射线法和打靶法相结合的声爆信号测量轨迹预测能力 [29,30]，将在 6.3 节作详细介绍。

6.2.2 声爆飞行试验测量方法

纵观国外声爆飞行试验项目，无论是空中测量还是地面测量，大都采用差压型传感器，其中宽频带的传声器应用最为广泛。以美国进行的 SSBD 项目为例，采用机头经过修型设计的 F-5E 飞机作为声爆试验飞行器，以未修型的 F-5E 飞机作为对比，在飞行试验中分别对近场和远场声爆信号进行了测量，目的是验证通过修改飞行器外形来改变声爆波形的可行性。SSBD 项目在 2003 年 8 月的飞行试验中，于哈珀盐湖北侧布置了 5 个测量区域。中心测量位置布置有 13 个传感器的十字形阵列，最大半径约为 1500ft；在距离中心阵列几英里处分别布置有东、西两个测试区域；南、北 2 个测量区域位于 2mi(1mi=1.609344km) 处。2004 年美国延续 SSBD 项目继续开展的 SSBE 项目中，开始关注湍流效应及声爆聚焦特征。图 6.14 展示了 SSBD 及 SSBE 项目中地面传声器阵列的布置。

飞行试验中远场声爆信号测量方法，可以概括为以下几个步骤。

首先，根据超声速飞行器的飞行参数计算得到地面声爆信号的测量位置。依据几何声学基本理论，声射线与波阵面相互垂直，而声射线上任一点的切线方向代表着声信号的传播方向。具体到超声速飞行器，从宏观尺度看高空飞行器可以认为是一个点声源，当飞行器作超声速飞行时，声爆信号的初始传播方向与马赫锥垂直。根据飞行马赫数、飞行高度、姿态角等参数即可推算出任意时刻超声速飞行器声爆信号的传播方向以及传播到地面的具体位置，据此得到地面声爆信号的测量位置。

其次，根据声爆信号的特征以及试验特点选择最佳的测量系统组成方案。在各种类型的声压测量传感器中，电容型传声器具有灵敏度高、动态范围宽、频率响应特性好等优点。声爆信号的能量主要集中在低频，因此飞行试验中远场声爆信号测量多采用电容型中低频传声器，配套选择前置放大器与数据采集器，前置放大器与数据采集器之间通过电缆线连接。由于声爆信号覆盖范围广，飞行试验中多采用分布式的多点测量系统，每个测量点的设备可以采用电池供电、本地存储，也可以采用连接便携式计算机的方法进行实时采集存储。多点分布式的测量系统之间有必要通过 GPS 等手段进行时间同步，以便于后续的信号分析。

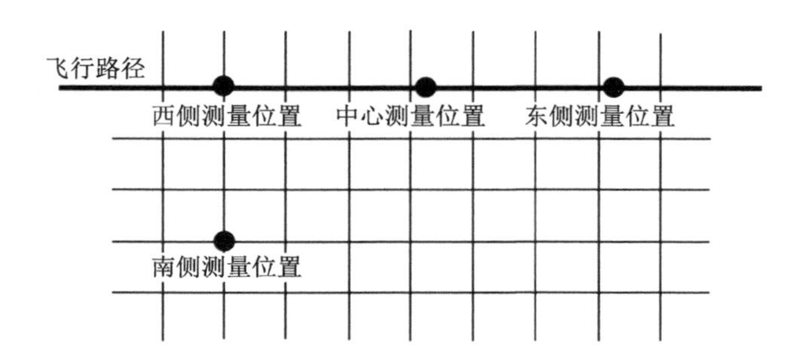

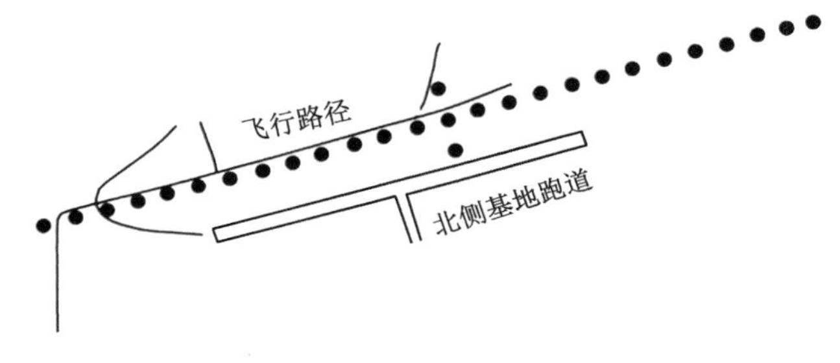

图 6.14 SSBD 及 SSBE 项目地面传声器阵列 [25,26]

最后，根据具体的飞行条件以及测量区域的环境条件合理布置测量设备，采集并存储超声速飞行器的地面声爆信号数据。在每个测量点，可以采用多支传声器组成阵列，与一台多通道数据采集器相连接。根据测量设备电池续航时间，从飞行器到达测量区域上空之前开始采集数据，在成功测得声爆信号之后停止采集数据，从而分析并处理测量得到的声爆信号。

6.3 声爆试验示例

6.3.1 声爆风洞试验示例

下面以航空工业气动院在 FL-60 风洞进行的声爆风洞试验为例，介绍声爆风洞试验的具体方法和过程。

1. FL-60 风洞简介

FL-60 风洞是一座亚、跨、超三声速的暂冲式风洞，采用直流引射式，由蝶阀、膨胀节、调压阀、大角度扩开段、稳定段、收缩段、柔壁喷管段、亚跨声速试验段、超声速试验段、超声速扩散段、栅指二喉道、环缝式引射器、亚声速扩散段、消音塔等部段组成，洞体全长约 92m。风洞试验段尺寸为 1.2m×1.2m，试验马赫数范围为 0.3~4.2，马赫数控制精度优于 0.0015($0.3\leqslant Ma\leqslant 1.2$)，总压控制精度优于 0.3% (1.3≤$Ma$≤4.2)。对于亚跨声速范围，试验段为上下壁板开孔的直孔壁试验段。对于超声速范围，既可以在柔壁喷管段第一菱形区进行试验，也可以在超声速试验段进行试验，通过二维全柔壁喷管的柔性壁板调节，能够实现试验马赫数从 1.3 到 4.2 的连续变化。图 6.15 为 FL-60 风洞的外观。

图 6.15　航空工业气动院 FL-60 风洞外观

FL-60 风洞常规试验模型迎角变化由四连杆托板机构完成，四连杆托板机构设置在超声速扩散段入口，迎角变化范围为 $-15° \sim 30°$，迎角变化速度最大为 20°/s，最小为 0.25°/s，迎角可预置、连续和阶梯变化，精度可达到 ±1′。侧滑角变化由风洞托板机构配合的多个横向拐头来完成，现有的横向拐头有 ±2°、±3°、±4°、±5°、±6°、±8°、±10° 和 ±12°，精度优于 ±6′。

FL-60 风洞配备了 PSI8400 压力数据采集系统，是一个高度模块化的数据采集系统。PSI8400 系统支持电子压力扫描阀，每个模块有 64 个通道，配备了不同量程的压力扫描阀模块，试验时可根据具体的压力范围选择量程合适的压力扫描阀模块，保证压力测量的精准度。PSI8400 压力数据采集系统的主要技术指标如下：

压力扫描速率：50000CH/S；

工作温度范围：−25 ~80℃；

量程：1PSI、2.5PSI、5PSI、10PSI、15PSI、30PSI、75PSI、150PSI；

压力测量精度：0.05% FS；

通道总数：1024CH。

2. *试验方案及标准模型*

针对 FL-60 暂冲式风洞单次试验时间短、耗气量大等特点，专门设计了无反射测压轨，以克服传统探针测量技术的不足，大幅提高声爆风洞试验近场压力测量的效率。在前期声爆试验研究的基础上，对试验模型、试验装置和试验方法进行了改进，并采用 SEEB-ALR 声爆标模进行了验证。

声爆风洞试验在流场品质更优的柔壁喷管段第一菱形区进行。根据测压轨实际测量结果，同样以试验马赫数 1.5 为例，第一菱形区流场同一车次中的最大压力波动量在 400Pa 左右，其流场品质明显优于超声速试验段。柔壁喷管段上下壁板为可移动变形的柔性壁板，用于形成试验马赫数所需的喷管气动型面，左右壁板为位置固定的刚性壁板 (在第一菱形区侧壁上设计有可更换的观察窗)。对喷管段第一菱形区侧壁进行了局部改造，通过更换侧壁的观察窗，将测压轨安装在第一菱形区的侧壁上。考虑到声爆试验所需的空间压力测量长度，以及与风洞侧壁观察窗的位置匹配问题，整个测压轨长度设计为 1810 mm。声爆试验装置如图 6.16 所示，主要由无反射测压轨、试验模型、转接支杆、轴向移动机构等部件组成。

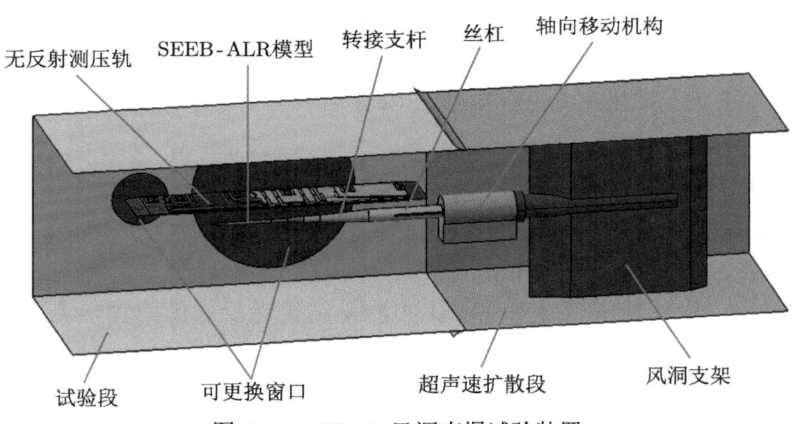

图 6.16 FL-60 风洞声爆试验装置

1) 模型设计

试验选择了基于声爆最小化理论设计的低声爆轴对称模型 SEEB-ALR 作为验证标模。SEEB-ALR 模型具有平台状的近场超压信号波形，方便与风洞流场的杂波区分，能够更好地验证声爆试验测量装置及试验技术。考虑到 FL-60 风洞的试验段尺寸，对 SEEB-ALR 模型进行了缩比，缩比后全模型长 471.6mm，参考长度 224.5mm，直径为 17.714mm，所设计的 SEEB-ALR 风洞模型见图 6.17。

图 6.17 SEEB-ALR 风洞模型

SEEB-ALR 模型整体呈细长针状，加工过程中容易变形，加工难度较大，因此将模型分为两段加工，之后通过销钉连接后打磨至设计尺寸，最后通过三坐标检测仪对模型外形尺寸进行检测，以保证模型加工精度，如图 6.18 所示。

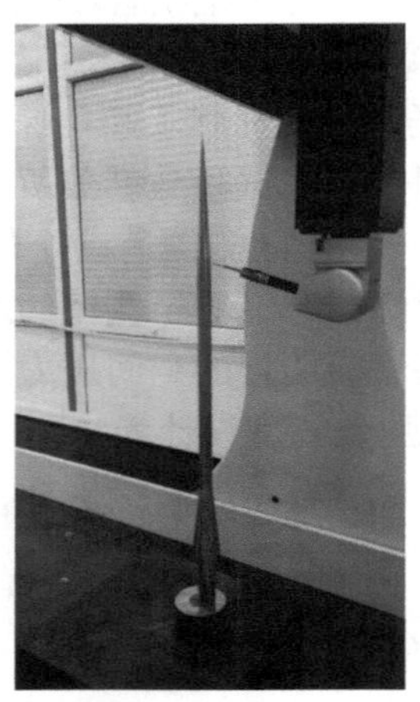

图 6.18 检测中的 SEEB-ALR 低声爆标模

2) 无反射测压轨设计

在前期研究基础上，设计了无反射测压轨装置，用于测量声爆近场压力信号。整个测压轨长度设计为 1810mm，主要分为前缘、测量段、后缘三个部分，如图 6.19 所示。参考静压探针对空间压力测量结果无反射的原理，测压轨的顶端设计为与静压探针类似的圆弧形。测压轨从顶端到底部设计成一体形式，两侧面呈夹角为 3.5° 的薄刃形状，顶端圆弧直径为 3mm，底部宽度为 24mm。在测压轨顶端圆弧面上沿一条直线布置了 375 个测压孔，这些测压孔通过气管路与电子压力扫描阀模块相连接，以此测量距离模型一定高度处的空间压力分布。其目的是尽量减弱对流场的干扰，使得测压轨顶端与静压探针表面具有相似的流动特性，以期解决测量表面对模型激波的反射干扰问题，实现测压表面的无反射条件。测压轨的高度设计为 353mm，可以避免洞壁边界层的影响以及模型激波经由风洞壁面反射对测压孔测量结果造成的影响。

3) 轴向移动机构设计

为了实现试验模型在 FL-60 风洞试验段中不同位置的空间压力测量，可以选择流场品质最佳的测量位置，并进行数据空间平均。模型轴向移动机构安装在超声速扩张段的风洞支架上，试验模型通过转接支杆与丝杠连接，通过远程控制可以实现试验模型位置在风洞轴向上的自动调节，其行程为 800mm。这套机构的设计实现了试验模型位置的自动调节，大大提高了试验效率，并且为发展空间平均数据修正技术奠定了设备基础。

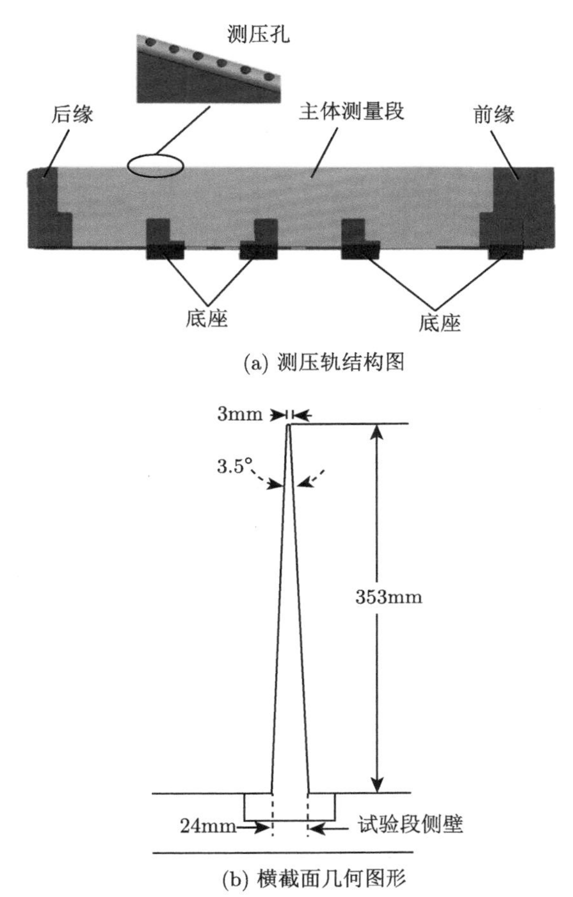

(a) 测压轨结构图

(b) 横截面几何图形

图 6.19 设计的无反射测压轨示意图

3. CFD 评估

无反射测压轨与试验模型设计完成后，采用 CFD 技术对其实际效果进行了模拟验证，分别选择试验模型位于测压轨上方前、中、后三个不同位置进行评估。评估过程模拟真实风洞试验过程，以只有试验模型时的压力分布作为基准，分别计算模型和测压轨都存在的情况下测量位置的压力分布、只有测压轨没有试验模型时测量位置的压力分布，将两种情况下的压力数据相减，得到修正后的模型压力信号，理论上应该与只有模型时的基准值相等。CFD 计算选择来流马赫数为 1.8，计算结果如图 6.20～图 6.22 所示。图中横轴 x 用来表示试验段轴向的位置坐标，单位为米，以试验段出口位置为参考零点，指向试验段上游为负方向；纵轴表示静压，单位为帕；纵轴 $\mathrm{d}p/p$ 为超压比。本节所有 CFD 计算和试验测量的压力曲线图均采用此定义，下文不再赘述。

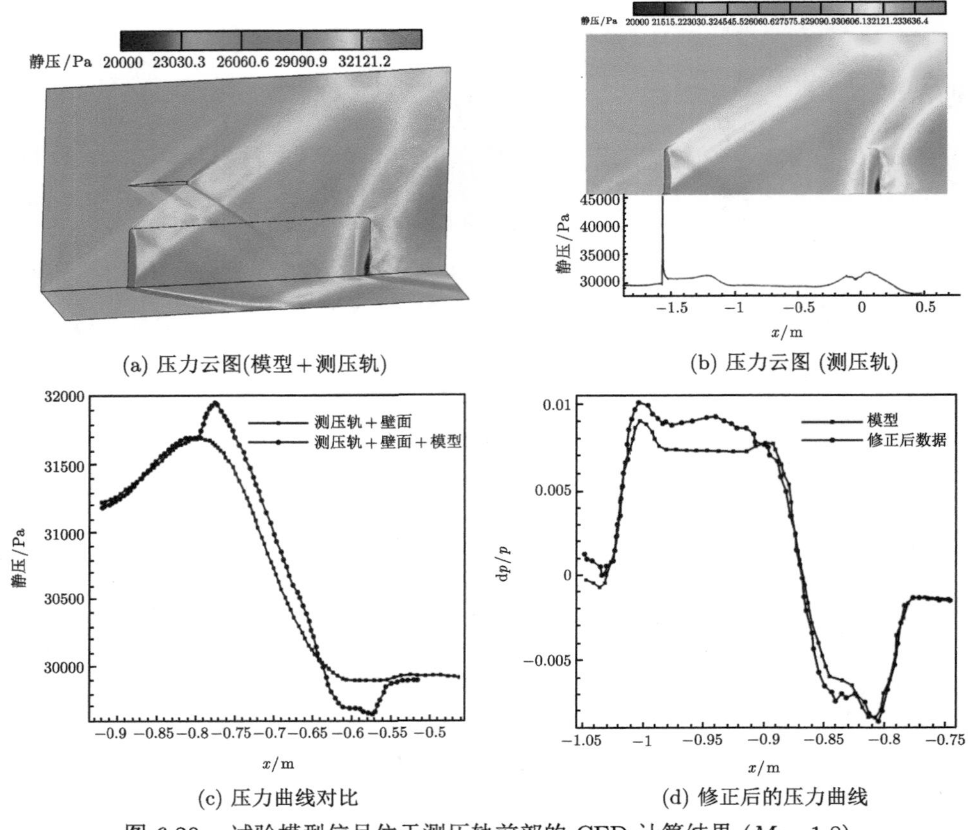

(a) 压力云图(模型＋测压轨)　　(b) 压力云图 (测压轨)

(c) 压力曲线对比　　(d) 修正后的压力曲线

图 6.20　试验模型信号位于测压轨前部的 CFD 计算结果 (Ma=1.8)

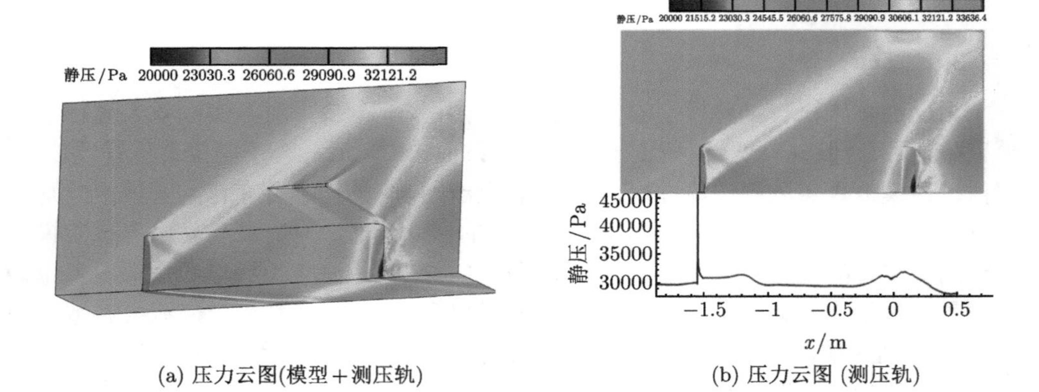

(a) 压力云图(模型＋测压轨)　　(b) 压力云图 (测压轨)

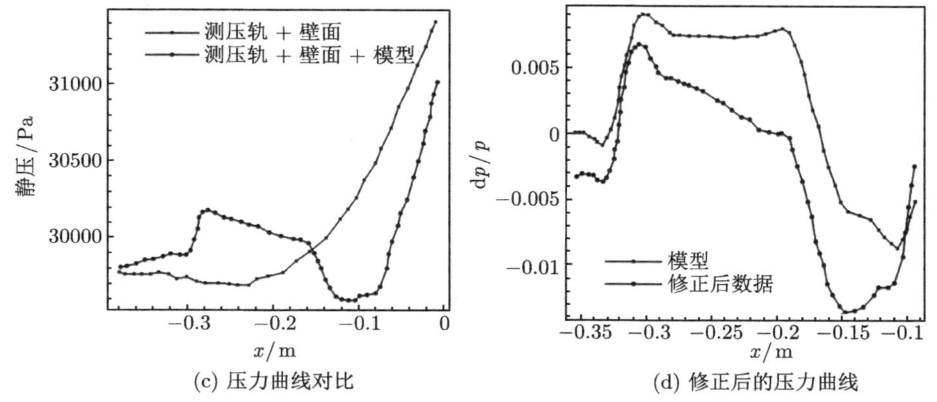

(c) 压力曲线对比
(d) 修正后的压力曲线

图 6.21 模型信号位于测压轨后部的 CFD 计算结果 (Ma=1.8)

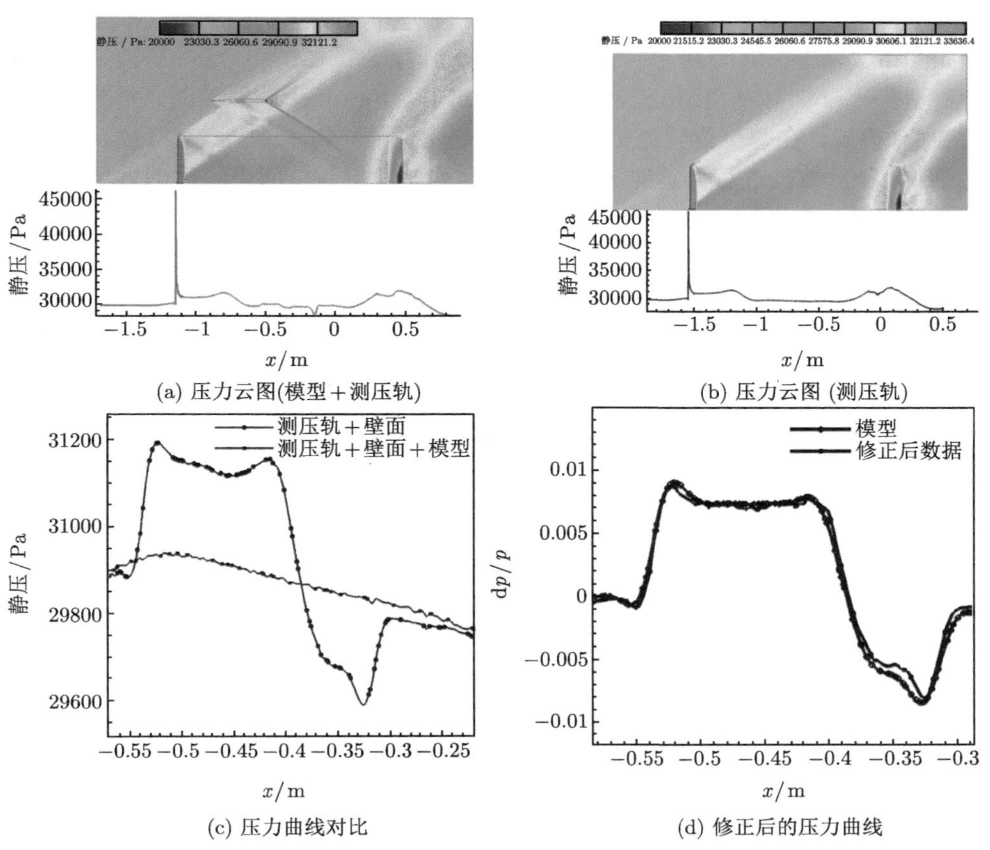

(a) 压力云图(模型+测压轨)
(b) 压力云图 (测压轨)
(c) 压力曲线对比
(d) 修正后的压力曲线

图 6.22 模型信号位于测压轨中部的 CFD 计算结果 (Ma=1.8)

从图 6.20 可以看出，当模型信号位于测压轨前部时，模型信号受测压轨前缘激波干扰严重，导致修正后的压力波形与基准值相差较大，因此试验过程中应该避免模型信号位于测压轨前缘激波影响范围内。

从图 6.21 可以看出，当试验模型信号位于测压轨后部时，模型信号受测压轨前缘激波的洞壁反射激波影响严重，导致修正后的压力波形与基准值相差较大，因此试验过程中也应该避免模型信号位于测压轨后缘洞壁反射激波影响范围内。

从图 6.22 可以看出，当试验模型信号位于测压轨中部时，模拟风洞试验过程，“模型 + 测压轨”的计算结果减去只有测压轨的计算结果所得的差量，与只有试验模型的计算结果吻合较好，证明所设计的新型测压轨对模型激波基本无反射，实现了反射系数 1.0 的设计目标。因此试验中模型信号应该位于测压轨中间部位以提高测量精度。

4. 试验结果及讨论

基于上述试验方案，采用 SEEB-ALR 模型开展了验证性试验，试验装置实物如图 6.23 和图 6.24 所示。试验马赫数分别为 1.5、1.8 和 2.0，试验过程中试验模型在测压轨上方 257mm 高度沿风洞轴向以 16mm 为间隔移动，每个车次测量 20 个位置，在每个位置处扫描阀采集一次测量数据，总共采集 20 次。然后将这 20 组测量数据进行位置对齐后作算数平均，即得到空间平均后的近场声爆超压测量结果。本期试验对于试验模型每个测量位置，在测压轨采集试验数据的同时，同步采集前室总压，作为计算该时刻风洞自由来流静压的依据，以此减小因时间波动导致的测量误差。

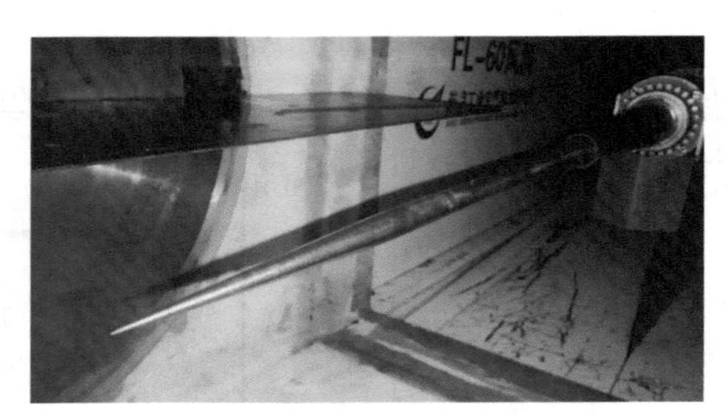

图 6.23　安装于风洞内的声爆试验装置

图 6.25 展示了在 Ma=1.8 条件下针对 SEEB-ALR 标模测量时，采用参考试验修正方法修正后的近场声爆测量数据。从图中可以清晰地看出风洞流场非均匀扰动对测量结果的影响，单次测量结果误差很大，因此有必要尽量减小风洞流场波动带来的影响。图 6.26 展示了 SEEB-ALR 标模马赫数为 1.5 条件下空间平均后的测量结果。从图中可以看出，空间平均方法极大降低了流场非均匀性带来的

图 6.24 声爆风洞试验所用的无反射测压轨

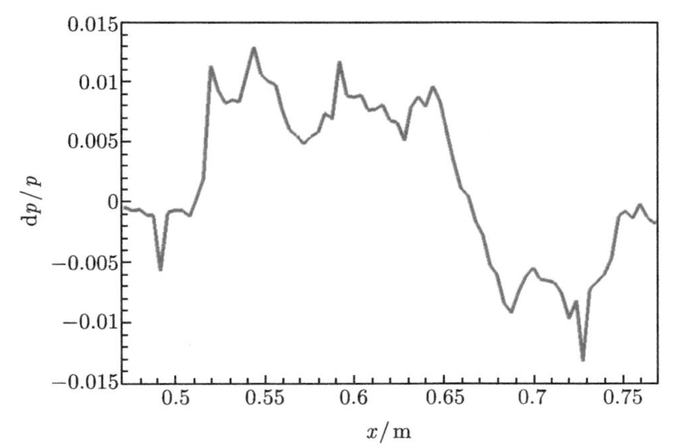

图 6.25 SEEB-ALR 标模测量时，采用参考试验修正方法修正后的近场声爆测量数据 (Ma=1.8)

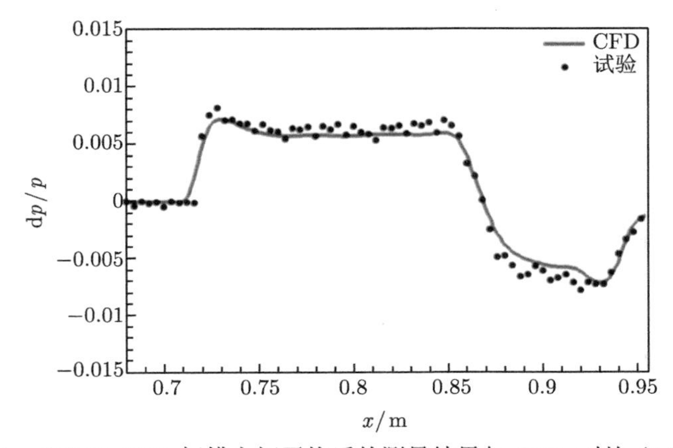

图 6.26 SEEB-ALR 标模空间平均后的测量结果与 CFD 对比 (Ma=1.5)

测量误差，大幅提高了近场声爆信号的测量精度。本章后续展示的测量结果都是经过参考试验修正方法和空间平均技术修正后的结果。图 6.27 和图 6.28 分别展示了 SEEB-ALR 标模 Ma=1.8 和 Ma=2.0 条件下空间平均后的测量结果，可以看出随着马赫数增大，标模的近场声爆超压也增大。

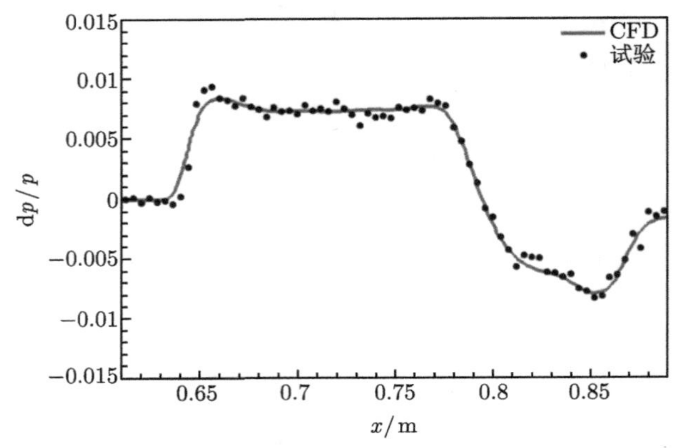

图 6.27 SEEB-ALR 标模空间平均后的测量结果与 CFD 对比 (Ma=1.8)

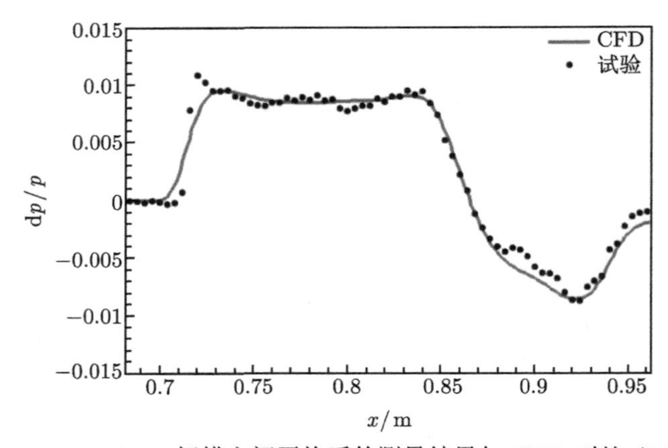

图 6.28 SEEB-ALR 标模空间平均后的测量结果与 CFD 对比 (Ma=2.0)

从 SEEB-ALR 低声爆标模验证试验结果可以看出，在马赫数为 1.5、1.8、2.0 等超声速民机典型速度范围内，通过风洞试验测量都得到了与 CFD 结果吻合较好的近场压力波形，验证了基于 FL-60 暂冲式风洞发展的声爆试验测量系统的合理性，同时也证明了所设计的无反射测压轨和所采用的参考试验修正方法与空间平均数据修正技术的有效性。通过分析三个马赫数条件下的近场声爆波形可以看出，修正后的测量结果仍然有一定的波动误差，也证明了风洞流场非均匀扰动对声爆试验测量结果的影响。通过增加空间平均的测量次数，可以进一步减小测量结果的误差，提高声爆试验测量数据的精准度。

图 6.29 展示了 SEEB-ALR 模型在 FL-60 风洞和 NASA Ames 研究中心 9ft×7ft 风洞中的试验结果对比，图中的 l 为模型的特征长度，r 为模型距离测压轨的高度。从图中可以看出，两座风洞的试验结果波形特征总体一致，Ames 9ft×7ft 风洞试验 r/l 为 1.165，FL-60 风洞试验 r/l 为 1.145，因此 FL-60 风洞马赫数 1.5 的试验结果与 Ames 9ft×7ft 风洞马赫数 1.6 的试验结果比较接近。

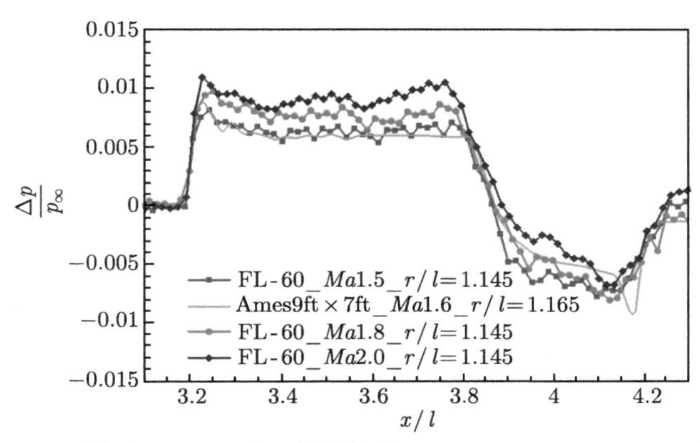

图 6.29 SEEB-ALR 模型 FL-60 风洞测量结果与 NASA Ames 9ft×7ft 风洞测量结果对比

6.3.2 声爆飞行试验示例

1. OS-X0 试验飞行器简介

OS-X 系列是零壹空间科技集团有限公司发展的通用飞行试验平台，可为客户提供各项临近空间飞行试验所需的高空、特定速度条件和大气再入环境，适于开展多项科学试验。OS-X0 试验飞行器，也称为“重庆两江之星”号，是 OS-X 系列的首枚试验飞行器，于 2018 年 5 月 17 日在我国西北某基地成功发射。该飞行器长 9 m，重 7.2t，最大飞行高度约 42 km，最大飞行马赫数接近 6.0，飞行时间 265 s，飞行距离 273 km，采用固体火箭发动机作为动力。图 6.30 给出了 OS-X0 试验飞行器的飞行弹道示意图。考虑到安全因素，本项测量工作集中在飞行弹道的上升段，对应的马赫数范围为 3.0~6.0，高度范围为 7.0~18.0 km。该项工作一方面可为典型超声速民机的研究提供支持，另一方面也有助于探索高超声速民机的声爆特性。

2. 飞行试验测量方案

1) 测试点布置

本次试验弹道航向为北偏西 49°，经过前期预选点计算、现场勘查，主要考虑现场路况、到达时间以及测量设备续航时间等因素，最终确定的测试点布置方

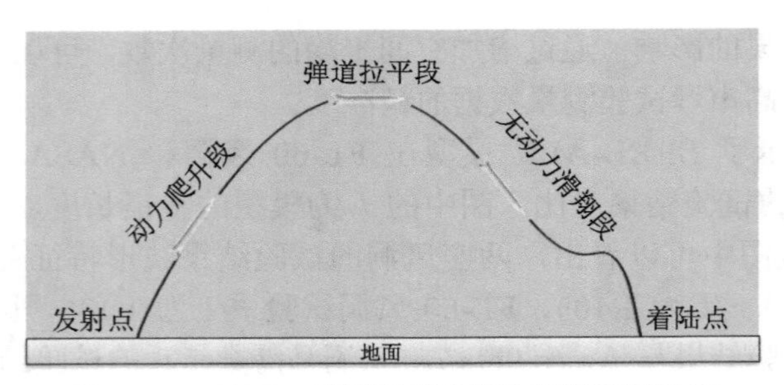

图 6.30　OS-X0 试验飞行器的飞行弹道示意图

案在地图上的位置示意图如图 6.31 所示，测试点位置选择在弹道正下方。各个测点对应的位置、对应弹道高度和对应马赫数如表 6.1 所示。

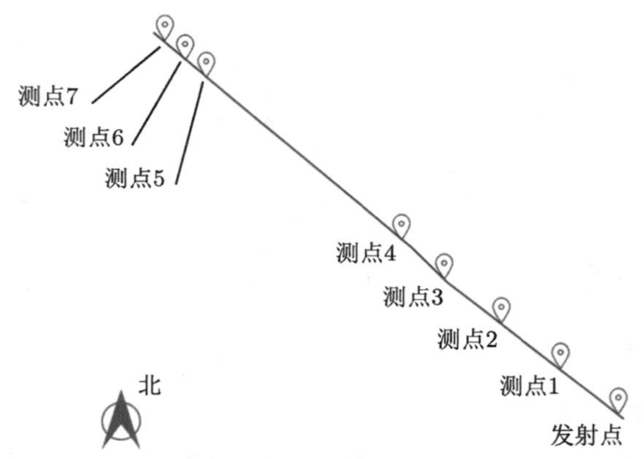

图 6.31　声爆飞行试验测试点布置方案示意图

表 6.1　声爆飞行测试点位置和对应飞行参数

组别	测点编号	与发射点距离/km	对应弹道高度/km	对应马赫数	姿态角/(°)	发动机工作状态
第一组	1	5	—	—	—	开启
	2	10	—	—	—	开启
	3	14.8	7.09	3.04	31.5	开启
	4	19	9.07	3.81	29.8	开启
第二组	5	36	16.26	5.83	26.3	熄火
	6	38	16.87	5.78	26.1	熄火
	7	39.6	17.32	5.75	25.9	熄火

根据当地地形和交通条件，测试点分为两组，1~4 号测点为第一组，5~7 号测点为第二组。根据数值计算分析，1 号和 2 号测试点接收不到声爆信号，在这

两个位置分别布置一套测试系统作为比对验证，用于验证声爆信号测量轨迹预测技术的可靠性。理论上火箭发动机在 35s 时刻关机，第一组 4 个测点都对应了发动机关机前的飞行状态，第二组 3 个测点都对应了发动机关机后的飞行状态，便于分析火箭发动机工作与不工作两种工况下的信号特征。

2) 测量装置

7 个测试点各配备一套测量系统，每套系统包含传声器、一台四通道采集器及电缆、三脚架和风球等附件 (图 6.32)。每一个测试点均用了两种尺寸的传声器，主要是考虑到 1/4 in 的传声器测量声压级上限较大、频响范围较宽，而 1/2 in 的传声器灵敏度较高。

(a) 传声器

(b) 采集器

(c) 周围环境

图 6.32　声爆飞行试验测量系统图

在 7 号测试点地面布置了 1 台便携式气象站 (图 6.33)，以 1min 为间隔采集并存储靠近地面的气象数据，主要监测当地气压、气温、湿度、风速、风向五个气象参数，以便数据后处理时参考。

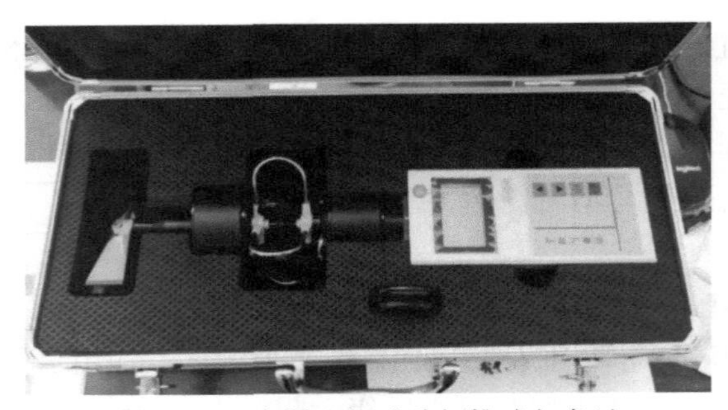

图 6.33　声爆飞行试验便携式气象站

3) 结果分析与讨论

(1) 试验测试总体情况。

测试点共有 7 个，其中 6 号测试点出现故障，在有效飞行试验时间内的数据文件丢失，其余各测试点都观测到了有效信号。其中 1 号和 2 号测试点与预测分析结果一致，未测到声爆信号；3 号和 4 号测试点获得了助推火箭发动机工作时的声爆信号；5 号和 7 号测试点获得了助推火箭发动机关机后的声爆信号。下文重点针对 3~5 号和 7 号测试点的结果展开分析。

(2) 气象条件观测结果。

7 号测试点布置的便携式气象站记录了发射时的近地气象条件，如表 6.2 所示。总体来看，发射当时当地天气条件较为良好，基本上呈晴朗微风天气。受试验条件限制，本项研究工作未进行高空风的测量。

(3) 飞行测试结果总体分析。

图 6.34 给出了 OS-X0 飞行器弹道发出路径和声爆信号的传播声射线示意图，可以看到本次试验测量的声爆信号主要由飞行器的上升段发出，经过远距离的大气传播到达测试点。其中 3 号和 4 号点对应助推火箭发动机工作的时间段，5 号和 7 号点对应助推火箭发动机关机后的时间段。

表 6.3 给出了 3~5 号和 7 号测试点的测试信息，包括了声爆信号的持续时间和激波上升时间，图 6.35 给出了相应测试点处测得的声爆信号。可以看出，3 号和 4 号测点测得地面声爆信号持续时间约为 75ms，而 5 号和 7 号测点测得地面声爆信号持续时间均小于 70ms，这主要是由助推火箭发动机喷流的影响导致的；3 号和 4 号测点测得地面声爆信号的激波上升时间约为 2ms，而 5 号和 7 号测点测得地面声爆信号的激波上升时间约为 10ms。这主要是由飞行高度变化导致的，已有研究结果表明飞行高度增加时，激波上升时间也呈增加趋势；相比而言，喷流对激波上升时间则影响很小。

表 6.2　声爆飞行试验的气象条件观测结果

记录时间	大气温度/°C	大气湿度/(% RH)	数字气压/hPa	风速/(m/s)	最大风速/(m/s)	平均风速/(m/s)	风向/(°)
2018/5/17 7:19	14.8	73.9	867	1.2(1)	1.4(1)	1.3(1)	156(SSE)
2018/5/17 7:20	15	71.9	867	1.4(1)	1.7(2)	1.4(1)	50(NE)
2018/5/17 7:21	15	72.5	866.9	1.0(1)	1.2(1)	1.0(1)	147(SSE)
2018/5/17 7:22	15	72.8	867	1.2(1)	1.2(1)	1.0(1)	146(SE)
2018/5/17 7:23	14.9	73.3	866.9	1.4(1)	1.4(1)	1.2(1)	150(SSE)
2018/5/17 7:24	15	73.3	867.1	0.8(1)	0.8(1)	0.7(1)	154(SSE)
2018/5/17 7:25	15.2	71.9	867.1	0.8(1)	0.7(1)	0.6(1)	159 (SSE)
2018/5/17 7:26	15.4	70.3	867.1	0.8(1)	0.8(1)	0.7(1)	154(SSE)
2018/5/17 7:27	15.4	70.8	867.3	0.5(1)	0.7(1)	0.5(1)	148(SSE)
2018/5/17 7:28	15.6	70.2	867	0.5(1)	0.7(1)	0.5(1)	154(SSE)
2018/5/17 7:29	15.7	70.2	867.1	0.5(1)	0.5(1)	0.3(1)	223(SW)
2018/5/17 7:30	15.9	68.8	867.2	0.3(1)	0.5(1)	0.3(1)	162(SSE)
2018/5/17 7:31	16.1	68.6	867.2	0.5(1)	0.5(1)	0.4(1)	162(SSE)
2018/5/17 7:32	16.4	67.6	867.2	0.3(1)	0.5(1)	0.3(1)	161(SSE)
2018/5/17 7:33	16.5	66.8	867	0.3(1)	0.7(1)	0.5(1)	161(SSE)
2018/5/17 7:34	16.6	66.8	867.1	0.5(1)	0.7(1)	0.5(1)	151(SSE)
2018/5/17 7:35	16.8	66.3	867.1	0.3(1)	0.5(1)	0.4(1)	155(SSE)
2018/5/17 7:36	17	66.2	867.3	0.7(1)	0.7(1)	0.5(1)	155(SSE)
2018/5/17 7:37	17.2	65.5	867.2	0.5(1)	0.7(1)	0.5(1)	156(SSE)
2018/5/17 7:38	17.4	64.8	867.2	0.5(1)	0.5(1)	0.4(1)	155(SSE)
2018/5/17 7:39	17.6	64.1	867.2	0.3(1)	0.3(1)	0.2(0)	155(SSE)

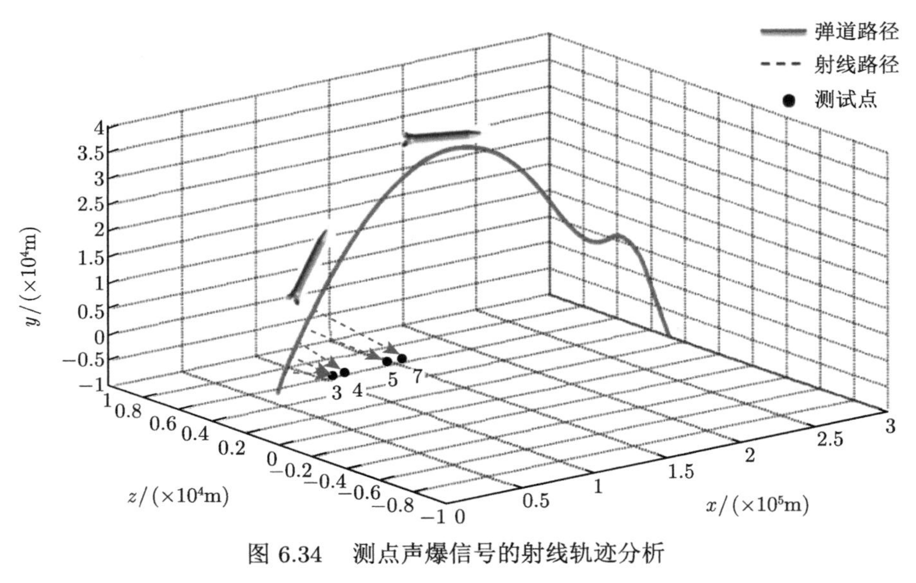

图 6.34　测点声爆信号的射线轨迹分析

表 6.3　声爆飞行试验测得的持续时间和激波上升时间统计

测试点编号	弹道高度/km	马赫数	持续时间/ms	上升时间/ms
点 3	7.09	3.04	75	3
点 4	9.07	3.81	74	2
点 5	16.26	5.83	67	10
点 7	17.32	5.75	55	7

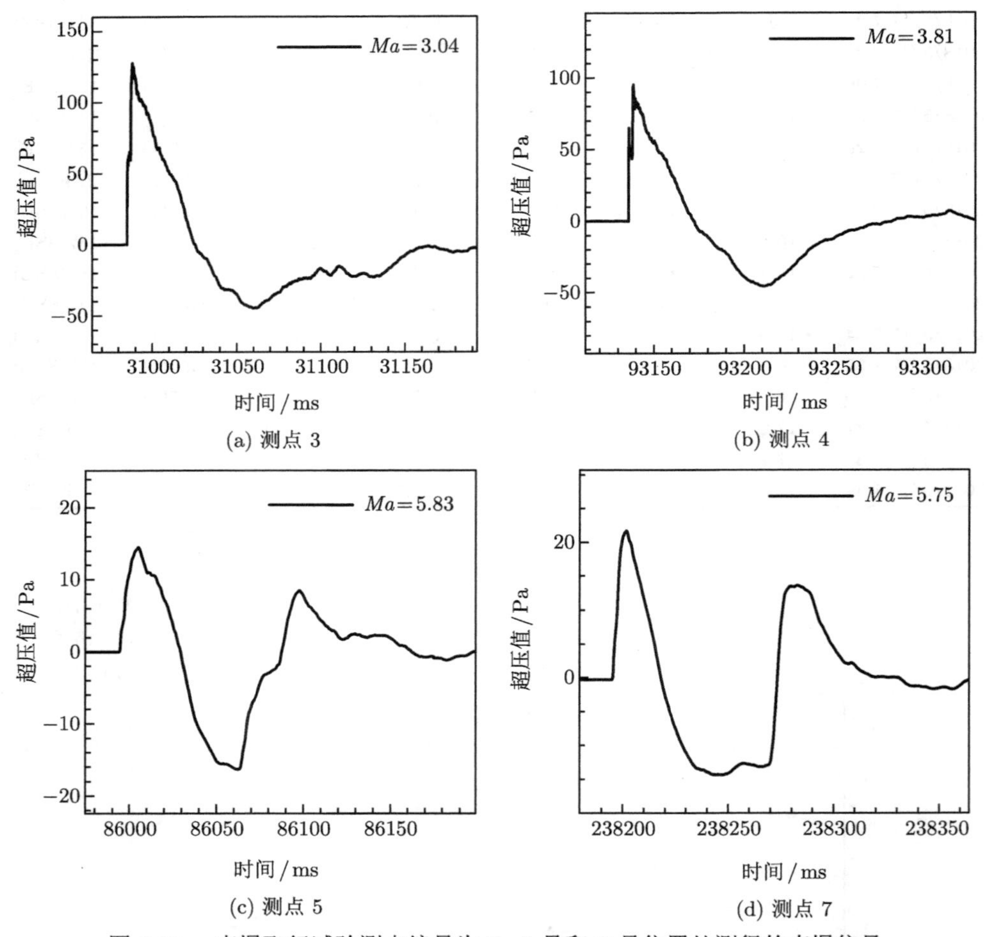

(a) 测点 3　(b) 测点 4　(c) 测点 5　(d) 测点 7

图 6.35　声爆飞行试验测点编号为 3~5 号和 7 号位置处测得的声爆信号

6.4　小　结

为了给读者提供声爆研究的完整方法体系，本章讨论了声爆风洞试验和飞行试验的难点和挑战，并介绍了相关测量技术的最新进展，包括试验装置、测量方法、数据采集与处理方法等。此外，本章还给出了国内开展的声爆风洞试验和飞行试验的示例，供读者参考。

参 考 文 献

[1] Whitham G B. The flow pattern of a supersonic projectile[J]. Communications on Pure & Applied Mathematics, 1953, 1: 301-348.

[2] Whitham G B. On the propagation of weak shock waves[J]. Journal of Fluid Mechanics, 1965, 1: 290-318.

[3] Edge P M, Hubbard H H. Review of sonic-boom simulation devices and techniques[J]. Journal of the Acoustical Society of America, 1972, 51: 722-728.

[4] Wayman T R, Waithe K A, Howe D C, et al. Near field acoustic test on a low boom configuration in Langley's 4×4 Wind Tunnel[R]. AIAA Paper 2011-3331, 2011.

[5] Carlson H W. An investigation of some aspects of the sonic boom by means of wind-tunnel measurements of pressures about several bodies of revolution at a Mach number of 2.01[R]. NASA TND-161, 1959.

[6] Carlson H W. An investigation of the influence of lift on sonic boom intensity by means of wind-tunnel measurements of the pressure fields of several wing-body combinations at a Mach number of 2.01[R]. NASA TND-881, 1961.

[7] Bobbitt P J, Darden C M. A wedge-shaped supersonic flow field probe[R]. NASA CP-10133, Ⅱ: 379-398, 1993.

[8] Morgenstern J M. How to accurately measure low sonic boom or model surface pressures in supersonic wind tunnels[C]. AIAA Paper 2012-3215, 2012.

[9] Makino Y, Noguchi M. Sonic-boom research activities on unmanned scaled supersonic experimental airplane[R]. AIAA Paper 2003-3574, 2003.

[10] Durston D A, Cliff S E, Wayman T R, et al. Near field sonic boom test on two low-boom configurations using multiple measurement techniques at NASA Ames[R]. AIAA Paper 2011-3333, 2011.

[11] Cliff S, Elmiliggui A, Aftosmis M, et al. Design and evaluation of a pressure rail for sonic boom measurement in wind tunnels[C]. Seventh International Conference on Computational Fluid Dynamics (ICCFD7), Big Island, Hawaii, July 9-13, 2012.

[12] Morgenstern J M. Measurements supporting the 2014 first sonic boom workshop prediction cases[C]. AIAA Paper 2014-2007, 2014.

[13] Park M A, Nemec M. Near field summary and statistical analysis of the second AIAA sonic boom prediction workshop[C]. AIAA Paper 2017-3256, 2017.

[14] Durston D A, Cliff S E, Denison M, et al. Nozzle plume/shock interaction sonic boom test results from the NASA Ames 9- by 7-Foot Supersonic Wind Tunnel[C]. AIAA Paper 2017-0041, 2017.

[15] Smith N T, Durston D A, Heineck J T. Retroreflective background-oriented schlieren imaging results from the NASA Ames Plume-Shock Interaction Test[J]. AIAA Paper 2017-0043, 2017.

[16] 刘中臣, 钱战森, 冷岩. 声爆近场空间压力分布风洞试验精确测量技术研究 [C]. 首届中国空气动力学大会,2018 年 8 月 15-19 日, 四川绵阳.

[17] Leng Y, Qian Z S, Liu Z C. Numerical simulation assistant design of the near-field sonic boom signature measurement system for AVIC ARI's FL-60 wind tunnel[C]. Proceeding of the International Conference on High-Speed Vehicle Science and Technology (HiSST), Moscow, Nov. 25th-29th, 2018.

[18] 刘中臣, 钱战森，冷岩等. 声爆近场空间压力风洞测量技术 [J]. 航空学报，2019，41(7): 123596.

[19] 刘中臣, 钱战森, 冷岩. 声爆近场压力测量风洞试验技术研究进展 [J]. 空气动力学学报, 2019, 37(4): 636-645.

[20] Morgenstern J M. Distortion correction for low sonic boom measurement in wind tunnels[C]. AIAA Paper 2012-3216, 2012.

[21] Maglieri D J, Bobbitt P J, Plotkin K J, et al. Sonic boom six decades of research[R]. NASA/SP-2014-622, 2014.

[22] Domenic J M, Vera H, Herbert R H. Sonic-boom measurements for SR-71 aircraft operating at Mach numbers to 3.0 and altitudes to 24384 meters[R]. NASA TN D-6823, 1972.

[23] Maglieri D J, et al. Summary of XB-70 sonic boom signature data for flights during March 1965 through May 1966[R]. NASA CR-189630, 1992.

[24] Hilton D A, Henderson H R, Mckinizey R. Sonic-boom ground-pressure measurements from APOLLO 15[R]. NASA TN 0-6950, 1972.

[25] Pawlowski J W, Graham D H, Boccadoro C H, et al. Origins and overview of the shaped sonic boom demonstration program[R]. AIAA 2005-0005, 2005.

[26] Plotkin K J, Maglieri D J, Salamone J, et al. Ground data collection of shaped sonic boom experiment aircraft pressure signatures[R]. AIAA 2005-10, 2005.

[27] Page J, Plotkin K, Hobbs C, et al. Superboom caustic analysis and measurement program (SCAMP) final report[R]. NASA/CR-2015-218871, 2015.

[28] Kawaguchi J, Suzuki H, Ninomiya T, et al. Post-flight evaluation of the guidance and control for D-SEND # 2 2nd drop test[R]. AIAA 2017-0939, 2017.

[29] 钱战森，刘中臣，冷岩，等. OS-X0 试验飞行器声爆特性飞行测量与数值模拟分析 [J]. 空气动力学学报，2019，37(4): 675-682.

[30] 钱战森，冷岩，高亮杰，等. 超声速飞行器声爆预测技术研究现状与发展建议 [J]. 气动研究与实验, 2020, 32(1): 89-100.

第 7 章　低声爆设计

低声爆设计一般是指在保持飞机气动性能不降的前提下，尽可能减小地面声爆强度的方法与技术。本章根据国内外超声速民机方案研究情况和相关领域最新进展，介绍几种常用的低声爆设计方法与技术，主要包括：JSGD 声爆最小化理论与反设计方法、低声爆优化设计方法和声爆抑制技术等。此外，本章最后还将简要介绍一些采用低声爆设计技术的飞机布局方案，以及用于超声速民机概念设计的设计软件。

7.1　低声爆反设计方法

7.1.1　经典的 JSGD 理论与反设计方法

20 世纪 60~70 年代，Jones、Seebass、George 和 Darden 等 [1−7] 提出了著名的 JSGD 声爆最小化理论。该理论被广泛采用，不仅构成了低声爆反设计方法的基础，而且对低声爆优化设计也具有指导意义。

1. JSGD 声爆最小化理论

声爆最小化理论是指在给定飞机重量、长度、巡航马赫数和高度的条件下，给出使飞机达到最低超压峰值或最小头激波强度的 F 函数分布 (F 函数表达了飞机的声爆源分布，参见第 2 章) 的理论。

图 7.1 给出了飞机声爆信号的头激波形成的示意图。根据 Whitham 修正线化理论，头激波位置的 F 函数满足如下方程 [8]：

$$F^2(y_0) = \frac{2B^{3/2}}{(\gamma+1)Ma^4 r^{1/2}} \int_0^{y_0} F(y)\mathrm{d}y, \tag{7.1.1}$$

式中，$B \equiv \sqrt{Ma^2-1}$；r 为声爆信号位置到飞机轴线的距离；y_0 表示的是这样一个轴向位置，即从机头到 y_0 处的扰动经过演化形成了头激波。令

$$k = \frac{(\gamma+1)Ma^4}{B^{3/2}}, \tag{7.1.2}$$

则式 (7.1.1) 可化简为

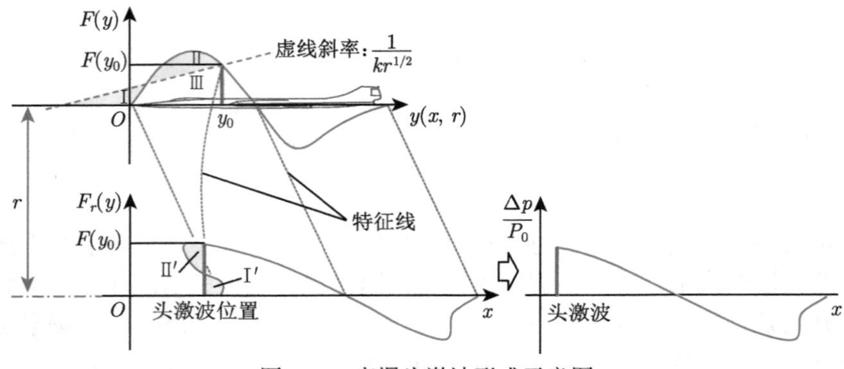

图 7.1　声爆头激波形成示意图

$$
\frac{1}{2}kr^{1/2}F(y_0)\cdot F(y_0)=\int_0^{y_0}F(y)\mathrm{d}y. \tag{7.1.3}
$$

式 (7.1.3) 反映的是“面积平衡”原理，表现为图 7.1 左上图中阴影部分“I+III”的面积与“II+III”的面积相等，即阴影部分 I 和 II 的面积相等 (阴影部分 I′ 和 II′ 的面积也相等)。图中虚直线为 F 函数头激波的平衡线，其斜率为 F 函数的平衡斜率。由式 (2.1.18) 可知，若要使声爆信号头激波强度最小，需使 y_0 处的 F 函数值达到最小。

考虑如图 7.2 所示两种不同的 F 函数分布，分别记为 F_1 和 F_2，它们只在区间 $[y_1, y_0]$ 存在差异。假设 $F_1(y_0)$ 为 F_1 函数分布下头激波处的函数值，即图中虚直线是 F_1 函数头激波的平衡线；ξ 为区间 $[y_1, y_0]$ 内 F_1 函数和 F_2 函数相交的横坐标。由于 F_2 函数的值在头部大于 F_1，若要保证升力相等，则之后 F_2 函数的值要小于 F_1。现在考察 F_2 函数分布下头激波处的 F 函数值。

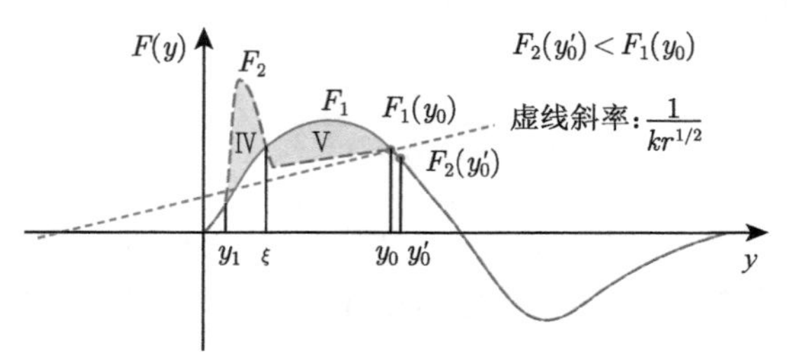

图 7.2　两种不同的 F 函数分布示意图 (前半部分存在尖峰的 F 函数其头激波强度更低)

根据修正线化理论，在飞机尾部处的体积等效截面积为零，此时总的等效截

面积便等于升力等效截面积。于是，升力与 F 函数有如下关系，

$$\frac{BL}{\rho_\infty V_\infty^2} = S(l) = 4\int_0^l F(y)\sqrt{l-y}\mathrm{d}y, \tag{7.1.4}$$

式中，S 为飞机的等效截面积分布，L 为飞机产生的升力，l 为飞机长度，V_∞ 为自由来流速度，ρ_∞ 为自由来流密度。关于等效截面积和 F 函数的关系式推导见 7.1.3 节 1. 反等效截面积的概念。

根据升力与 F 函数的关系，在保证升力相同的情况下，有

$$\int_{y_1}^{y_0} [F_1(y) - F_2(y)]\sqrt{l-y}\,\mathrm{d}y = 0. \tag{7.1.5}$$

以 ξ 作为积分的分界点，可得到

$$\int_{y_1}^{\xi} [F_2(y) - F_1(y)]\sqrt{l-y}\,\mathrm{d}y = \int_{\xi}^{y_0} [F_1(y) - F_2(y)]\sqrt{l-y}\,\mathrm{d}y. \tag{7.1.6}$$

由于 $\sqrt{l-y}$ 在区间 $[y_1,\xi]$ 的值大于在区间 $[\xi,y_0]$ 的值，于是

$$\int_{y_1}^{\xi} [F_2(y) - F_1(y)]\,\mathrm{d}y < \int_{\xi}^{y_0} [F_1(y) - F_2(y)]\,\mathrm{d}y. \tag{7.1.7}$$

上式说明图 7.2 中阴影部分 Ⅳ 的面积小于阴影 V 的面积。因此，根据“面积平衡”原理，F_2 函数头激波的平衡线应该在图 7.2 中虚直线的下面，那么该平衡线与 F_2 函数相交点 $F_2(y_0')$ 的函数值要小于 $F_1(y_0)$。这说明 F_2 函数分布具有更低的头激波强度。

由此可见，为了降低飞机前体的激波强度，应该使其 F 函数在头部有较大的峰值①。这便是声爆最小化理论的主要思想。

2. 基于 JSGD 声爆最小化理论的反设计方法

基于 JSGD 声爆最小化理论的反设计方法 (本书简称“JSGD 反设计方法”) 是以声爆最小化理论定义的低声爆 F 函数为目标，通过调整飞机的等效截面积分布 (包括体积分量和升力分量)，使其 F 函数分布满足低声爆目标。其主要流程如图 7.3 所示。

对于一架给定重量 W、飞机长度 l、巡航高度 h_v 以及巡航马赫数 Ma 的飞机，JSGD 反设计方法的主要步骤如下。

---

① 该结论对于后体同样适用。

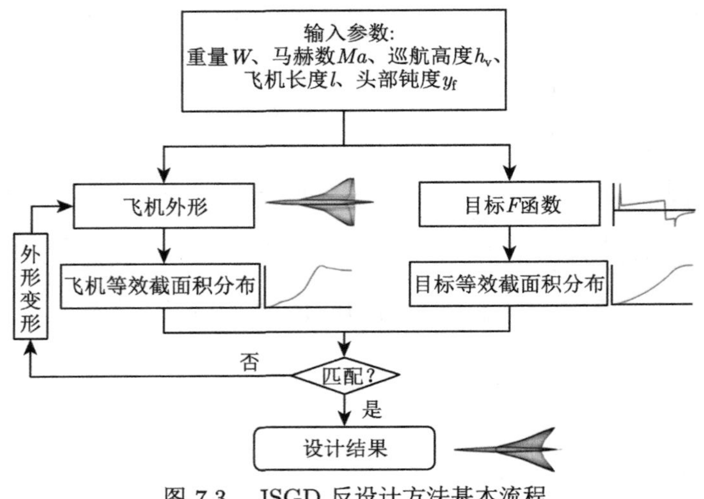

图 7.3　JSGD 反设计方法基本流程

第一步：确定具有低声爆特征的目标 F 函数，并给出相应的目标等效截面积分布 S_{target}；

第二步：计算飞机基准外形 (或设计外形) 的等效截面积分布 S；

第三步：对比 S 与 S_{target}，若匹配则设计结束，若不匹配则对飞机进行修型，回到第二步。

声爆最小化理论定义的 F 函数是设计最终需要匹配的目标，图 7.4 给出了低声爆 F 函数的具体定义。其中，上图为低声爆的等效截面积分布，中图为低声爆 F 函数形态，而下图为对应的斜坡状远场波形。

根据图 7.4 中所示的参数，低声爆特征的 F 函数可写成如下分段函数①：

$$F(y)=\begin{cases} 2yH/y_{\text{f}}, & 0\leqslant y\leqslant y_{\text{f}}/2 \\ C(2y/y_{\text{f}}-1)-H(2y/y_{\text{f}}-2), & y_{\text{f}}/2\leqslant y\leqslant y_{\text{f}} \\ k_1(y-y_{\text{f}})+C, & y_{\text{f}}\leqslant y\leqslant \lambda \\ k_1(y-\lambda)-D, & \lambda\leqslant y\leqslant l \end{cases}, \tag{7.1.8}$$

其中，y_{f} 为钝头系数，是 F 函数头部的面积平衡点 (图 7.4 中阴影部分 Ⅲ 和 Ⅳ 的面积相等)；y_{r} 是尾部的面积平衡点 (图 7.4 中阴影部分 Ⅰ 和 Ⅱ 的面积相等)；H 是头部尖峰的 F 函数值；C 是在头部面积平衡点的 F 函数值；D 是膨胀后的 F 函数绝对值；λ 是在膨胀区 F 函数与横轴交点的横坐标；k_1 为 F 函数的斜率，可以在设计中根据飞机布局和设计要求进行修改；k_{b} 为平衡斜率，由大气参数和

① 经过反复核对，我们发现文献 [7] 和 [8] 中 F 函数公式的符号表述错误，本书进行了纠正。

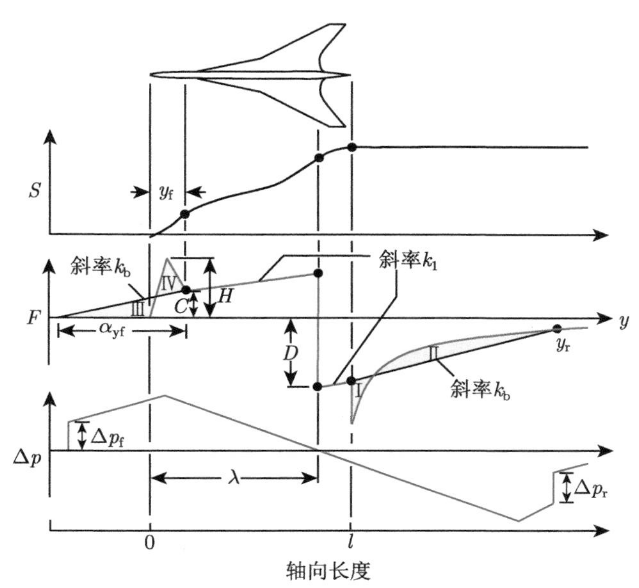

图 7.4 典型低声爆 F 函数的形态及参数化定义 [9]

飞行马赫数决定。上述参数中，钝头系数 y_f、F 函数斜率 k_1 是已知的，参数 k_b、H、C、D、λ 以及 y_r 是未知的。

式 (7.1.8) 只给出了 $[0,l]$ 范围内 F 函数的表达式，而在 $[l,y_r]$ 范围内，F 函数可由下式确定：

$$F(y)=-\frac{1}{\pi\sqrt{y-l}}\int_0^l F(\xi)\frac{\sqrt{l-\xi}}{y-\xi}\mathrm{d}\xi. \tag{7.1.9}$$

式中，ξ 为积分变量。

根据等效截面积与 F 函数的关系式 (推导见 7.1.3 节 1. 反等效截面积的概念)，可以计算出相应目标的等效截面积分布：

$$S_{\text{target}}(x)=4\int_0^x F(\xi)\sqrt{x-\xi}\,\mathrm{d}\xi. \tag{7.1.10}$$

该分布就是用于 JSGD 反设计的低声爆目标等效截面积分布。

在给定头尾激波强度比后，F 函数必须满足以下 5 个约束条件。

(1) 头部面积平衡，即图 7.4 中阴影部分 Ⅲ 和 Ⅳ 的面积相等：

$$\int_0^{y_f} F(y)\mathrm{d}y=\frac{1}{2}\alpha_{yf}\,C, \tag{7.1.11}$$

式中，α_{yf} 为声线的非线性增量。

(2) 尾部面积平衡，即图 7.4 中阴影部分 I 和 II 的面积相等：

$$\int_l^{y_\mathrm{r}} F(y)\mathrm{d}y = \frac{1}{2}\left[k_1(l-\lambda) - D + F(y_\mathrm{f})\right](y_\mathrm{r} - l). \tag{7.1.12}$$

根据式 (7.1.9)，上式左边的积分为

$$\int_l^{y_\mathrm{r}} F(y)\mathrm{d}y = -\frac{2}{\pi}\int_0^l F(y)\arctan\sqrt{\frac{y_\mathrm{r}-l}{l-y}}\,\mathrm{d}y.$$

(3) 头部与尾部激波强度比满足 (2.1 节中超压值与 F 函数的关系)

$$\frac{\Delta p_\mathrm{f}}{\Delta p_\mathrm{r}} = \frac{C}{D - k_1(l-\lambda) + F(y_\mathrm{r})} = \frac{\alpha_\mathrm{yf}}{y_\mathrm{r} - l}. \tag{7.1.13}$$

(4) 为使 F 函数在 y_r 点和平衡斜率线相交，因此要满足

$$F(y_\mathrm{r}) = k_\mathrm{b}(y_\mathrm{r} - l) + k_1(l-\lambda) - D. \tag{7.1.14}$$

(5) 根据式 (7.1.4)，由于升力平衡重力，因此有

$$\frac{BW}{\rho_\infty V_\infty^2} = S(l) = 4\int_0^l F(y)\sqrt{l-y}\,\mathrm{d}y. \tag{7.1.15}$$

该式建立了 F 函数与飞机重量 W 的关系。

平衡斜率 k_b 可由几何声学理论计算：

$$k_\mathrm{b} = \frac{C}{\alpha_\mathrm{yf}} = \frac{\sqrt{2B}}{1.2\cdot Ma_\mathrm{h}^3\int_0^{z_0}\frac{p_\mathrm{h}}{p_\mathrm{z}}\sqrt{\frac{\rho_\mathrm{z}c_\mathrm{h}}{\rho_\mathrm{h}c_\mathrm{z}}}\sqrt{\frac{A_\mathrm{Rh}}{z_\mathrm{h}A_\mathrm{Rz}}\frac{Ma}{B}}\mathrm{d}z}, \tag{7.1.16}$$

式中，

$$\frac{A_\mathrm{Rh}}{z_\mathrm{h}A_\mathrm{Rz}} = \left[Ma_\mathrm{h}\sqrt{1-\frac{1}{Ma_\mathrm{z}^2}}\int_0^{z_0}\frac{1}{\sqrt{Ma_\mathrm{z}^2-1}}\mathrm{d}z\right]^{-1}. \tag{7.1.17}$$

计算平衡斜率 k_b 时，需要用到参考高度 h 和巡航高度 h_v 下方的垂直距离 z_0，h 一般取飞机长度 l 的 5~10 倍。式 (7.1.16) 和式 (7.1.17) 中带下标 h 和 z 的压强 p、声速 c、密度ρ、马赫数 Ma 分别是参考高度 h 和距离巡航高度 z 处对应的物理量，这些物理量可以通过标准大气参数表获取。A_Rh 为 h 处的声线管面积，A_Rz 为 z 处的声线管面积。式 (7.1.16) 表示的是飞机引起的扰动传播到距离

飞机 z_0 位置时的平衡斜率。由此可见，平衡斜率 k_b 由巡航高度 h_v 和巡航马赫数 Ma 决定。

对于一架重量 W、飞机长度 l①、巡航高度 h_v 以及巡航马赫数 Ma 的飞机，确定 JSGD 理论描述的低声爆 F 函数的步骤为：

第一步，给定钝头系数 y_f、F 函数斜率 k_1；

第二步，根据式 (7.1.16) 和式 (7.1.17) 计算出平衡斜率 k_b；

第三步，通过式 (7.1.11)~ 式 (7.1.15) 计算出未知参数 H、C、D、λ 和 y_r。

3. JSGD 反设计方法应用示例

以 Tu-144 超声速民机为基准外形 [10]，如图 7.5 所示，其机身长度为 63.7 m。设计状态为：巡航马赫数 Ma 为 2.0，巡航高度 h_v 为 18.592 km，升力系数 C_L 为 0.126。Tu-144 正下方距离飞机 3 倍体长位置处的近场声爆信号如图 7.6 所示，主要包含了机头激波、机翼激波和尾激波。

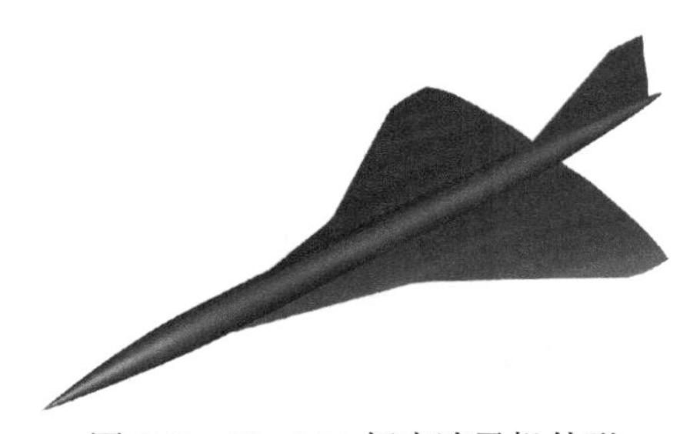

图 7.5 Tu-144 超声速民机外形

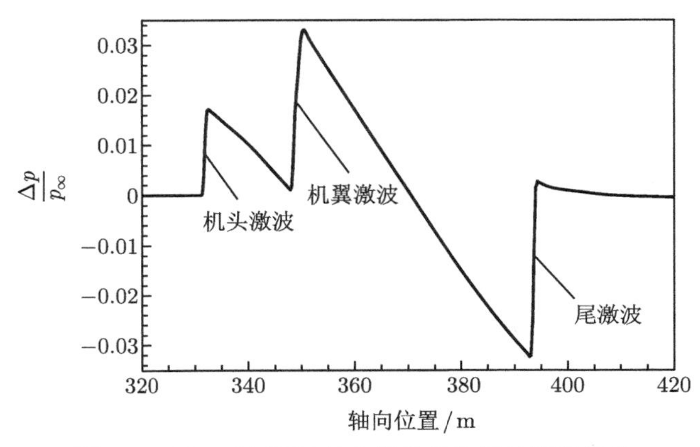

图 7.6 Tu-144 正下方 3 倍体长位置处声爆信号

① 在实际操作中，一般用飞机的有效长度，参见文献 (Ding Y L, Han Z H, Qiao J L, et al. Fast method and an integrated code for sonic boom prediction of supersonic commercial aircraft[C]. 32nd Congress of the International Council of the Aeronautical Science, Shang Hai, 2020. ICAS 2020.)。

在设计点，可按照 JSGD 理论计算出具有最小声爆目标 F 函数，如图 7.7 所示。图 7.8 展示了设计外形与基准外形对比，可以看出设计外形在机身轮廓、截面以及机翼后掠角和上反角都出现了较大变化，尤其是机头轮廓显著变钝，其目的是在 F 函数的头部产生尖峰形态。

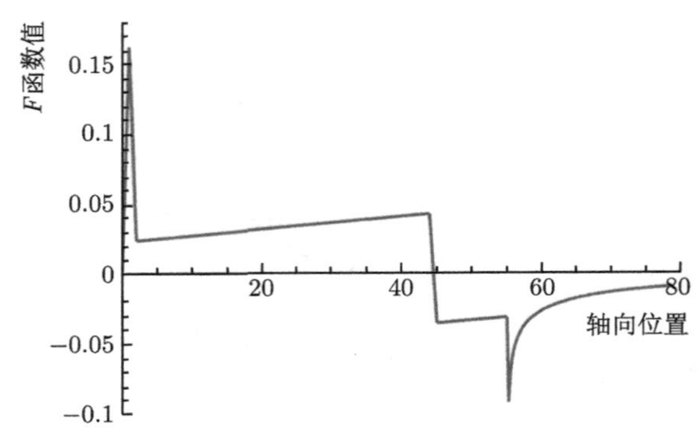

图 7.7　针对 Tu-144 基准外形的低声爆 F 函数形态

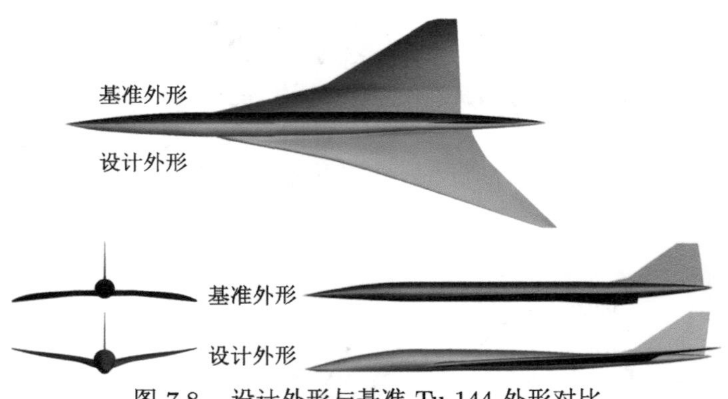

图 7.8　设计外形与基准 Tu-144 外形对比

设计目标、设计外形和基准外形的等效截面积对比如图 7.9 所示，设计外形与目标基本吻合，达到了低声爆设计目的。设计外形与基准外形的近场声爆信号对比如图 7.10 所示，近场声爆信号由原来的三道强激波变成了多道弱激波。采用第 4 章介绍的基于广义 Burgers 方程的远场传播方法，分别将基准外形和设计外形的近场声爆信号传播到地面，地面声爆波形的对比结果如图 7.11 所示。可以看到，设计外形的头尾激波超压峰值显著降低，声爆的感觉声压级由 107.8 PLdB 降低到了 99.4 PLdB，说明采用 JSGD 理论针对 Tu-144 飞机的低声爆反设计是成功的。

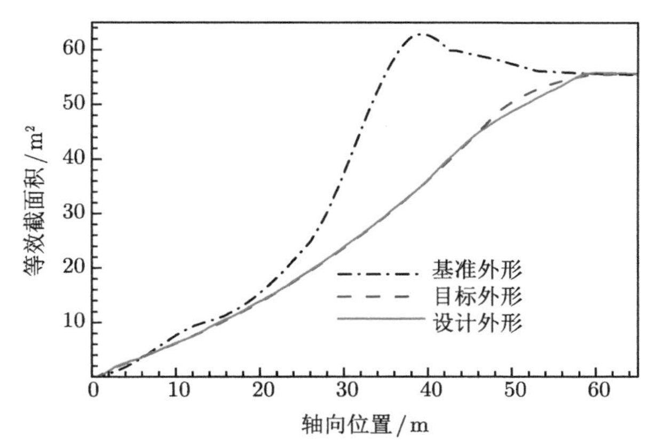

图 7.9 设计外形等效截面积与目标和基准的对比

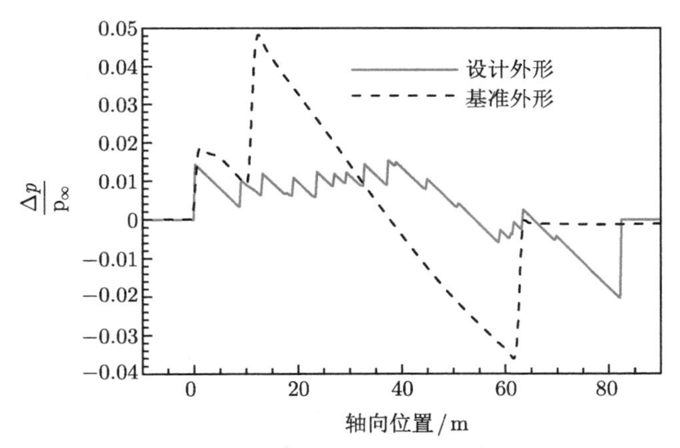

图 7.10 设计外形与基准外形的近场声爆信号对比

不过，本示例设计结果的声爆远场波形并未获得 JSGD 理论要求达到的斜坡状波形，这是由于 Tu-144 飞行高度较高，声爆信号大气传播的距离更长，非线性效应更明显，导致一系列激波仍然出现了一定程度的合并。

需要提及的是，本示例并未考虑升阻比等气动性能。在实际设计中，进行低声爆反设计必须兼顾气动性能等其他因素，而经典的 JSGD 理论无法很好地权衡各项要求。于是，国际上提出了一些改进的方法，主要思路是利用多段的 F 函数来权衡低阻等要求，如 Plotkin[11] 提出的广义 F 函数和 Haas[12] 提出的多激波 F 函数，有兴趣的读者可参考相关文献。

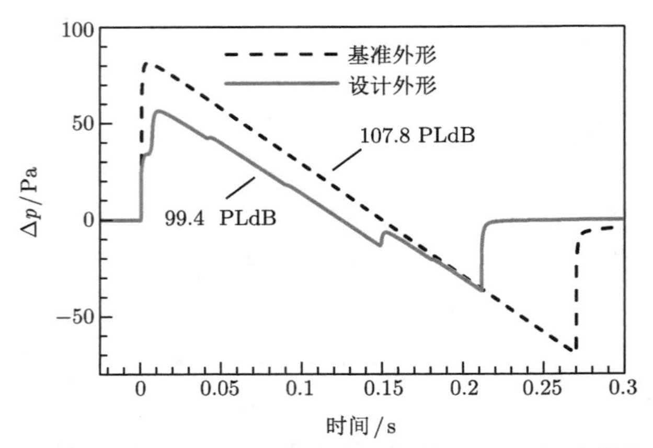

图 7.11 经低声爆反设计的 Tu-144 外形与基准外形远场声爆波形对比

7.1.2 基于高可信度 CFD 的反设计方法

经典的 JSGD 反设计方法遵循修正线化声爆预测理论，由于声爆分析速度快、等效截面积易于获取，能够快速设计出具有低声爆特征的诸多外形方案。然而，修正线化声爆预测理论本质是基于线化假设，使得该理论对飞机的声爆信号描述不够准确，进而造成 JSGD 方法设计的外形与目标外形之间会存在偏差。为了获得良好的反设计结果，可以利用 CFD 计算得到的近场压力分布作为低声爆反设计的匹配目标，即不借助等效截面积，直接对飞机外形进行设计。

图 7.12 为基于 CFD 的低声爆反设计流程。首先，将 JSGD 方法设计出的低声爆外形作为基准外形，这样有利于迭代过程更快收敛；同时，设计低声爆波形的近场目标超压信号，可以利用 JSGD 方法来给出，也可以根据远场波形采用第 4 章介绍的广义 Burgers 方程传播模型反推出近场波形 (感兴趣的读者可以查阅文献 [13,14])。其次，对设计的初始外形进行参数化。然后，采用 CFD 方法计算流场，获得近场压强扰动信号。最后，将计算的近场压强扰动信号与目标压强扰动信号进行对比，如果不满足匹配要求，则修改飞机外形重新迭代；如果满足匹配要求，则迭代终止，获得最终外形。在修改飞机外形时，常采用优化手段来实现，如代理优化算法、梯度伴随方法等 (7.2 节)。其中，衡量设计波形与目标波形之间存在差异的公式如下：

$$J=\min\int_0^l\left\|\Delta p(x)-\Delta p_{\mathrm{target}}(x)\right\|^2\mathrm{d}x. \tag{7.1.18}$$

该方法与基于广义 Burgers 方程的远场传播模型结合后，也可以直接以远场声爆波形为目标进行设计。具体地，在采用 CFD 获取近场声爆信号后，采用广义

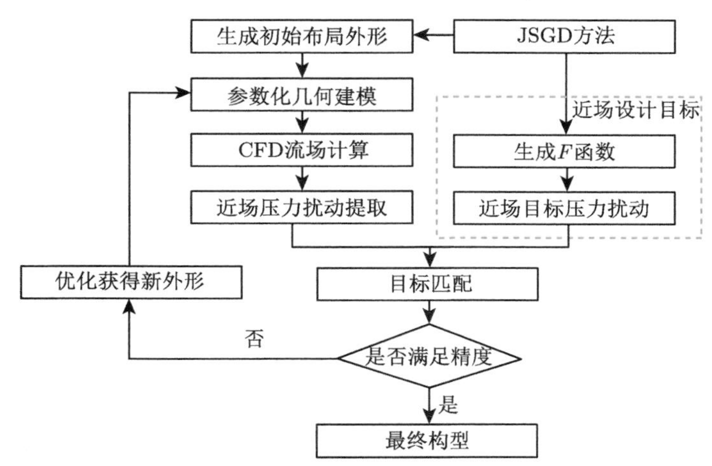

图 7.12 基于 CFD 的低声爆反设计流程

Burgers 方程得到远场波形；之后，对比计算所得远场波形与目标远场波形，若不满足要求，则修改外形重新迭代直到收敛。

7.1.3 混合可信度反设计方法

由 7.1.1 节和 7.1.2 节可知，JSGD 反设计方法虽然效率高，但精度 (可信度) 较低；而基于 CFD 的反设计方法虽然精度高，但由于需要大量高耗时 CFD 计算，其设计效率低。为了结合两种反设计方法的优势，Li 和 Rallabhandi[13] 将修正线化声爆预测理论中的等效截面积概念，引入到基于 CFD 的反设计过程中，提出了基于“反等效截面积”概念的混合可信度反设计方法。

这里之所以称为混合可信度，是因为设计过程中同时运用了高可信度数值模拟分析 (CFD 计算结果) 和低可信度数值模拟分析 (修正线化声爆预测理论)。

1. 反等效截面积的概念

回顾 2.1 节介绍的修正线化声爆预测理论，其中涉及式 (2.1.12) 和式 (2.1.18) 两个重要公式：

$$F(y)=\frac{1}{2\pi}\int_0^y\frac{S''(x)}{\sqrt{y-x}}\mathrm{d}x,\tag{2.1.12}$$

$$\frac{\Delta p}{p_\infty}=\frac{\gamma Ma^2}{\sqrt{2Br}}F(y).\tag{2.1.18}$$

式 (2.1.12) 为 F 函数表达式，式 (2.1.18) 为 F 函数与近场声爆信号的关系式。由上述两式可知，修正线化声爆预测理论通过 F 函数建立了等效截面积的二阶导数 $S''(x)$ 与近场声爆信号 $\Delta p/p_\infty$ 的联系。在等效截面积已知的情况下，就可以计算出近场声爆信号。其中，等效截面积包含了体积分量 S_{V} 和升力分量 S_{L}(回顾 2.1 节内容)。

现在转变一下式 (2.1.12) 和式 (2.1.18) 所描述的因果关系，即在近场声爆信号已知的情况下，计算与之对应的等效截面积。

根据阿贝尔积分方程：

$$f(x)=\int_0^x \frac{g(\xi)}{\sqrt{x-\xi}}\mathrm{d}\xi \quad \Rightarrow \quad \int_0^x g(\xi)\mathrm{d}\xi=\frac{1}{\pi}\int_0^x \frac{f(\xi)}{\sqrt{x-\xi}}\mathrm{d}\xi, \tag{7.1.19}$$

于是，根据式 (2.1.12) 有如下关系：

$$S'(t)=\int_0^t S''(x)\mathrm{d}x=2\int_0^t \frac{F(y)}{\sqrt{t-y}}\mathrm{d}y. \tag{7.1.20}$$

那么，等效截面积 S 的表达式为

$$S(x)=\int_0^x S'(t)\mathrm{d}t=2\int_0^x\int_0^t \frac{F(y)}{\sqrt{t-y}}\mathrm{d}y\mathrm{d}t. \tag{7.1.21}$$

最终可导出：

$$S(x)=4\int_0^x F(t)\sqrt{x-t}\mathrm{d}t. \tag{7.1.22}$$

根据式 (2.1.18) 中 F 函数与近场声爆信号的关系，可以得到

$$\tilde{S}(x)=\frac{4\sqrt{2Br}}{\gamma Ma^2}\int_0^x \frac{\Delta p(t+x_0)}{p_\infty}\sqrt{x-t}\mathrm{d}t, \tag{7.1.23}$$

其中，t 为积分变量，x_0 为近场声爆信号的非零起始位置，$\Delta p(t+x_0)$ 为 $t+x_0$ 位置处的超压值，$\tilde{S}(x)$ 为与近场声爆信号 $\Delta p/p_\infty$ 对应的等效截面积。

与修正线化声爆预测理论中等效截面积概念的不同点在于，$\tilde{S}(x)$ 是由已知的近场声爆信号计算得到。近场信号可以从 CFD 流场解中直接提取，也可以根据风洞试验测量得到，那么由此得出的等效截面积 $\tilde{S}(x)$ 不仅仅包含了修正线化理论中的体积分量和升力分量，还反映了非线性项对近场的影响①。为了加以区分，由近场声爆信号根据式 (7.1.23) 计算得到的等效截面积 $\tilde{S}$ 被称为**反等效截面积** (reversed equivalent area)。

① George 通过多极分析研究发现：修正线化声爆预测理论中等效截面积的计算只考虑了升力分量和由马赫平面截取的体积分量，他们分别对应多极分析中偶极子和单极子；然而，除了单极子和偶极子外，四极子等高阶极子对近场声爆信号仍然有明显的作用。这里推导的等效截面积 $\tilde{S}(y)$ 不仅包含了单极子和偶极子作用，还能反映四极子等高阶极子作用。

2. 基于“反等效截面积”概念的混合可信度反设计

该方法的最终目的是，使设计外形的反等效截面积要匹配目标近场波形的反等效截面积。在实施过程中，同时运用反等效截面积和修正线化理论定义的体积等效截面积，来减少高可信度 CFD 的计算次数。

设基准外形的反等效截面积分布记为 $\tilde{S}_{\mathrm{base}}$，由修正线化声爆预测理论定义的体积分量记为 $S_{\mathrm{V,base}}$；目标外形的反等效截面积分布记为 $\tilde{S}_{\mathrm{target}}$，相应的体积分量记为 $S_{\mathrm{V,target}}$。假设目标外形的反等效截面积与基准外形的差异主要是由体积分量差异引起的，则 $S_{\mathrm{V,target}}$ 可由下式近似得到

$$S_{\mathrm{V,target}} \approx \left(\tilde{S}_{\mathrm{target}} - \tilde{S}_{\mathrm{base}}\right) + S_{\mathrm{V,base}}, \tag{7.1.24}$$

式中，$S_{\mathrm{V,base}}$ 是修正线化理论定义的，由马赫平面截取得到，用于声爆分析时可信度较低；而 $\left(\tilde{S}_{\mathrm{target}} - \tilde{S}_{\mathrm{base}}\right)$ 是由 CFD 流场解反算得到的，可信度高。之所以认为上式是近似成立，是因为体积分量和升力分量在反等效截面积中占了绝大部分，但体积分量又不能完全从中解耦出来。当体积分量改变时，反等效截面积的其他分量也会发生微小变化 (如机身外形变化引起的升力分布变化)。

混合可信度反设计方法的实施流程如图 7.13 所示，主要包含内外两层迭代。内迭代用于修改飞机外形使其体积等效截面积 S_{V} 匹配上 $S_{\mathrm{V,target}}$，从而获得新外形；外迭代用于校验新外形的反等效截面积 $\tilde{S}_{\mathrm{new}}$ 是否匹配上目标 $\tilde{S}_{\mathrm{target}}$，否则更新 $S_{\mathrm{V,target}}$。主要步骤如下。

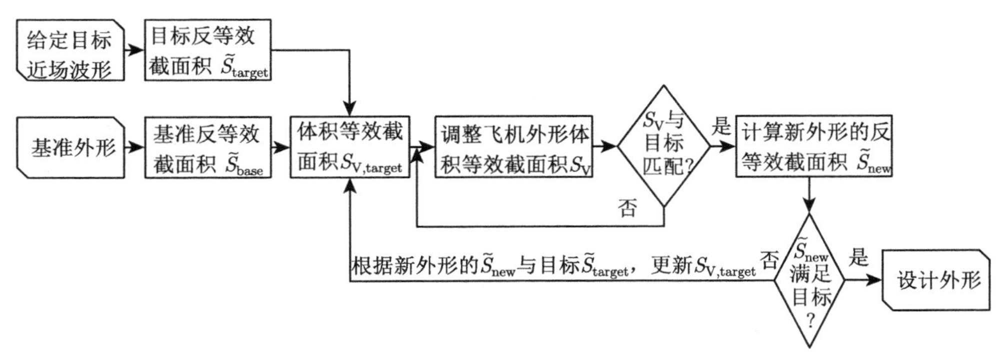

图 7.13 基于“反等效截面积”的混合可信度反设计方法实施流程

第一步：给定飞机基准外形和目标近场波形，并计算出目标外形和基准外形的反等效截面积 ($\tilde{S}_{\mathrm{target}}$ 由 (7.1.23) 计算，$\tilde{S}_{\mathrm{base}}$ 采用 CFD 计算出近场信号后再由 (7.1.23) 计算)；

第二步：根据式 (7.1.24) 计算 $S_{\mathrm{V,target}}$；

第三步：调整飞机外形的体积分布，使其体积等效截面积 S_{V} 匹配上 $S_{\mathrm{V,target}}$，从而得到新外形。在此步骤中，只需要计算迭代外形的体积分布而不需要计算流场，因而提高了设计效率；

第四步：通过 CFD 分析计算出新外形的反等效截面积 $\tilde{S}_{\mathrm{new}}$，并校验 $\tilde{S}_{\mathrm{new}}$ 是否匹配上目标 $\tilde{S}_{\mathrm{target}}$。当 $\tilde{S}_{\mathrm{new}}$ 与 $\tilde{S}_{\mathrm{target}}$ 匹配 (或差异满足要求) 时，即可获得设计外形；否则将新外形作为基准外形继续执行内迭代。

在上述反设计迭代过程中，大部分计算是在匹配体积等效截面积分布，涉及的高可信度 CFD 分析次数较少。并且，随着反设计迭代的进行，设计外形的反等效截面积会逐渐收敛于目标外形的反等效截面积。需要说明的是，在图 7.13 中，内迭代也可以通过调整升力分布来实现，在调整升力分布时升力分布计算可以用面元法等快速评估方法。此时，基准外形与目标外形的反等效截面积差异被认为是由升力分量差异引起的。

7.2　低声爆优化设计方法

对于低声爆反设计方法，成功的关键在于给出好的反设计目标，即合理的低声爆波形。JSGD 反设计方法提供了一种低声爆波形及相应的 F 函数，并以最小超压峰值或最大上升时间为目标。然而，超压峰值和上升时间只是反映声爆强度的部分指标，并不能全面反映人类对声爆的主观感受性。因此，若从感受性角度出发进行设计，仅采用 JSGD 反设计方法就很难给出最佳的目标波形。此外，低声爆反设计方法的效果强烈依赖于设计者的经验，而且在考虑诸如配平、阻力、容积等目标或约束的情况下很难达到设计目标。于是，采用数值优化方法进行低声爆设计已成为近年来兴起的一种新的手段 [15−18]。

低声爆优化设计的一般流程如图 7.14 所示。对于给定的飞机基准外形，首先，采用诸如 FFD(自由变形)、CST(类/型函数变换) 等方法对外形进行参数化，以尽可能少的设计变量来描述基准外形，并尽可能地使设计空间完备。其次，对参数化后的飞机外形进行声爆评估，得到基准外形的声爆响应值。然后，依据参数化的基准外形及其响应值，通过优化器产生新外形。而后，再通过声爆分析获得新外形的声爆响应值，并返回给优化器再寻找新外形。最终获得满足低声爆要求的最优外形。

上述优化过程中，优化器采用的优化算法是驱动寻找新外形的核心。在气动优化设计领域，常用的优化方法包括梯度优化方法、启发式方法和代理优化方法三类。

梯度优化方法是从给定起始点出发，利用目标函数和约束函数关于设计变量

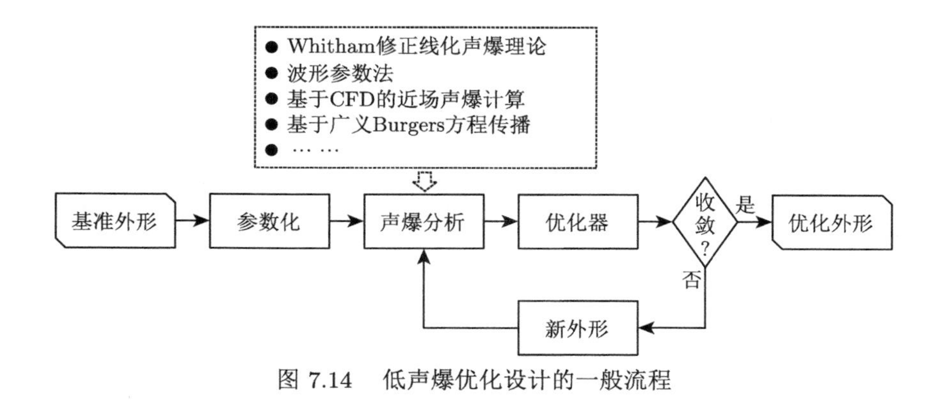

图 7.14 低声爆优化设计的一般流程

的梯度信息来构造有利的搜索方向，并寻找最优下降步长，不断迭代直到收敛至起始点附近的局部最优解。常用的梯度优化方法有 BFGS 拟牛顿算法、共轭梯度法 (CG)、序列二次规划算法 (SQP) 等，著名的工具包有 SNOPT[19]、NPSOL[20]、PORT[21] 等。梯度优化方法具有效率高、收敛速度快的优点，尤其是 Antony Jameson 教授 [22,23] 提出采用伴随 (adjoint) 方法来获取梯度信息后，梯度优化在气动优化设计领域受到了广泛重视。伴随方法的突出优点是，通过一次流动控制方程及其伴随方程的求解，就可得到气动函数对所有变量的梯度，而总的计算量只相当于两次流场求解，与设计变量数几乎无关。设计变量数越多，该方法的优势越明显。因此，梯度优化可用于成千上万个设计变量的气动优化问题。不过需要注意的是，梯度优化是一种局部优化算法，优化结果依赖初始点。为克服这一限制，可采用多起点优化策略，但仍不具备全局收敛性。

启发式优化方法一般通过模拟自然界中的生物进化或生物群体行为等现象，设定某种标准来获得全局最优解。常用的启发式优化方法有遗传算法、模拟退火、粒子群优化算法等。启发式优化方法具有良好的全局搜索能力，但优化效率较低。在整个优化过程中，需要成千上万次 (甚至更多) 地调用高耗时的气动分析，计算成本巨大。更严重的是，随着设计变量数增多，计算量快速增加，出现了所谓的 “维数灾难”(curse of dimensionality) 现象。“维数灾难” 是 20 世纪 50 年代由 Bellman 首次提出且得到学术界公认的一个国际性难题，它是指随着优化问题的设计变量数 (维数) 增加，所需高耗时数值模拟分析次数呈指数级增长，计算量很快超出世界上最先进计算机的承受能力而导致的灾难性问题。“维数灾难” 现象的出现，大大限制了该方法在复杂外形气动优化设计中的应用。根据现有的经验，启发式优化算法应用于气动优化领域时，设计变量数一般不超过 30。

代理优化方法 [24] 通过建立目标函数和约束函数的代理模型，求解由 “优化加点准则” 定义的子优化问题，得到新的样本点并加入样本数据集中，循环更新代理模型，直到所产生的样本点序列逼近局部或全局最优解。代理优化方法由于能够很好兼顾优化效率和全局性，逐渐成为气动优化设计领域前沿研究热点之一。在优化过程中，代理模型替代真实函数用于子优化问题求解，并指导获取新的样本点加入，从而减少昂贵的气动分析次数，提高了优化效率。然而，该方法仍然存在比较严重的“维数灾难”问题。近年来，经过以韩忠华教授团队为代表的学术界的发展，该方法在工程应用中设计变量数已经达到 100 以上 [25]。

本节主要介绍基于代理优化和基于梯度优化的两类低声爆优化设计方法。对于代理优化方法，简要介绍代理模型的建模和加点准则定义的子优化问题，并给出 AIAA 第一届声爆预测研讨会标模 69° 后掠三角翼 (DWB) 的低声爆设计示例。对于梯度优化方法，主要介绍基于伴随梯度的优化设计方法。

7.2.1　基于代理模型的低声爆优化设计方法

1. 代理优化算法

代理模型方法起源于 20 世纪 70 年代，最早应用于结构优化设计 [26]，20 世纪末开始引入气动优化设计 [27]，并在航空航天领域逐步得到广泛重视。经过近半个世纪的发展，代理模型的作用不再是仅仅用于“替代”高可信度数值模拟分析，而是构成了一种基于历史数据来驱动新样本点循环加入，并使产生的样本序列逐步逼近局部或全局最优解的优化算法，称为“代理优化算法”(surrogate-based optimization，SBO)[24]。

代理优化算法的框架如图 7.15 所示，具体步骤为：首先，通过试验设计方法 (DoE) 在设计空间内选取初始样本点，并针对这些样本进行高可信度数值分析 (如 CFD 分析、声爆强度分析)，得到目标函数和约束函数的响应值；其次，基于样本数据集建立初始代理模型 (目标和约束函数的代理模型)；然后，在代理模型基础上，根据优化加点准则构造子优化问题，并利用传统优化算法 (如遗传算法) 求解得到新样本；最后，对新样本再次进行高可信度数值分析，并将结果添加到样本集中，不断更新代理模型，直到所产生的样本点序列收敛于全局最优解。

可以看到，代理优化算法的要素包括试验设计、代理模型建模、优化加点、优化终止条件等。

1) 试验设计

现有的试验设计方法可以分为两类 [28]，即经典试验设计方法和现代试验设计方法。经典试验设计方法主要有全因子设计、中心组合设计、D-最优化设计、Box-Behnken 设计等；而现代试验设计方法主要有蒙特卡罗抽样、拉丁超立方抽样、正交设计和均匀设计等。其中，目前较为常用的是拉丁超立方抽样 (latin hypercube sampling，LHS) 方法。其原理是：为选取 n 个样本点，将 m 个设计变量都平均分成 n 个区间，于是整个设计空间就被分成了 n^m 个小区域，样本点在小区域内

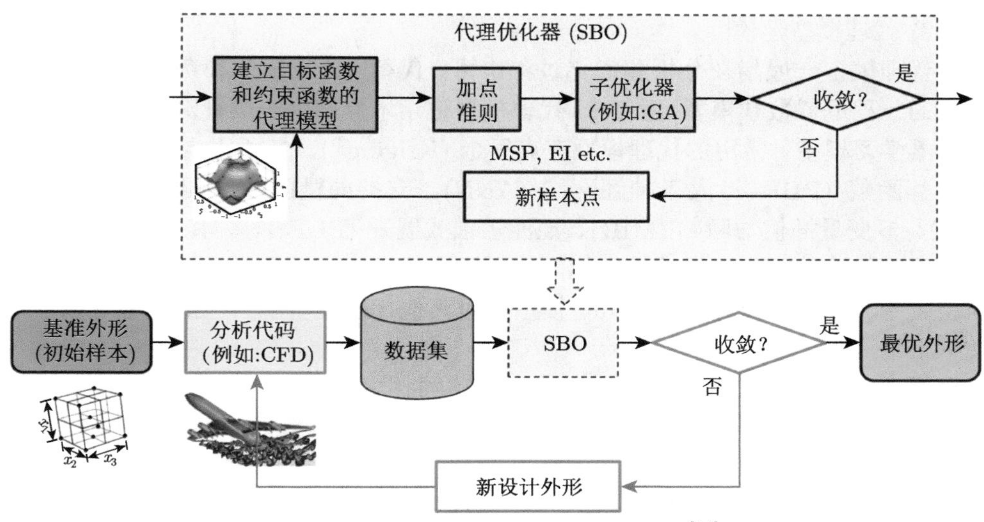

图 7.15 代理优化 (SBO) 算法的框架 [24]

随机分布，抽样结果使得抽样点向每个设计变量投影时，都能保证每个区间内有且只有一个样本点。以这种方式得到的抽样点能够保证等概率随机地分布在整个设计空间，同时避免出现样本点聚集。图 7.16 为针对 2 个设计变量问题采用拉丁超立方抽样方法得到的 20 个样本点。

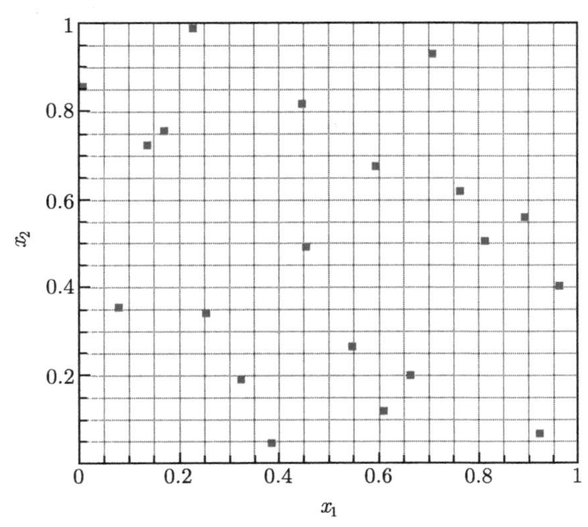

图 7.16 某 2 变量问题的 LHS 方法示意图 (20 个样本点)

2) 代理模型建模

代理模型一般指在分析和优化过程中可“代替”比较复杂和费时的物理分析模型的一种近似数学模型。近年来，代理模型被学术界归为一类针对小样本的监督式机器学习模型。常用的代理模型有克里金 (Kriging①)、多项式响应面 (PRSM)、径向基函数 (RBFs)、人工神经网络 (ANN)、支持向量回归 (SVR)、空间映射 (SM)、多变量插值与回归 (MIR)、混沌多项式展开 (PCE) 等。其中，Kriging 模型具有预估值方差估计的独特功能，逐渐成为最具代表性和最具发展潜力的代理模型之一。本节主要介绍 Kriging 模型，对其他代理模型感兴趣的读者可以参考文献 [29]。

对于一个有 m 个设计变量的问题，经过抽样获得 n 个样本 $\boldsymbol{x}_{\mathrm{S}} \in \mathbb{R}^{n\times m}$ 及其响应值 $\boldsymbol{y}_{\mathrm{S}} \in \mathbb{R}^{n}$。下面讨论如何通过这 n 个样本数据 $(\boldsymbol{x}_{\mathrm{S}}, \boldsymbol{y}_{\mathrm{S}})$，建立未知函数 $y(x)$ 的近似值 $\hat{y}(x)$。

Kriging 模型是一类插值模型，它假设未知函数是某个高斯随机过程的具体实现，该随机过程定义为

$$Y(\boldsymbol{x}) = \beta_0 + Z(\boldsymbol{x}), \tag{7.2.1}$$

式中，β_0 为随机变量 $Y(\boldsymbol{x})$ 的数学期望，称为全局趋势函数；$Z(\boldsymbol{x})$ 是均值为零、方差为 σ_z^2 的静态随机过程，且其协方差满足：

$$\mathrm{Cov}[Z(\boldsymbol{x}), Z(\boldsymbol{x}')] = \sigma_Z^2 R(\boldsymbol{x}, \boldsymbol{x}'), \tag{7.2.2}$$

其中，$R(\boldsymbol{x}, \boldsymbol{x}')$ 为不同位置处随机变量之间的相关函数，只与样本距离有关，并满足：样本距离为零时 $R=1$；样本距离为无穷时 $R=0$，且随着距离的增大 R 减小。

Kriging 模型假设在任意位置 $\boldsymbol{x}$ 处的预测值定义为所有已知样本函数响应值线性加权，即

$$\hat{y}(\boldsymbol{x}) = \sum_{i=1}^{n} w^{(i)} y^{(i)}. \tag{7.2.3}$$

而建立 Kriging 模型的过程就是在随机过程假设下，寻找一组最优加权系数 $\boldsymbol{w} = [w^{(1)}, w^{(2)}, \cdots, w^{(n)}]^{\mathrm{T}}$，使得在无偏估计条件下模型预测的均方差最小。具体表达式为

$$\begin{array}{l} \min\ \mathrm{MSE}[Y(\boldsymbol{x})] = E[(\boldsymbol{w}^{\mathrm{T}}\boldsymbol{y}_{\mathrm{S}} - \boldsymbol{Y}(\boldsymbol{x}))^2] \\ \text{s.t.}\ \ E[Y(\boldsymbol{x})] = E[Y(\boldsymbol{x})] \end{array}, \tag{7.2.4}$$

式中，$\boldsymbol{y}_{\mathrm{S}}$ 为样本点的响应值。

① 根据 Danie Krige 教授本人意见，Kriging 应读作“克里格”，但目前学术界普遍接受“克里金”的发音。

采用拉格朗日乘数法求解上述最小化问题得到最优的加权系数 $\boldsymbol{w}$，将其代入式 (7.2.3) 可得 Kriging 模型预测值表达式：

$$\hat{y}(\boldsymbol{x}) = \beta_0 + \boldsymbol{r}^{\mathrm{T}}(\boldsymbol{x}) \underbrace{\boldsymbol{R}^{-1}(\boldsymbol{y}_{\mathrm{S}} - \beta_0 \boldsymbol{F})}_{=:\boldsymbol{V}_{\mathrm{krig}}}, \tag{7.2.5}$$

其中，$\boldsymbol{F} = [1, \cdots, 1]^{\mathrm{T}} \in \mathbb{R}^n$；$\boldsymbol{R}$ 为相关矩阵，由所有已知样本点之间 $(\boldsymbol{x}^{(i)}, \boldsymbol{x}^{(j)})$ 的相关函数组成；$\boldsymbol{r}$ 为相关向量，由未知点与所有样本点之间 $(\boldsymbol{x}^{(i)}, \boldsymbol{x})$ 的相关函数组成；$\beta_0 = (\boldsymbol{F}^{\mathrm{T}}\boldsymbol{R}^{-1}\boldsymbol{F})^{-1}\boldsymbol{F}^{\mathrm{T}}\boldsymbol{R}^{-1}\boldsymbol{y}_S$，而 $\boldsymbol{V}_{\mathrm{krig}}$ 只与样本点的数据有关，在样本点数据确定的情况下，建立 Kriging 模型后一次性存储，在预测未知点 $\boldsymbol{x}$ 处的函数值时不需要重新计算。

Kriging 预估值的均方误差估计如下：

$$\mathrm{MSE}[\hat{y}(\boldsymbol{x})] = \sigma_Z^2[1 - \boldsymbol{r}^{\mathrm{T}}\boldsymbol{R}^{-1}\boldsymbol{r} + (\boldsymbol{r}^{\mathrm{T}}\boldsymbol{R}^{-1}\boldsymbol{F} - 1)^{\mathrm{T}}(\boldsymbol{F}^{\mathrm{T}}\boldsymbol{R}^{-1}\boldsymbol{F})^{-1}(\boldsymbol{r}^{\mathrm{T}}\boldsymbol{R}^{-1}\boldsymbol{F} - 1)]. \tag{7.2.6}$$

该式可用于指导如何加入新的样本点，以提高代理模型的精度或引导向最优解逼近。

Kriging 模型依赖于相关矩阵 $\boldsymbol{R}$ 和相关向量 $\boldsymbol{r}$ 的建立，而 $\boldsymbol{R}$ 和 $\boldsymbol{r}$ 的构造均涉及相关函数的选择和计算。目前比较常用的一类相关函数为

$$R(\boldsymbol{x}^{(i)}, \boldsymbol{x}^{(j)}) = \prod_{k=1}^{m} R_k(\theta_k, \boldsymbol{x}_k^{(i)} - \boldsymbol{x}_k^{(j)}), \tag{7.2.7}$$

其中，$\theta_k > 0$, $k = 1, 2, \cdots, m$，记 $\boldsymbol{\theta} = [\theta_1, \cdots, \theta_m]^{\mathrm{T}}$, 称其为模型待定系数或超参数，可通过模型训练得到。常用的相关函数模型主要有高斯函数、各向同性高斯函数、各向异性高斯函数、三次样条函数等。

相关函数中包含了超参数 $\boldsymbol{\theta}$，对于各向同性和各向异性高斯函数还包含超参数 $\boldsymbol{p}$。通过调整或训练这些未知参数，可以显著提高模型灵活性。常用的训练方法有最大似然估计法、留一法和交叉验证法。其中，最大似然估计法如下。

假设在未知点 $\boldsymbol{x}$ 处的响应值 $\hat{y}(\boldsymbol{x})$ 服从均值为 β_0、方差为 σ_Z^2 的正态分布，对于 n 个样本点的响应值 $\boldsymbol{y}_S$，其联合概率密度为

$$L(\beta_0, \sigma_Z^2) = \frac{1}{\sqrt{(2\pi\sigma_Z^2)^n\,|\boldsymbol{R}|}} \exp\left(-\frac{1}{2}\frac{(\boldsymbol{y}_S - \beta_0\boldsymbol{F})^{\mathrm{T}}\boldsymbol{R}^{-1}(\boldsymbol{y}_S - \beta_0\boldsymbol{F})}{\sigma_Z^2}\right). \tag{7.2.8}$$

根据最大似然估计原理，为使观测值 $\boldsymbol{y}_S$ 的概率达到最大，应使式 (7.2.8) 取得最大值。L 分别对 β_0 和 σ_Z^2 求偏导并令其等于零，可以得到 β_0 和 σ_Z^2 的解析

表达式:

$$\begin{cases} \beta_0(\boldsymbol{\theta}, \boldsymbol{p}) = (\boldsymbol{F}^{\mathrm{T}}\boldsymbol{R}^{-1}\boldsymbol{F})^{-1}\boldsymbol{F}^{\mathrm{T}}\boldsymbol{R}^{-1}\boldsymbol{y}_S \\ \sigma_Z^2(\beta_0, \boldsymbol{\theta}, \boldsymbol{p}) = \dfrac{1}{n}(\boldsymbol{y}_S - \beta_0\boldsymbol{F})^{\mathrm{T}}\boldsymbol{R}^{-1}(\boldsymbol{y}_S - \beta_0\boldsymbol{F}) \end{cases}, \tag{7.2.9}$$

式中，超参数 $\boldsymbol{p}$ 仅针对高斯指数函数才存在。将式 (7.2.9) 代入式 (7.2.8)，取对数并忽略常数项，于是最大似然估计定义的优化问题转化为

$$[\boldsymbol{\theta}, \boldsymbol{p}] = \mathrm{Arg\,max}\ln(L) = -\frac{n}{2}\ln\boldsymbol{\sigma}^2 - \frac{1}{2}\ln|\boldsymbol{R}|. \tag{7.2.10}$$

由于无法解析地求出 $\boldsymbol{\theta}$ 和 $\boldsymbol{p}$ 的最优值，这里需要采用数值优化算法，如拟牛顿方法等梯度优化算法或 Hooke&Jeeves 模式搜索、Simplex 单纯形法、遗传算法等无梯度算法。

3) 优化加点准则

优化加点准则是指针对代理模型勾勒的设计空间“山形地貌”，选取最有可能成为最优点的位置作为新样本点，通过精准添加新的样本，以尽可能少的样本逼近最优解的法则。目前已经发展了多种加点准则，较为流行的有 EI(expected improvement) 准则、MSP(minimium of surrogate prediction) 准则、MSE(mean square error) 准则、LCB(lower confidence bounding) 准则、PI(probability of improvement) 准则等 [24]。

EI 准则又称改善期望准则，是将设计空间内目标函数的数学期望改善量 (以最小化问题为例，改善量为函数值减小的方向) 最大的点作为新样本点的方法。MSP 准则是直接将预测函数的最小值点作为新样本点。MSE 准则是将设计空间中函数预测误差最大的点作为新样本点。LCB 准则是将目标函数预测值置信下界的最小值点作为新样本点。PI 准则与 EI 准则相似，是通过求解设计空间内改善量的概率最大点作为新样本点。关于带约束情况的加点准则，请读者参见文献 [24]。

4) 优化终止条件

目前主要有 4 种优化终止标准: ① 新样本点与最优样本点之间的距离小于阈值，或目标函数与最优样本点对应函数值的差异小于阈值; ② 代理模型在最优点附近达到预设的精度; ③ 高可信度数值模拟的计算次数大于设定值; ④ 根据加点准则进行定义，如设计空间中 EI 最大值小于设定阈值。

5) 代理优化软件 “SurroOpt”①

西北工业大学韩忠华教授课题组基于自主开发的代理优化算法发展了一款通用、高效、多目标、多约束的代理优化软件 “SurroOpt”[30−33](优化算法框架如图

① SurroOpt 网页版 (https://www.surroopt.com/)。

7.17 所示)。该软件中有拉丁超立方抽样、均匀设计、蒙特卡罗设计等多种试验设计方法以供用户使用；集成的代理模型包括 Kriging 模型、二次响应面、径向基函数、梯度增强 Kriging 模型、分层 Kriging 模型、co-Kriging 模型等；可选用的加点准则有 EI 准则、MSP 准则、PI 准则、LCB 准则以及最新发展的变可信度优化加点准则 (VF-EI)[34] 等，加点策略可以采用多种组合并行加点方式 [35,36]，以实现大规模并行计算。“SurroOpt” 目前已在层流机翼减阻优化设计 [37,38]、高超声速宽速域翼型机翼设计 [39]、低声爆优化设计 [15]、大型民机机翼气动设计 [40,41]、多学科优化设计 [42] 等领域得到成功应用。经过有资质的专业机构和工业部门测试，该软件的优化效率和质量显著优于商业软件 modeFrontier，并在 2020 年获得 IEEE 世界计算智能大会离线数据驱动优化竞赛冠军 (track 1)。

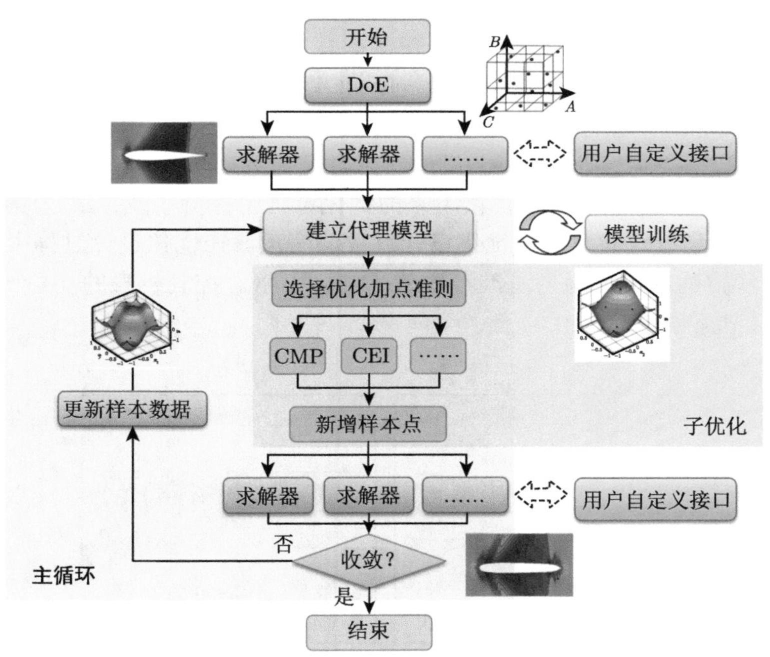

图 7.17 代理优化软件 “SurroOpt” 的优化算法框架

2. AIAA 第一届声爆预测研讨会标模的低声爆设计示例 [15]

本节应用代理优化算法对三角翼翼身组合体 (DWB) 外形进行低声爆优化，该标模来自于第一届声爆预测研讨会。DWB(图 7.18) 模型长度为 17.52 cm，机头长度为 7.01 cm，机头半径沿飞机轴线分布符合二次函数，机身最大半径 0.54cm，三角翼的前缘后掠角为 69°，翼型为菱形。

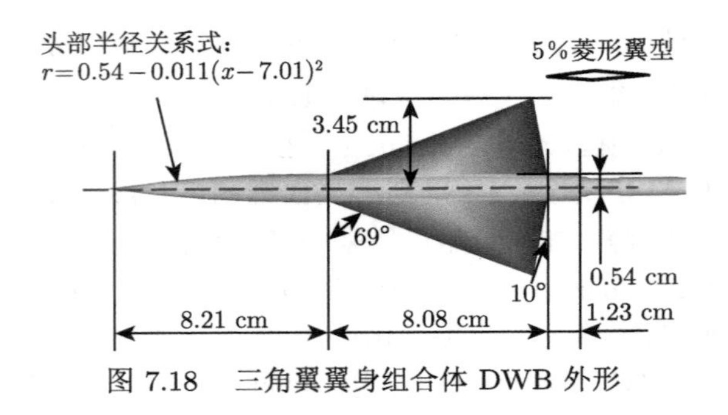

图 7.18　三角翼翼身组合体 DWB 外形

1) 外形参数化与优化数学模型

分别对 DWB 外形的机翼和机身进行参数化。机翼的参数化如图 7.19 所示，为保证三角翼和菱形翼型特征，机翼控制参数为：翼根翼型弦长 c，翼根翼型最大厚度与弦长之比 t，机翼 1/2 弦线后掠角 $\Lambda_{1/2}$，机翼半展长 b 和机翼位置 l_{w}。机身参数化通过对机身母线参数化来实现，如图 7.20 所示。机身母线通过 Bezier 曲线进行参数化，共选取 10 个控制点，坐标定义为 (x_i, B_i) 。x_i 为第 i 个控制点的轴向站位，在母线参数化及接下来的优化过程中保持不变。B_i 为第 i 个控制点的纵坐标，是母线参数化及优化设计过程的变量。在优化设计过程中，控制机翼的 5 个参数的取值范围为基准参数的 (1 ± 0.2) 倍。控制机身的 10 个参数的取值范围为基准参数的 (1 ± 0.5) 倍。

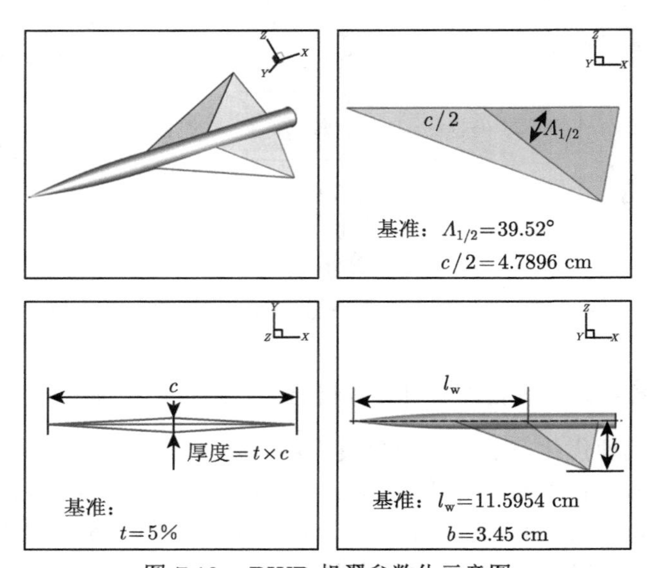

图 7.19　DWB 机翼参数化示意图

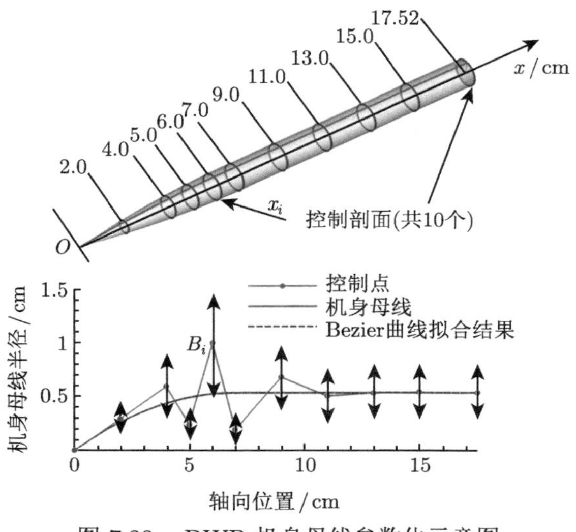

图 7.20 DWB 机身母线参数化示意图

优化过程中的声爆分析采用基于 Whitham 修正线化理论的方法，将远场 r =1000l(l 为模型全长) 的声爆 N 型波峰值作为优化设计目标，设计状态为 Ma = 1.7、α= 0°。由于 DWB 为无升力构型，在优化设计过程中不考虑升力约束。相应优化问题的数学模型如下：

$$
\begin{aligned}
&\min \quad \frac{\Delta p_{\max}}{\sqrt{p_{\mathrm{v}} p_{\mathrm{g}}}} \\
&\text{w.r.t.} \quad \varLambda_{1/2},\ c,\ t,\ b,\ l_{\mathrm{w}},\ B_i \quad (i=1,\cdots,10) \\
&\text{s.t.} \quad V_{\mathrm{f}} \geqslant V_{\mathrm{f},0} \\
&\qquad\ \ V_{\mathrm{w}} \geqslant V_{\mathrm{w},0} \\
&\qquad\ \ 0.8 \leqslant \frac{l_{\mathrm{w}}+c/2}{l_{\mathrm{f},0}} \leqslant 0.95 \\
&\qquad\ \ S_{\mathrm{w},0} \leqslant S_{\mathrm{w}} \leqslant 1.1 S_{\mathrm{w},0}
\end{aligned}
\tag{7.2.11}
$$

式中，V_{f}、$V_{\mathrm{f},0}$ 分别为设计外形和基准外形的机身容积；V_{w}、$V_{\mathrm{w},0}$ 分别为设计外形和基准外形的机翼容积；$l_{\mathrm{f},0}$ 为基准外形的机身长度；S_{w}、$S_{\mathrm{w},0}$ 分别为设计外形和基准外形的机翼面积。式 (7.2.11) 第三个约束为机翼位置约束。

2) 低声爆优化设计结果

基于代理优化软件 SurroOpt，采用拉丁超立方抽样方法抽取 50 个初始样本点并建立 Kriging 模型，优化加点准则为 “EI+MSP” 组合加点策略，最大样本点个数为 400。图 7.21 为 DWB 模型低声爆优化设计问题的收敛历程。

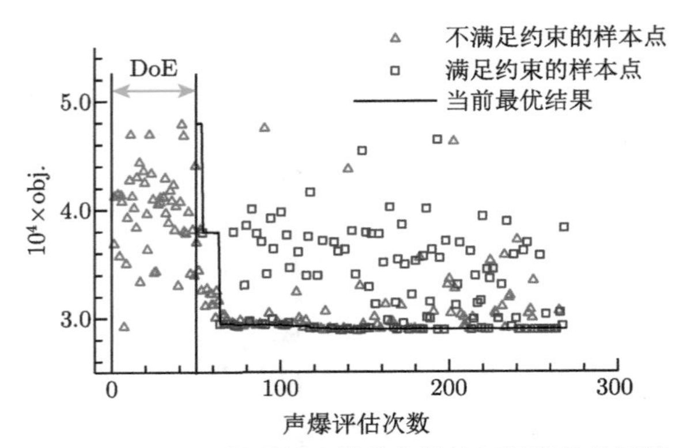

图 7.21　DWB 模型低声爆优化设计问题的收敛历程

obj. 为优化问题的目标函数值

表 7.1 为 DWB 外形优化前后目标函数值、几何参数和力系数对比。由图表可知，在严格满足约束条件的情况下，经过不到 300 次的声爆分析，使远场声爆 N 型波峰值降低了 27.4%。此外，表中还给出设计状态下采用 Euler 方程对阻力系数评估结果对比，网格量为 770 万。由表可知，优化外形在声爆降低的情况下，波阻还降低了 5.4%。说明对于该无升力模型，减小声爆与降低波阻是一致的。

表 7.1　DWB 翼身组合体优化前后参数对比

	obj.	V_f/cm^3	V_w/cm^3	$\dfrac{l_w+c/2}{l_{f,0}}$	S_w/cm^2	C_D
基准	3.988556×10^{-4}	13.053	2.638	0.9352	16.52	0.00515
优化结果	2.895844×10^{-4}	13.053	2.638	0.9500	16.52	0.00487
变化量	−27.4%	0.000	0.000	0.0148	0.000	−5.4%

图 7.22 为翼身组合体外形优化设计前后的外形对比，由对比图可知，优化后机翼后掠角增大，翼展略有减小，在机翼机身结合部位，机身的半径变小，但为了满足机身容积约束，机头处容积增大。图 7.23 给出优化前后的等效截面积分布，可知优化外形的等效截面积分布在机头处斜率略有增大，但随后变化平缓且等效截面积最大值减小。这样的等效截面积分布使得近场声爆信号表现为第一道激波略有增强，第二道激波明显减弱 (图 7.24)。

进一步采用基于广义 Burgers 方程的高可信度远场传播方法，将修正线化理论计算的近场信号 (图 7.24) 传播到地面。远场传播时，将模型放大 100 倍，即模型全长为 17.52 m，且假设模型在 17.52 km 高度处以马赫数 1.7 超声速巡航，传播大气条件为标准大气，取地面反射因子为 1.9。计算的地面声爆波形及感觉声压级对比如图 7.25 所示，优化外形的地面声爆强度显著减小，降低了近 3 PLdB。

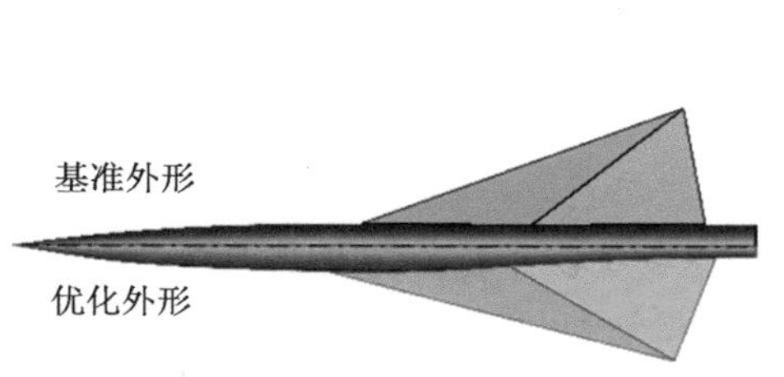

图 7.22 DWB 优化设计前后外形对比

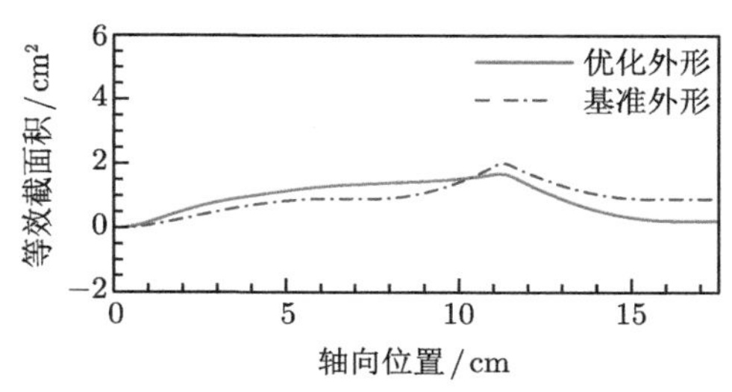

图 7.23 DWB 优化前后等效截面积对比

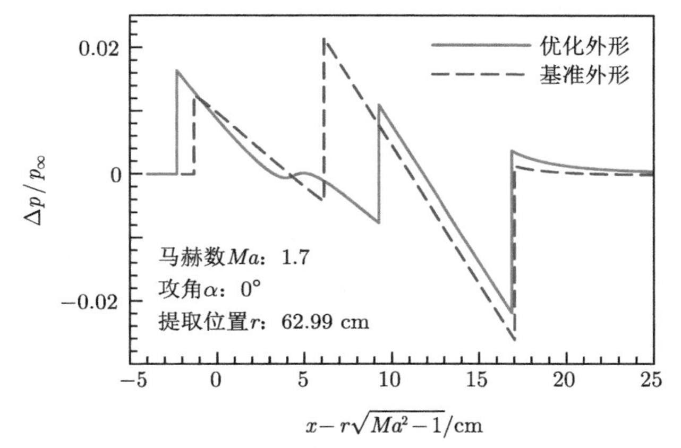

图 7.24 DWB 优化设计前后近场声爆信号

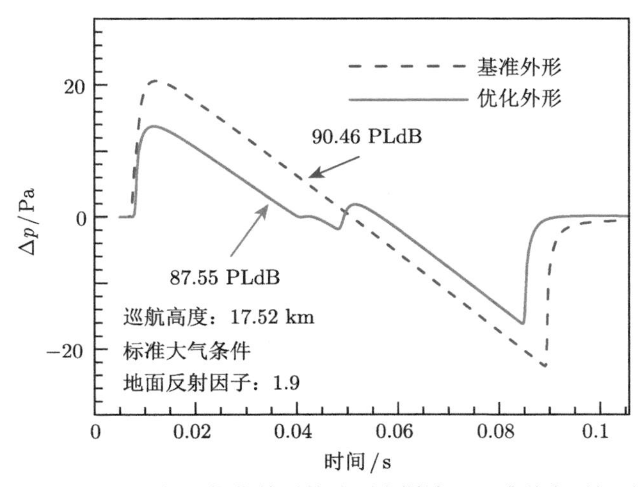

图 7.25 DWB 外形优化前后的地面声爆波形及感觉声压级对比

7.2.2　基于梯度算法的低声爆优化设计方法

1. 梯度的伴随方法求解

在实际工程应用中，目标函数或约束函数与设计变量的关系一般不能写成显式表达式，因而梯度信息无法解析求解。在这种情况下，计算梯度最为简单的方法是有限差分法，即扰动每个设计变量，并分别调用数值模拟分析程序计算扰动前后的目标函数值，然后采用有限差分格式来获得目标函数或约束函数对各设计变量的梯度。显然，有限差分法计算梯度的计算量与设计变量个数成正比，以单侧差分格式为例，要得到目标函数对 m 个设计变量的梯度信息，需要运行分析程序 $m+1$ 次，计算代价大。以具有 20 个设计变量的气动优化问题为例，假设经过 50 步迭代就找到了最优解，那么其优化过程所需的流场计算次数达到 1000 次以上。除有限差分法外，计算梯度的方法还有复变量方法、自动微分方法等。

20 世纪 70 年代，Lions 等 [43] 提出了基于偏微分方程的控制理论，之后 Jameson[23] 率先将其应用于跨声速气动优化设计，发展了一种全新的气动优化设计方法。该方法以偏微分方程系统的控制理论为基础，以物体边界为控制函数，把流动控制方程作为约束引入到目标函数中，将带约束问题转化为无约束问题，通过求解流动控制方程及其伴随方程来进行梯度求解。一次伴随方程求解的计算量，与一次流场控制方程求解的计算量基本相当，因此总的计算量约相当于 2 倍的流场计算量，与设计变量的数目几乎无关。该方法解决了多变量气动优化设计问题中梯度计算效率低的难题。由于在梯度信息求解过程中需要求解由流动控制方程推导得到的伴随方程，因而该方法又被称为**伴随方法** (或 adjoint 方法)。

1) 伴随方法基本思想

假设：$\boldsymbol{D}\in\mathbb{R}^m, \boldsymbol{x}\in\mathbb{R}^n$ 满足隐式关系 $\boldsymbol{g}(\boldsymbol{x},\boldsymbol{D})=0$，函数 $\boldsymbol{g}:\mathbb{R}^n\times\mathbb{R}^m\to\mathbb{R}^n$ 且 $\partial\boldsymbol{g}/\partial\boldsymbol{x}$ 为非奇异矩阵。那么，对于函数 $f(\boldsymbol{x},\boldsymbol{D})$:$\mathbb{R}^n\times\mathbb{R}^m\to\mathbb{R}$ 对变量 $\boldsymbol{D}$ 的梯度计算如下：

$$\frac{\mathrm{d}f}{\mathrm{d}\boldsymbol{D}}=\frac{\partial f}{\partial \boldsymbol{x}}\frac{\partial \boldsymbol{x}}{\partial \boldsymbol{D}}+\frac{\partial f}{\partial \boldsymbol{D}},\tag{7.2.12}$$

式中，变量 $\boldsymbol{x}$ 和 $\boldsymbol{D}$ 要满足关系 $\boldsymbol{g}(\boldsymbol{x},\boldsymbol{D})=0$。一般来讲，在给定变量 $\boldsymbol{D}$ 时，由关系式 $\boldsymbol{g}(\boldsymbol{x},\boldsymbol{D})=0$ 求解对应的 $\boldsymbol{x}$ 会比较复杂，进而导致 $\partial\boldsymbol{x}/\partial\boldsymbol{D}$ 的计算相对困难。例如，在气动优化设计领域，$\boldsymbol{x}$ 一般为流场变量，$\boldsymbol{D}$ 为设计变量，而 $\boldsymbol{g}(\boldsymbol{x},\boldsymbol{D})=0$ 为流动控制方程，若要采用差分方法求解 $\partial\boldsymbol{x}/\partial\boldsymbol{D}$，那么在对每个设计变量求偏导数时都至少需要进行一次流场求解，其计算复杂度随设计变量数的增加而增加。

为了避免 $\partial\boldsymbol{x}/\partial\boldsymbol{D}$ 的计算，根据函数 f 和关系 $\boldsymbol{g}(\boldsymbol{x},\boldsymbol{D})=0$ 构造如下拉格朗日函数：

$$L(\boldsymbol{x},\boldsymbol{D},\boldsymbol{\lambda})=f(\boldsymbol{x},\boldsymbol{D})+\boldsymbol{\lambda}^{\mathrm{T}}\boldsymbol{g}(\boldsymbol{x},\boldsymbol{D}), \tag{7.2.13}$$

其中，$\boldsymbol{\lambda}$ 为拉格朗日乘子。由于 $\boldsymbol{g}(\boldsymbol{x},\boldsymbol{D})=0$ 恒成立，那么不管 $\boldsymbol{\lambda}$ 取何值，拉格朗日函数 L 和函数 f 是等价的。

于是，函数 f 对变量 $\boldsymbol{D}$ 的梯度为

$$\frac{\mathrm{d}f}{\mathrm{d}\boldsymbol{D}}=\frac{\mathrm{d}L}{\mathrm{d}\boldsymbol{D}}=\frac{\partial f}{\partial \boldsymbol{x}}\frac{\partial \boldsymbol{x}}{\partial \boldsymbol{D}}+\frac{\partial f}{\partial \boldsymbol{D}}+\frac{\mathrm{d}\boldsymbol{\lambda}^{\mathrm{T}}}{\mathrm{d}\boldsymbol{D}}\boldsymbol{g}+\boldsymbol{\lambda}^{\mathrm{T}}\left(\frac{\partial \boldsymbol{g}}{\partial \boldsymbol{x}}\frac{\partial \boldsymbol{x}}{\partial \boldsymbol{D}}+\frac{\partial \boldsymbol{g}}{\partial \boldsymbol{D}}\right), \tag{7.2.14}$$

由于 $\boldsymbol{g}(\boldsymbol{x},\boldsymbol{D})=0$，所以上式可简化为

$$\frac{\mathrm{d}f}{\mathrm{d}\boldsymbol{D}}=\frac{\mathrm{d}L}{\mathrm{d}\boldsymbol{D}}=\frac{\partial f}{\partial \boldsymbol{x}}\frac{\partial \boldsymbol{x}}{\partial \boldsymbol{D}}+\frac{\partial f}{\partial \boldsymbol{D}}+\boldsymbol{\lambda}^{\mathrm{T}}\left(\frac{\partial \boldsymbol{g}}{\partial \boldsymbol{x}}\frac{\partial \boldsymbol{x}}{\partial \boldsymbol{D}}+\frac{\partial \boldsymbol{g}}{\partial \boldsymbol{D}}\right). \tag{7.2.15}$$

进一步整理出 $\partial \boldsymbol{x}/\partial \boldsymbol{D}$ 的系数，可得

$$\frac{\mathrm{d}f}{\mathrm{d}\boldsymbol{D}}=\frac{\mathrm{d}L}{\mathrm{d}\boldsymbol{D}}=\left(\frac{\partial f}{\partial \boldsymbol{x}}+\boldsymbol{\lambda}^{\mathrm{T}}\frac{\partial \boldsymbol{g}}{\partial \boldsymbol{x}}\right)\frac{\partial \boldsymbol{x}}{\partial \boldsymbol{D}}+\frac{\partial f}{\partial \boldsymbol{D}}+\boldsymbol{\lambda}^{\mathrm{T}}\frac{\partial \boldsymbol{g}}{\partial \boldsymbol{D}}. \tag{7.2.16}$$

观察式 (7.2.16)，为了避免 $\partial \boldsymbol{x}/\partial \boldsymbol{D}$ 的计算，令其系数等于零，得到

$$\left[\frac{\partial \boldsymbol{g}}{\partial \boldsymbol{x}}\right]^{\mathrm{T}}\boldsymbol{\lambda}=-\left[\frac{\partial f}{\partial \boldsymbol{x}}\right]^{\mathrm{T}}. \tag{7.2.17}$$

上式称为**伴随方程** (adjoint equation)，而拉格朗日乘子 $\boldsymbol{\lambda}$ 为伴随变量。

引入伴随变量后，函数 f 对变量 $\boldsymbol{D}$ 的梯度为

$$\frac{\mathrm{d}f}{\mathrm{d}\boldsymbol{D}}=\frac{\partial f}{\partial \boldsymbol{D}}+\boldsymbol{\lambda}^{\mathrm{T}}\frac{\partial \boldsymbol{g}}{\partial \boldsymbol{D}}. \tag{7.2.18}$$

在给定变量 $\boldsymbol{D}$ 和 $\boldsymbol{x}$ 后，函数 $\boldsymbol{g}$ 的计算相对来说是比较方便的，因而求解 $\partial \boldsymbol{g}/\partial \boldsymbol{D}$ 相对容易。对于伴随变量 $\boldsymbol{\lambda}$，需要求解一次伴随方程来获得，其计算量与 $\boldsymbol{g}(\boldsymbol{x},\boldsymbol{D})=0$ 的计算量相当 (系数矩阵规模都是 $n\times n$)。

需要注意的是，采用式 (7.2.18) 时，在给定变量 $\boldsymbol{D}$ 后，首先要通过隐式关系 $\boldsymbol{g}(\boldsymbol{x},\boldsymbol{D})=0$ 计算出对应的 $\boldsymbol{x}$，然后才能求解伴随变量和 $\partial \boldsymbol{g}/\partial \boldsymbol{D}$。因此，采用伴随方法计算 f 对 $\boldsymbol{D}$ 的梯度，其计算量为一次伴随方程求解和一次隐式关系 $\boldsymbol{g}(\boldsymbol{x},\boldsymbol{D})=0$ 的求解。

2) 声爆伴随方法

第 4 章讲述了描述声爆传播的广义 Burgers 方程及其离散求解的算子分裂方法，该方法依据物理现象将方程右端各效应依次求解，得到了式 (4.2.1)～ 式

(4.2.4)。本节中，为了方便推导声爆传播的伴随方程，将式 (4.2.1)~ 式 (4.2.4) 的离散求解方程重新整理，写成如下形式：

$$\boldsymbol{A}_{\mathrm{O}}^{k}\boldsymbol{q}^{k}=G_{k}'\boldsymbol{B}_{\mathrm{O}}^{k}\boldsymbol{P}^{k-1}, \tag{7.2.19}$$

$$\boldsymbol{A}_{\mathrm{N}}^{k}\boldsymbol{r}^{k}=\boldsymbol{B}_{\mathrm{N}}^{k}\boldsymbol{q}^{k}, \tag{7.2.20}$$

$$\boldsymbol{A}_{\mathrm{a}}^{k}\boldsymbol{t}^{k}=\boldsymbol{B}_{\mathrm{a}}^{k}\boldsymbol{r}^{k}, \tag{7.2.21}$$

$$P(\sigma_k,\tau_i)=t^k(\sigma_k,\tau_i+t_i^k\Delta\sigma_k), \tag{7.2.22}$$

式中，$\boldsymbol{q},\boldsymbol{r},\boldsymbol{t}$ 分别为算子分裂法的中间波形；上下标 k 表示在推进求解广义 Burgers 方程时第 k 步，且 $k=1,2,\cdots,N$。

式 (7.2.19) 包含了氧气分子的弛豫过程和几何声学效应，其中系数 G_k' 就表示了几何声学对声爆波形的作用 (见 4.2.5 节)；式 (7.2.20) 和式 (7.2.21) 分别描述的是氮气分子的弛豫过程和热黏性吸收效应。矩阵的具体形式如下：

$$\boldsymbol{A}_j^k=\begin{bmatrix}1&0&&&&\\0&1&0&&&\\0&-a-\alpha b&1+2\alpha b&a-\alpha b&&\\&&\ddots&\ddots&\ddots&\\&&&0&1&0\\&&&&0&1\end{bmatrix},\quad j=\mathrm{O},\mathrm{N} \tag{7.2.23}$$

$$\boldsymbol{B}_j^k=\begin{bmatrix}1&0&&&&\\0&1&0&&&\\0&\alpha'b-a&1-2\alpha'b&a+\alpha'b&&\\&&\ddots&\ddots&\ddots&\\&&&0&1&0\\&&&&0&1\end{bmatrix},\quad j=\mathrm{O},\mathrm{N} \tag{7.2.24}$$

$$\boldsymbol{A}_{\mathrm{a}}^k=\begin{bmatrix}1&0&&\\-c&1+2c&-c&\\&\ddots&\ddots&\\&&0&1\end{bmatrix},\quad \boldsymbol{B}_{\mathrm{a}}^k=\begin{bmatrix}1&0&&\\c&1-2c&c&\\&\ddots&\ddots&\\&&0&1\end{bmatrix} \tag{7.2.25}$$

式中，

$$\alpha' = 1 - \alpha, \quad a = \frac{\theta_j}{2\Delta\tau}, \quad b = \frac{C_j \Delta\sigma_k}{(\Delta\tau)^2}, \quad c = \frac{\Delta\sigma_k}{2\Gamma(\Delta\tau)^2},$$

其中，$\alpha \in [0,1]$，对于 Crank-Nicholson 格式，$\alpha = 0.5$。

式 (7.2.22) 为非线性项的计算，采用泊松解的具体计算步骤已经在第 4 章进行了详细说明。这里给出非线性项离散方程的最终结果：

$$\begin{aligned} P_j^k &= t_{i-1}^k + \frac{t_i^k - t_{i-1}^k}{\Delta\tau - (t_i^k - t_{i-1}^k)\Delta\sigma_k}[\tau_j - \tau_{i-1} + t_{i-1}^k \Delta\sigma_k] \\ &= f_j^k(t_i^k) \end{aligned} . \tag{7.2.26}$$

当然，也可以采用 CFD 领域中的 WENO 格式和矢通量分裂方法进行计算。

下面推导声爆传播的离散伴随方程。假设 $\boldsymbol{D}$ 为设计变量 (近场声爆信号)，I_N 为目标函数 (只与远场波形相关)，则相应的拉格朗日函数可写为

$$\begin{aligned} L(\boldsymbol{P},\boldsymbol{q},\boldsymbol{r},\boldsymbol{t},\boldsymbol{D}) = I_N(\boldsymbol{P}^N,\boldsymbol{D}) &+ \sum_{k=2}^{N} \boldsymbol{\gamma}_{\mathrm{O},k}^{\mathrm{T}}[\boldsymbol{A}_{\mathrm{O}}^k \boldsymbol{q}^k - G_k' \boldsymbol{B}_{\mathrm{O}}^k \boldsymbol{P}^{k-1}] \\ &+ \sum_{k=1}^{N} \boldsymbol{\gamma}_{\mathrm{N},k}^{\mathrm{T}}[\boldsymbol{A}_{\mathrm{N}}^k \boldsymbol{r}^k - \boldsymbol{B}_{\mathrm{N}}^k \boldsymbol{q}^k] + \sum_{k=1}^{N} \boldsymbol{\beta}_{\mathrm{a},k}^{\mathrm{T}}[\boldsymbol{A}_{\mathrm{a}}^k \boldsymbol{t}^k - \boldsymbol{B}_{\mathrm{a}}^k \boldsymbol{r}^k] \\ &+ \sum_{k=1}^{N} \boldsymbol{\lambda}_k^{\mathrm{T}}[\boldsymbol{P}^k - \boldsymbol{f}^k(\boldsymbol{t}^k)] + \boldsymbol{\gamma}_{\mathrm{O},1}^{\mathrm{T}}[\boldsymbol{A}_{\mathrm{O}}^1 \boldsymbol{q}^1 - G_1' \boldsymbol{B}_{\mathrm{O}}^1 \boldsymbol{D}] \end{aligned} \tag{7.2.27}$$

式中，$\boldsymbol{\gamma}_{\mathrm{O},k}^{\mathrm{T}}, \boldsymbol{\gamma}_{\mathrm{N},k}^{\mathrm{T}}, \boldsymbol{\beta}_{\mathrm{a},k}^{\mathrm{T}}, \boldsymbol{\lambda}_k^{\mathrm{T}}$ 为拉格朗日乘子，也是伴随变量。

若目标函数 I_N 不显式地依赖中间波形 $\boldsymbol{q},\boldsymbol{r},\boldsymbol{t}$，且矩阵不依赖于初始声爆波形，则将上式对变量 $\boldsymbol{D}$ 求导可得

$$\begin{aligned} \frac{\mathrm{d}I_N}{\mathrm{d}\boldsymbol{D}} = \frac{\mathrm{d}L}{\mathrm{d}\boldsymbol{D}} &= \frac{\partial I_N}{\partial \boldsymbol{D}} + \frac{\partial I_N}{\partial \boldsymbol{P}^N}\frac{\partial \boldsymbol{P}^N}{\partial \boldsymbol{D}} + \sum_{k=2}^{N} \boldsymbol{\gamma}_{\mathrm{O},k}^{\mathrm{T}} \left[\boldsymbol{A}_{\mathrm{O}}^k \frac{\partial \boldsymbol{q}^k}{\partial \boldsymbol{D}} - G_k' \boldsymbol{B}_{\mathrm{O}}^k \frac{\partial \boldsymbol{P}^{k-1}}{\partial \boldsymbol{D}}\right] \\ &+ \sum_{k=1}^{N} \boldsymbol{\gamma}_{\mathrm{N},k}^{\mathrm{T}} \left[\boldsymbol{A}_{\mathrm{N}}^k \frac{\partial \boldsymbol{r}^k}{\partial \boldsymbol{D}} - \boldsymbol{B}_{\mathrm{N}}^k \frac{\partial \boldsymbol{q}^k}{\partial \boldsymbol{D}}\right] \\ &+ \sum_{k=1}^{N} \boldsymbol{\beta}_{\mathrm{a},k}^{\mathrm{T}} \left[\boldsymbol{A}_{\mathrm{a}}^k \frac{\partial \boldsymbol{t}^k}{\partial \boldsymbol{D}} - \boldsymbol{B}_{\mathrm{a}}^k \frac{\partial \boldsymbol{r}^k}{\partial \boldsymbol{D}}\right] \\ &+ \sum_{k=1}^{N} \boldsymbol{\lambda}_k^{\mathrm{T}} \left[\frac{\partial \boldsymbol{P}^k}{\partial \boldsymbol{D}} - \frac{\partial \boldsymbol{f}^k}{\partial \boldsymbol{t}^k}\frac{\partial \boldsymbol{t}^k}{\partial \boldsymbol{D}}\right] \\ &+ \boldsymbol{\gamma}_{\mathrm{O},1}^{\mathrm{T}} \left[\boldsymbol{A}_{\mathrm{O}}^1 \frac{\partial \boldsymbol{q}^1}{\partial \boldsymbol{D}} - G_1' \boldsymbol{B}_{\mathrm{O}}^1\right] \end{aligned} \tag{7.2.28}$$

通过整理并令 $\partial \boldsymbol{P}^k/\partial \boldsymbol{D}, \partial \boldsymbol{q}^k/\partial \boldsymbol{D}$,$\partial \boldsymbol{r}^k/\partial \boldsymbol{D}$, $\partial \boldsymbol{t}^k/\partial \boldsymbol{D}$ 的系数为 0，可得到如下伴随方程组：

$$\begin{cases} \boldsymbol{\lambda}_k^{\mathrm{T}} = -\dfrac{\partial I_N}{\partial \boldsymbol{P}^k} + \boldsymbol{\gamma}_{\mathrm{O},k+1}^{\mathrm{T}} G'_{k+1} \boldsymbol{B}_{\mathrm{O}}^{k+1} \\ \boldsymbol{\beta}_{\mathrm{a},k}^{\mathrm{T}} \boldsymbol{A}_{\mathrm{a}}^k = \boldsymbol{\lambda}_k^{\mathrm{T}} \dfrac{\partial \boldsymbol{f}^k}{\partial \boldsymbol{t}^k} \\ \boldsymbol{\gamma}_{\mathrm{N},k}^{\mathrm{T}} \boldsymbol{A}_{\mathrm{N}}^k = \boldsymbol{\beta}_{\mathrm{a},k}^{\mathrm{T}} \boldsymbol{B}_{\mathrm{a}}^k \\ \boldsymbol{\gamma}_{\mathrm{O},k}^{\mathrm{T}} \boldsymbol{A}_{\mathrm{O}}^k = \boldsymbol{\gamma}_{\mathrm{N},k}^{\mathrm{T}} \boldsymbol{B}_{\mathrm{N}}^k \end{cases}, \tag{7.2.29}$$

且 $\partial I_N/\partial \boldsymbol{P}^k \equiv 0,\ k = 1, \cdots, N-1$。

需要注意的是，上式第一个方程中 $\boldsymbol{\gamma}_{\mathrm{O},N+1} = 0$。于是，求解该伴随方程组时，采用向后迭代 (与 Burgers 方程推进方向相反) 方法依次求出相应的伴随变量，即先计算 k+1 处的伴随变量，然后计算 k 处的伴随变量。

由于 $\partial \boldsymbol{P}^k/\partial \boldsymbol{D}, \partial \boldsymbol{q}^k/\partial \boldsymbol{D}, \partial \boldsymbol{r}^k/\partial \boldsymbol{D}$, $\partial \boldsymbol{t}^k/\partial \boldsymbol{D}$ 的系数为 0，则

$$\frac{\mathrm{d}I_N}{\mathrm{d}\boldsymbol{D}} = \frac{\mathrm{d}L}{\mathrm{d}\boldsymbol{D}} = \frac{\partial I_N}{\partial \boldsymbol{D}} - \boldsymbol{\gamma}_{\mathrm{O},1}^{\mathrm{T}} G'_1 \boldsymbol{B}_{\mathrm{O}}^1. \tag{7.2.30}$$

若目标函数 I_N 中不显式地依赖变量 $\boldsymbol{D}$，则上式简化为

$$\frac{\mathrm{d}I_N}{\mathrm{d}\boldsymbol{D}} = \frac{\mathrm{d}L}{\mathrm{d}\boldsymbol{D}} = -\boldsymbol{\gamma}_{\mathrm{O},1}^{\mathrm{T}} G'_1 \boldsymbol{B}_{\mathrm{O}}^1. \tag{7.2.31}$$

上式中，目标函数 I_N 与远场声爆波形相关 (如远场声爆的感觉声压级)，而变量 $\boldsymbol{D}$ 为近场声爆信号。因此，上式描述的是目标函数对近场声爆信号的梯度。

从 CFD 流场解中提取近场声爆信号，并通过求解广义 Burgers 方程将其传播到远场，是本书所描述的高可信度声爆预测方法的主要步骤。在实际应用中，如果要计算目标函数 I_N 对飞行器外形参数的梯度，那么不仅需要采用声爆伴随方法，还要耦合流场伴随方法。

3) CFD/声爆伴随耦合方法

假设 $\boldsymbol{D}$ 为设计变量 (描述飞机外形的参数)，I_N 为目标函数 (与远场声爆波形相关)，近场声爆信号 $\boldsymbol{P}_0$ 与 CFD 流场解 $\boldsymbol{Q}$ 的映射关系用下式来描述：

$$\boldsymbol{P}_0 = \boldsymbol{T}(\boldsymbol{Q}, \boldsymbol{X}), \tag{7.2.32}$$

其中，$\boldsymbol{X}$ 为 CFD 计算网格。同时考虑流动控制方程和 CFD 计算网格所满足的方程：

$$\begin{cases} \boldsymbol{R}(\boldsymbol{Q}, \boldsymbol{X}, \boldsymbol{D}) = 0 \\ \boldsymbol{G}(\boldsymbol{X}, \boldsymbol{D}) = 0 \end{cases}. \tag{7.2.33}$$

相应的拉格朗日函数可写为

$$L(\boldsymbol{D},\boldsymbol{Q},\boldsymbol{X}) = I_N + \boldsymbol{\Lambda}_{\mathrm{g}}^{\mathrm{T}}\boldsymbol{G} + \boldsymbol{\Lambda}_{\mathrm{f}}^{\mathrm{T}}\boldsymbol{R} + \boldsymbol{\Lambda}_{\mathrm{b}}^{\mathrm{T}}(\boldsymbol{P}_0 - \boldsymbol{T}), \tag{7.2.34}$$

式中，$\boldsymbol{\Lambda}_{\mathrm{g}},\boldsymbol{\Lambda}_{\mathrm{f}},\boldsymbol{\Lambda}_{\mathrm{b}}$ 分别为 CFD 计算网格方程 $\boldsymbol{G}$、流动控制方程 $\boldsymbol{R}$ 和映射关系 $\boldsymbol{T}$ 的伴随变量。

将拉格朗日函数对设计变量 $\boldsymbol{D}$ 求梯度，并令 $\partial\boldsymbol{P}_0/\partial\boldsymbol{D}$、$\partial\boldsymbol{X}/\partial\boldsymbol{D}$ 和 $\partial\boldsymbol{Q}/\partial\boldsymbol{D}$ 的系数等于 0，可以得到如下的伴随方程组：

$$\begin{cases} \left[\dfrac{\mathrm{d}I_N}{\mathrm{d}\boldsymbol{P}_0}\right]^{\mathrm{T}} + \boldsymbol{\Lambda}_{\mathrm{b}} = 0 \\ \left[\dfrac{\mathrm{d}\boldsymbol{R}}{\mathrm{d}\boldsymbol{Q}}\right]^{\mathrm{T}}\boldsymbol{\Lambda}_{\mathrm{f}} - \left[\dfrac{\mathrm{d}\boldsymbol{T}}{\mathrm{d}\boldsymbol{Q}}\right]^{\mathrm{T}}\boldsymbol{\Lambda}_{\mathrm{b}} = 0 \\ \left[\dfrac{\mathrm{d}\boldsymbol{G}}{\mathrm{d}\boldsymbol{X}}\right]^{\mathrm{T}}\boldsymbol{\Lambda}_{\mathrm{g}} + \left[\dfrac{\mathrm{d}\boldsymbol{R}}{\mathrm{d}\boldsymbol{X}}\right]^{\mathrm{T}}\boldsymbol{\Lambda}_{\mathrm{f}} - \left[\dfrac{\mathrm{d}\boldsymbol{T}}{\mathrm{d}\boldsymbol{X}}\right]^{\mathrm{T}}\boldsymbol{\Lambda}_{\mathrm{b}} = 0 \end{cases}, \tag{7.2.35}$$

方程组中，$\mathrm{d}I_N/\mathrm{d}\boldsymbol{P}_0$ 可由前面介绍的声爆伴随方法来计算。

于是，目标函数 I_N 对设计变量 $\boldsymbol{D}$(描述飞机外形的参数) 的梯度可写成

$$\frac{\mathrm{d}I_N}{\mathrm{d}\boldsymbol{D}} = \frac{\mathrm{d}L}{\mathrm{d}\boldsymbol{D}} = \boldsymbol{\Lambda}_{\mathrm{g}}^{\mathrm{T}}\frac{\partial\boldsymbol{G}}{\partial\boldsymbol{D}} + \boldsymbol{\Lambda}_{\mathrm{f}}^{\mathrm{T}}\frac{\partial\boldsymbol{R}}{\partial\boldsymbol{D}}. \tag{7.2.36}$$

2. 某超声速民机概念外形的低声爆设计示例 [17]

某 T 尾布局的超声速民机概念外形如图 7.26 所示，机身长度为 35.66 m，并且 T 尾前部设计了相对较大的短舱，其目的是降低后体激波强度。针对该外形采用梯度优化算法进行低声爆设计，以降低远场声爆的 A 计权声压级，并期望达到 56.0 dBA，优化目标如式 (7.2.37) 所示。$\mathrm{dBA_{design}}$ 为优化过程中，设计外形的地面声爆 dBA 声级；$\mathrm{dBA_{target}}$ 为优化设计目标的地面声爆 dBA 声级。设计状态为 $Ma = 1.6$，$\alpha = 0.6\ °$。采用基于非结构网格的 Euler 求解器计算流场，并于正下方 3 倍机身长度位置提取近场声爆信号。远场声爆传播采用基于广义 Burgers 方程的方法，标准大气条件。全机采用 FFD(自由变形) 方法进行参数化，共有 92 个设计变量，其中：机身 49 个、机翼 18 个、平尾 12 个、垂尾 4 个、发动机挂架 4 个、T 尾前部短舱 5 个。

$$I_N = (\mathrm{dBA_{design}} - \mathrm{dBA_{target}})^2, \quad \mathrm{dBA_{target}} = 56.0 \tag{7.2.37}$$

整个优化流程分两轮进行：第一轮主要优化机身前部和机翼，共有 54 个设计变量；第二轮主要优化机身后部、平垂尾、发动机挂架和 T 尾前部短舱，共有

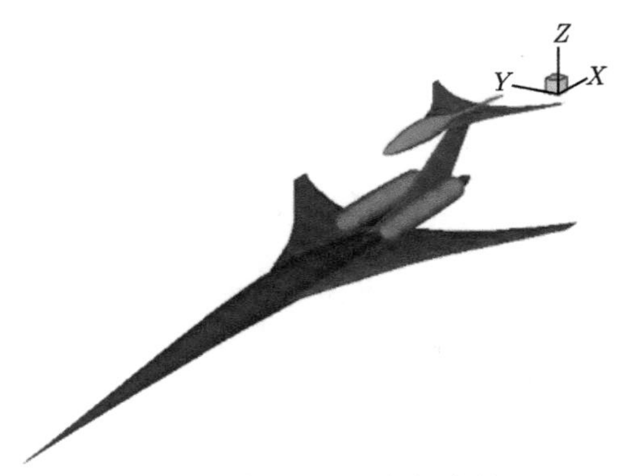

图 7.26　某超声速民机概念外形

92 个设计变量。第一轮的优化结果作为第二轮优化的初始外形，第一轮中的 54 个设计变量之所以在第二轮中也可以变化，是因为在第一轮结束后，目标函数对这 54 个设计变量的梯度接近于 0，在第二轮设计中变化不大。①

图 7.27 为优化目标的收敛历程，共进行了 377 次流场计算和 180 次伴随方程计算，经过 25 次迭代，优化收敛。优化过程中，流场求解残值下降 6~7 个量级，伴随求解下降 12~13 个量级。图 7.28 为优化前后地面波形的对比结果。第一轮优化过程中，远场波形的头部和尾部都有很大改善，波形变得更加光滑，A 计权声压级由 65.15 dBA 降低到 60.87 dBA。第二轮优化主要改变了远场波形的后体细节，尾部激波强度进一步降低，A 计权声压级降低到 59.83 dBA。表 7.2 给出了优化前后外形的声压级和升阻比结果，可以看到，在升阻比略微降低的情况下，优化外形的感觉声压级相比基准外形下降了约 4.8 PLdB。

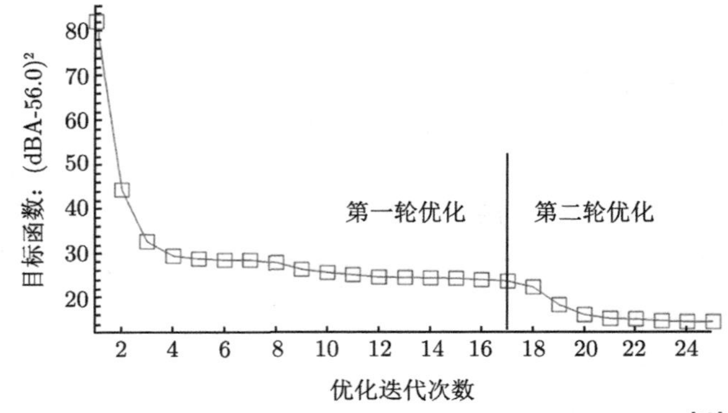

图 7.27　超声速民机外形低声爆梯度优化迭代收敛曲线 [17]

① 工程实践中，随着优化的进行，设计者对设计问题的认识逐渐加深，采用多轮次优化能够逐步细化设计问题。对于该设计问题，这 54 个变量实际上可以设置为第一轮优化的结果，而不参与第二轮优化。

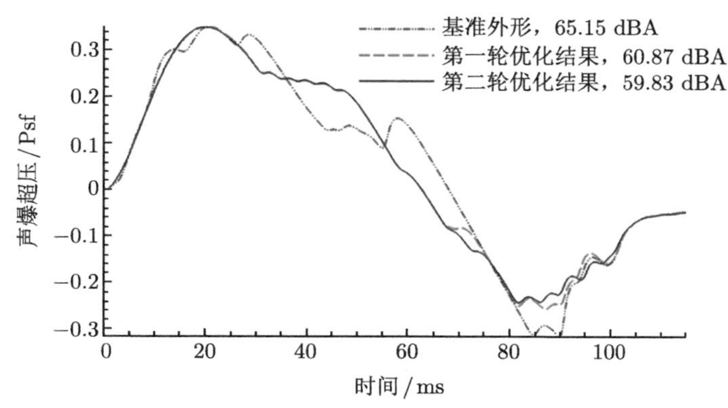

图 7.28 两轮梯度优化前后地面波形的对比 [17]

表 7.2 某超声速民机优化前后声压级及升阻比对比 [17]

	dBA	PLdB	升阻比
基准外形	65.15	79.7	7.27
第一轮优化外形	60.87	76.5	7.08
第二轮优化外形	59.83	74.9	6.98

7.3 声爆抑制技术

本节主要介绍两种典型的声爆抑制技术：采用被动控制原理的静音锥技术和采用主动控制原理的能量注入技术。

7.3.1 静音锥技术

被动声爆抑制方法中最具有代表性的是机头静音锥技术。2004 年，湾流公司发明了机头静音锥技术 [44,45]，并将其用于 QSJ(Quiet Supersonic Jet) 超声速公务机上。静音锥是安装于机头的多段柱体和锥体组成的可伸缩长杆状机构，它在超声速飞行时向前伸出，亚声速飞行时收回。静音锥能够使机头原本较强的弓形激波变为若干道弱激波，避免了声爆传播过程中激波的合并，从而达到延长远场声爆上升时间和降低声爆强度的目的。图 7.29 为静音锥的伸缩机构、加装静音锥后的近场流场及远场波形。自 2006 年以来，湾流公司联合 NASA 以 F-15B 飞机为研究对象，对静音锥的声爆抑制效果进行了验证，结果表明静音锥能够增加头激波的上升时间，使声爆信号变得平缓，可显著降低声爆强度 [46,47]。在国内，关于被动声爆抑制方法的研究也主要集中在机头静音锥技术方面 [49−52]，研究人员探索了静音锥长度、级数和头部形状等参数对声爆抑制效果的影响规律。

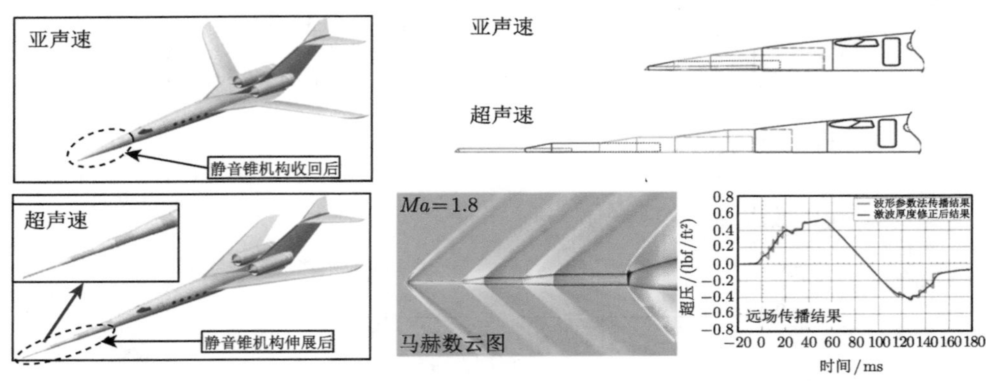

图 7.29 机头静音锥技术的原理及其声爆抑制效果 [45,47,48]

1. 静音锥长度的影响规律

以某小展弦比、大后掠切尖三角翼设计方案作为研究对象 (基准外形方案)。基准外形的设计参数如表 7.3 所示，采用波形参数法获得的远场传播结果如图 7.30 所示。在接下来关于静音锥级数和头部形状参数的研究中仍然采用该外形作为基准外形。

表 7.3 基准外形的设计参数 [50]

设计参数	数值	设计参数	数值
翼面积/m^2	115.68	机身长度/m	39
展弦比	1.33	起飞重量/t	58
尖梢比	0.1	飞行高度/km	14
翼根翼型	NACA65204	设计马赫数 Ma	1.4
翼尖翼型	NACA65003	初始超压值/Pa	23.31
前缘后掠角/(°)	68	PLdB	93.41

在基准外形上加装一级静音锥后，感觉声压级随静音锥长度的变化曲线如图 7.31 所示。可以发现当静音锥长度大于某一长度时感觉声压级变小，之后随着静音锥长度的增加感觉声压级略有增加。最小感觉声压级对应的静音锥长度称为静音锥临界长度。由图可知，基准外形的单级静音锥临界长度为 4 m。当静音锥长度小于临界长度时，静音锥产生的激波与机头激波间距较小，在传播过程中会逐渐合并成一道激波，无法起到有效降低声爆的作用。而当静音锥长度达到临界长度时，初始超压值显著减小，使得感觉噪声级明显降低。如果继续增加静音锥长度，初始超压值与二次超压值的距离增大，初始超压值不变，但二次超压值增加 (图 7.32)，造成感觉声压级略有上升。

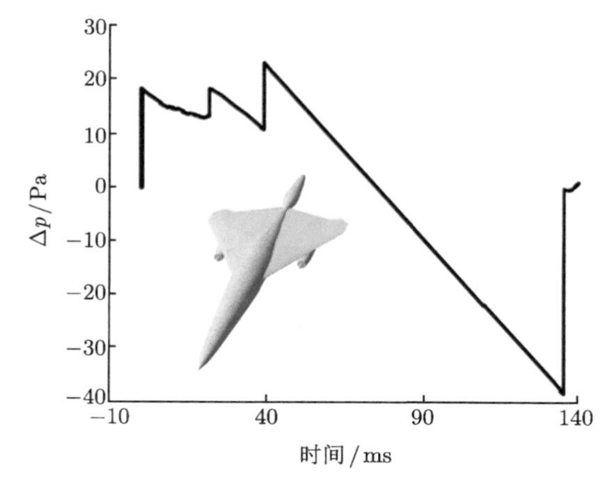

图 7.30 基准外形 (未加装静音锥) 及远场波形 [50]

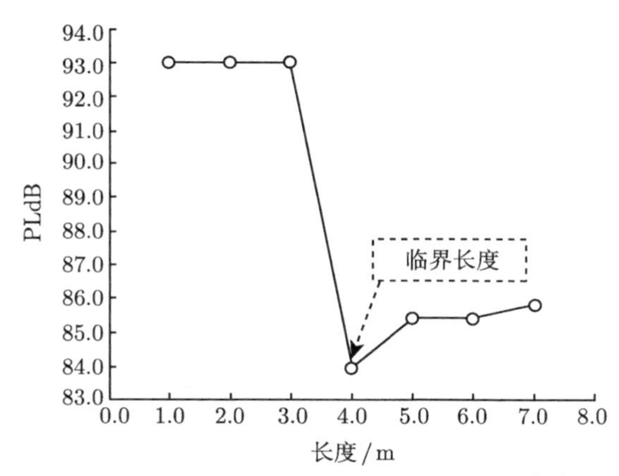

图 7.31 感觉声压级随静音锥长度变化 [50]

文献 [50] 指出，临界长度随着飞行高度和速度的增加而增加。根据不同的飞行状态，采用可伸缩的静音锥设计，自动调节其长度，能够实现最佳的声爆抑制效果。

2. 静音锥级数的影响规律

根据静音锥抑制声爆的原理，从理论上讲，若静音锥能够形成在传播过程中不发生合并的多道弱激波，将会进一步降低地面声爆声爆强度。本节对静音锥级数影响声爆抑制效果的规律进行讨论。表 7.4 给出了在基准外形上加装的单级静音锥和二级静音锥参数，以及相应的地面声爆波形参数对比结果。图 7.33 展示了单级和二级静音锥的地面声爆波形对比。从图中可以看出，相比于单级静音锥，二

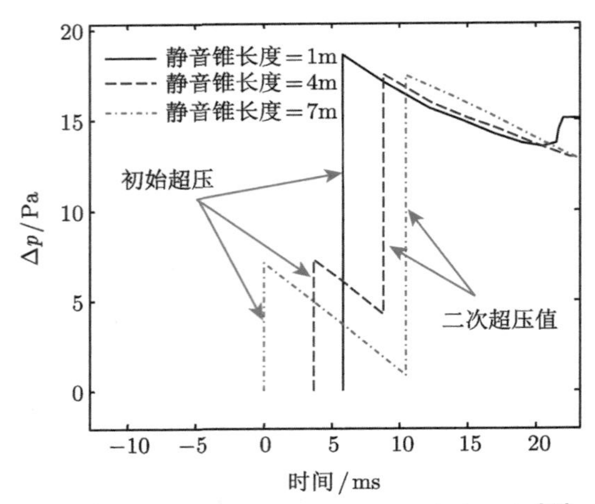

图 7.32 不同长度静音锥的远场头激波对比 [50]

级静音锥的初始超压值和超压峰值均有所降低，感觉声压级降低了 4 PLdB。多级静音锥中每级的长度设计同样存在临界长度。当二级静音锥每级长度达到临界长度时，其总长度会大于单级静音锥长度，因此其压力扰动的范围更大，地面声爆超压持续时间也更长。

表 7.4 单级静音锥和二级静音锥的参数及相应的地面声爆参数对比 [50]

参数	单级静音锥	二级静音锥
静音锥长度/m	4	3.0, 5.0
静音锥直径/m	0.4	0.3, 0.5
初始超压值/Pa	7.27	6.84
超压峰值/Pa	23.39	22.44
持续时间/ms	133.5	147.2
PLdB	83.96	79.94

3. 静音锥头部形状的影响规律

本小节介绍不同头部形状的单级静音锥对声爆抑制的影响，其中包含了平头、球形头以及两种圆锥形。单级静音锥锥体直径为 200 mm，长度为 5 m，如图 7.34 所示。安装了上述四种头部形状的静音锥后，远场声爆感觉声压级与气动性能参数对比如表 7.5 所示。对于平头和球形头部的静音锥，远场声爆感觉声压级略低，但全机阻力系数较大。而对于两种圆锥形头部的静音锥，全机阻力系数虽然较小，但声爆强度又有所增加。因此，如何在兼顾声爆特性与气动性能的条件下设计静音锥的头部形状需要进一步研究。

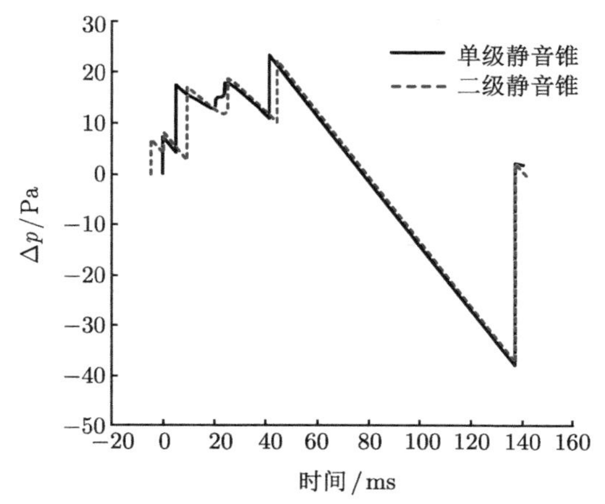

图 7.33 单级静音锥和二级静音锥的地面声爆波形对比 [50]

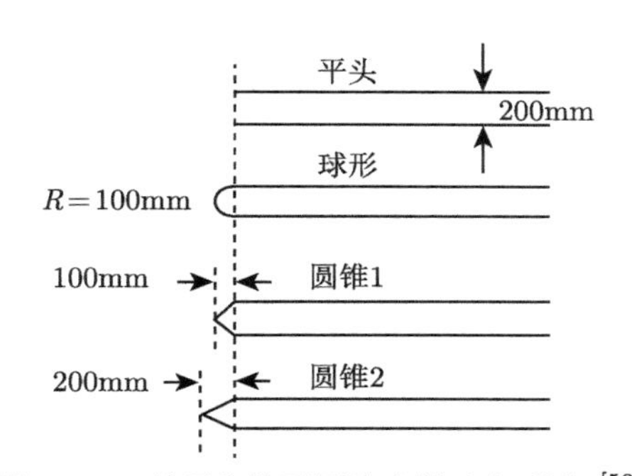

图 7.34 所研究的不同静音锥头部形状 [50]

表 7.5 安装不同头部形状的静音锥后，远场声爆感觉声压级与气动性能参数对比 [50]

静音锥头部形状	PLdB	表面最大温度/K	C_D
平头	83.86	287	0.02563
球形	83.79	300	0.02541
圆锥 1	84.09	301	0.02535
圆锥 2	84.02	311	0.02518

总而言之，静音锥对于降低机头部分的声爆尤为有效，不过在设计时还要权衡其对全机结构强度、重心位置等的影响。此外，静音锥一般要具有可伸缩的功能，以满足高低速域下全机声爆特性和气动特性的要求，因此在设计时还应考虑静音锥的机构可靠性等问题。

7.3.2 能量注入技术

能量注入作为一种主动声爆抑制技术，是利用附加能量来干扰飞机附近的激波、膨胀波系分布，避免了飞机各部件产生的激波相互叠加和干扰，从而实现降低远场声爆强度的目的。针对 7.3.1 节中的基准外形，在其机头下方注入能量后，飞机对称面内波系的传播结构如图 7.35 所示，可以看到注入的能量在原本头激波前诱导出了比较弱的波系，改变了机头附近的激波膨胀波系结构。

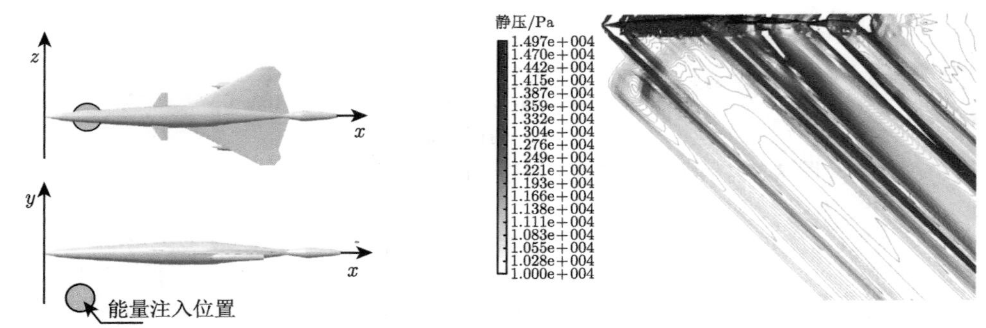

图 7.35 能量注入位置及其相应的近场压强示意 [50]

早在 20 世纪 70 年代，Cheng[53] 提出了能量注入抑制声爆的概念，之后 Beaulieu[54] 研究了在马赫数为 1.4 时通过微波方式注入能量的抑制效果，后来 Zaidi[55,56] 通过激光脉冲的方式向超声速流场中注入能量实现了远场声爆强度的减弱。此外，电磁聚焦、声阻抗和矢量发动机技术等主动抑制措施也可运用改变飞机附近波系分布、增加飞机的等效长度、改善等效截面积分布、利用激波干扰或反射等原理，来降低地面声爆强度。

本小节将详细介绍能量注入位置、能量注入量值和注入点数等参数对声爆抑制效果的影响。其中，研究对象仍然选取 7.3.1 节中提到的基准外形。

1. 能量注入位置的影响

不同的能量注入位置蕴含着不同的降低声爆的机理。在飞机头激波系前的位置注入能量，其效果类似于静音锥，能够在头激波前诱导出较弱的波系，进而使头激波强度减弱 (图 7.35)。在飞机产生的波系中部注入能量，则是改变激波膨胀波系结构以防止相互叠加和干扰，来达到降低声爆的目的。

分别在飞机头部下方区域和尾部下方区域注入能量，近场压强扰动和远场波形与没有注入能量的情况进行对比，分别如图 7.36 和图 7.37 所示。其中，能量注入位置在机身下方 10 m，区域半径 2.5 m，注入能量为 1×10^5W。可以看到，在头部下方注入能量后，头激波的前方出现了新的激波膨胀波系，非常类似于加装静音锥后的结果；相应地，能量注入后的远场声爆波形超压峰值基本保持不变，而初始超压值降低了 51% 。在飞机尾部注入能量后，机体尾部下方近场的波系较之前相差很大，主要表现为原本较强的激波膨胀波减弱；远场对比结果表明，在飞机尾部注入能量主要是减弱尾激波强度 (尾激波强度降低了近 14.6%)，而对头激波的影响较小。

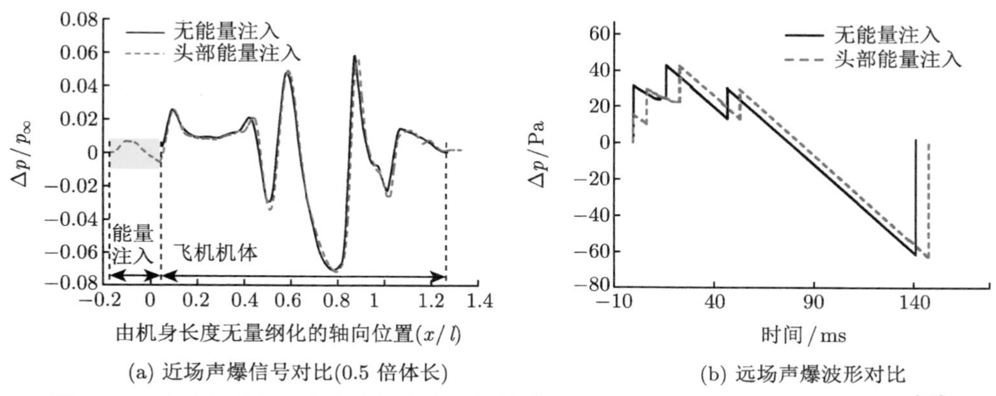

(a) 近场声爆信号对比(0.5 倍体长)　　(b) 远场声爆波形对比

图 7.36　在飞机头部下方向流场中注入能量前后，近场波形和地面声爆波形对比 [50]

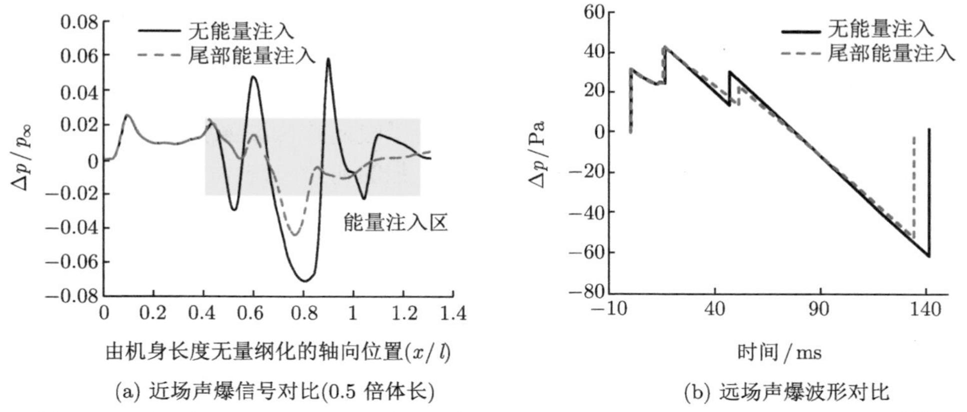

(a) 近场声爆信号对比(0.5 倍体长)　　(b) 远场声爆波形对比

图 7.37　在飞机尾部下方的流场中注入能量前后，近场波形和地面声爆波形对比 [50]

2. 能量注入量值的影响

注入不同的能量值将诱导出强弱不同的激波和膨胀波，进而影响声爆强度。图 7.38 为在机头下方注入不同能量值后，近场声爆信号和远场声爆波形对比。由图 7.38(a) 可知，随着能量注入值的增加，诱导的激波强度增加，飞机机头的压力扰动则逐渐减小。其主要原因是经过诱导激波后，机头的来流马赫数逐渐减小，使得机头激波的强度逐渐减小。不过，能量注入只对机头激波有较为明显的影响。由图 7.38(b) 可知，能量注入值较大时，远场的初始超压值也会增强，而由机头产生的二级超压值会降低，超压峰值基本保持不变。

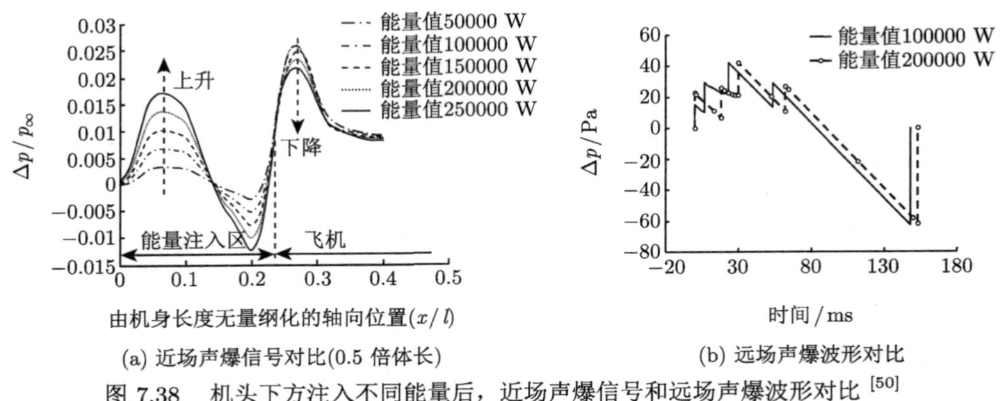

(a) 近场声爆信号对比(0.5 倍体长)　　(b) 远场声爆波形对比

图 7.38　机头下方注入不同能量后，近场声爆信号和远场声爆波形对比 [50]

3. 能量注入点数的影响

本小节讨论不同能量注入点数对声爆抑制效果的影响。在机头下方单点注入能量，其作用类似于在机头安装一级静音锥，如果在机头下方多个位置点注入能量，其作用也类似于多级静音锥。在机头下方有单个能量注入点和两个能量注入点时，近场声爆信号和远场声爆波形对比如图 7.39 所示。由图可知，两点注入情况相比于单点注入，近场波形的前部又诱导出了较弱的激波膨胀波；远场波形在原初始激波位置出现了较弱的激波，即原本较强的初始激波由两道较弱的激波替

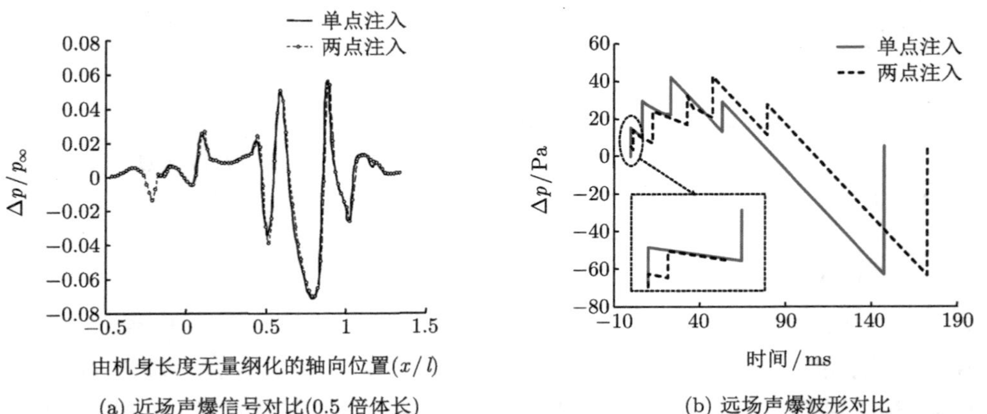

(a) 近场声爆信号对比(0.5 倍体长)　　(b) 远场声爆波形对比

图 7.39　机头下方单个能量注入点和两个能量注入点时近场声爆信号和远场声爆波形对比 [50]

代，使得两点注入情况的初始超压值变低，持续时间增加。总体来说，两点能量注入比单点能量注入在降低声爆强度效果方面更显著。

上述对能量注入位置、注入量以及注入点数等参数的讨论结果表明，机头下方能量注入的低声爆机理与静音锥类似，均为采用一系列弱激波代替机头强激波的思路来降低声爆，因此可以将其视为“虚拟静音锥”。

7.4 几种低声爆布局方案

新一代超声速民机只有声爆强度降低到可接受的水平才允许投入商业运营。在保障气动性能的同时要大幅降低声爆，这对布局设计提出了苛刻的要求。因此，低声爆布局设计成为超声速民机发展的核心关键技术之一。对于“协和号”、Tu-144 采用的无尾三角翼布局，很难在兼顾气动性能的条件下满足低声爆要求，必须采用新的布局方案。因此，需要对新概念布局开展深入探索研究，发掘具有良好低声爆/低阻特性的布局形式以及外形特征。美国 NASA、日本 JAXA 等研究机构近年来提出了一些先进的低声爆布局，本书针对几种典型的布局方案，主要介绍其低声爆布局设计策略①。

7.4.1 NASA X-59 QueSST 布局

X-59 QueSST 是美国 NASA 和洛马公司在“低声爆飞行验证”(Low Boom Flight Demonstration，LBFD) 计划框架下研制的低声爆技术验证机，其最大起飞重量 11022 kg，巡航马赫数 1.4，巡航高度 16764 m，飞机长度 29.5 m，乘员 1 人。X-59 QueSST 采用了三翼面和 T 尾布局，如图 7.40 所示。图 7.41 显示了 X-59 QueSST 的近场波系结构及声爆信号。该布局的主要特点：扁平状机鼻产生的头激波，能有效防止后方激波向前合并；细长机头对空气的压缩弱，形成了一段平台状的近场超压波形；鸭翼、平尾和 T 尾经过特定设计能形成多激波的近场声爆信号，在传播过程中受到大气的损耗更大；动力舱采用了背负式布局，进气道运用了流线追踪的外压缩 (streamline-traced external compression，STEX) 技术，进气口压缩型面将激波引导向飞机上方传播，喷口处采用了半包围的设计，能够有效屏蔽喷口产生向下传播的激波。得益于上述设计，X-59 QueSST 的地面声爆强度可以达到 75 PLdB。

7.4.2 洛克希德 · 马丁 QSTA 布局

安静超声速技术民机 (Quiet Supersonic Technology Airliner，QSTA) 是美国洛马公司于 2019 年发布的超声速民机低声爆/低阻布局方案，如图 7.42 所示。其

① 布局设计是非常活跃的研究领域，有大量原理、方法、技术及方案设计的研究成果，本书只是抛砖引玉，让读者建立起低声爆布局设计的基本概念。

图 7.40　X-59 QueSST 外形

图片来源于网络 https://www.nasa.gov/aero/x-59-quesst-overview

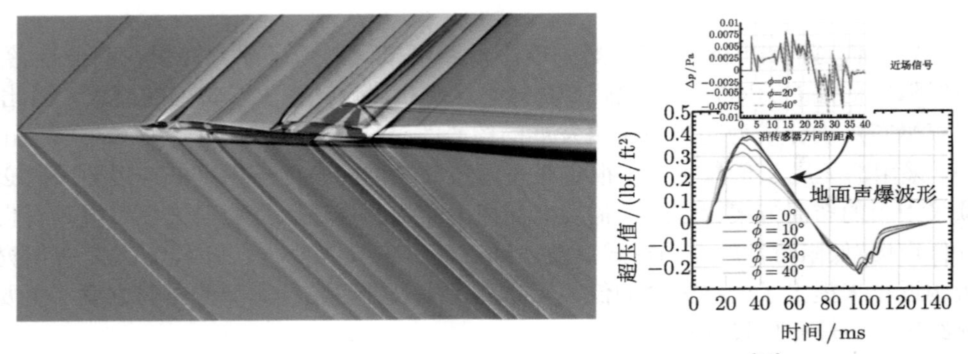

图 7.41　X-59 QueSST 近场波系结构以及声爆信号 [57]

最大起飞重量 95254 kg，巡航高度 15～18 km，巡航马赫数 1.8，飞机长度 68.58m，载客 40 人。QSTA 采用 V 形尾翼、尾吊式发动机布局。QSTA 的全动 V 尾分摊一部分升力，能有效调整后体激波膨胀波系结构；进气口采用了流线跟踪的外部压缩技术 (STEX)，能够将激波引导向上传播，削弱进气口向下传播的激波强度。此外，在低阻设计方面，QSTA 运用了自然层流机翼，有效提升了巡航气动性能。细长的机头导致驾驶员前向视野极差，为解决这一问题，QSTA 运用了外部视景系统 (XVS/EVS) 来辅助驾驶。公开信息表明，QSTA 的地面声爆强度仅为 80 PLdB，它是洛马公司对低声爆、低阻和其他系统考虑较为全面的布局方案，尤其是充分沿袭了 X-59 QueSST 的低声爆设计思路，一定程度上可代表新一代超声速民机的技术特点。

7.4.3　JAXA S4 布局

S4 是日本 JAXA 于 2020 年提出的超声速民机低声爆布局方案，是 JAXA 安静超声速技术验证机系统集成 (The System integration of Silent Super Sonic Technology Demonstrator，S4TD) 计划中的一部分。S4 的最大起飞重量 65000kg，巡航高度 14935 m，巡航马赫数 1.6，飞机长度 64 m，载客 36~50 人，其布局如图 7.43 所示。S4 采用了鸭翼、十字尾翼和尾吊式动力舱布局方案，其低声爆

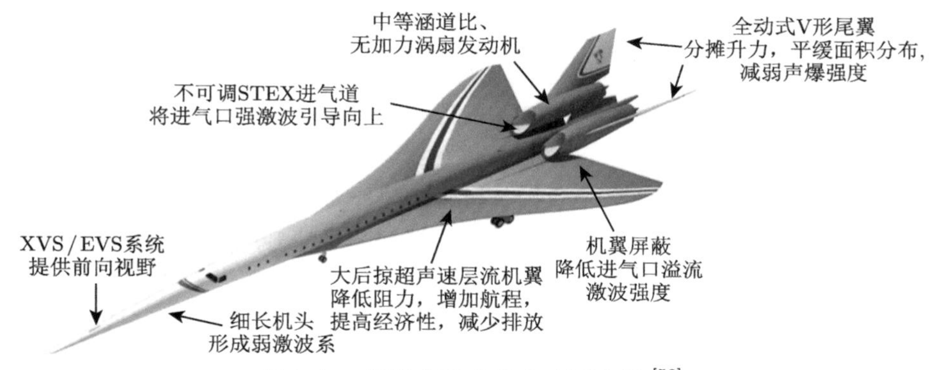

图 7.42 洛马公司 QSTA 布局方案 [58]

设计特点主要体现在：① 符合低声爆等效截面积分布的机头，降低前体的激波强度；② 鸭翼，能够产生多激波的近场声爆信号；③ 发动机舱倾斜布置于机身两侧，进气口位于机翼上方使其产生的激波可被机翼屏蔽；④ 设置在发动机喷口下游的屏蔽尾鳍，能够遮挡尾喷口产生的膨胀波，避免后体声爆信号出现过大的负压；⑤ 十字尾翼，其中平尾可起到调整轴向升力分布的作用，同时改善了后体激波膨胀波系分布。S4 布局的地面声爆强度约为 85 PLdB，体现出 JAXA 较高的低声爆布局设计水平。

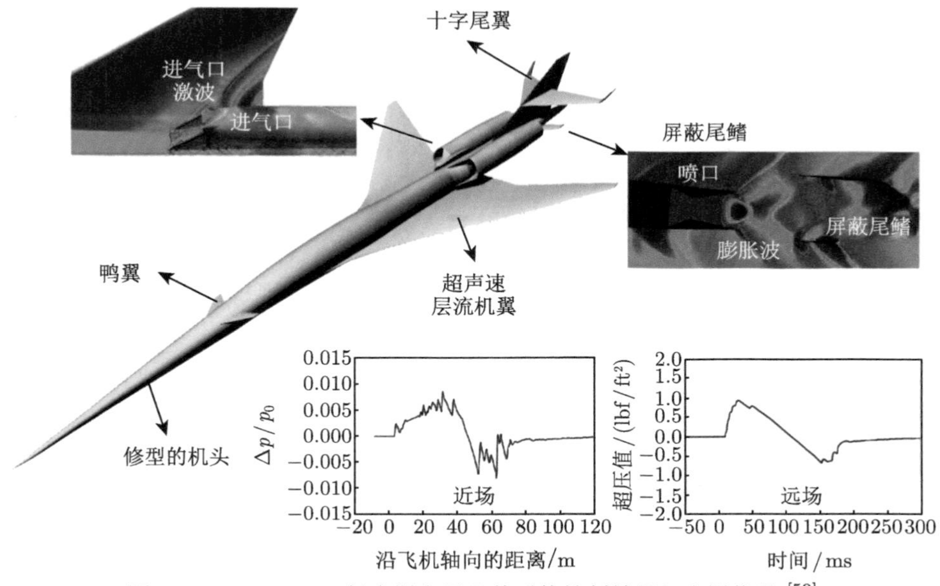

图 7.43 JAXA S4 低声爆布局及其后体抑制效果与声爆信号 [59]

7.4.4　双向飞翼布局

美国迈阿密大学的 Gecheng Zha 教授提出了一种超声速双向飞翼布局，如图 7.44 所示。双向飞翼布局能够有效降低声爆强度，同时兼顾低速和超声速的气动性能。该布局以大展弦比状态起飞和着陆，在高速飞行时转动机身，以小展弦比的状态进行超声速巡航。该布局从机头到机尾都能产生升力，有效改善了等效截面积分布，激波强度弱。图 7.45 显示了双向飞翼布局的激波膨胀波系和声爆信号，上述设计使得声爆信号趋近于正弦波形，文献 [60] 称其地面声爆强度仅为 65PLdB。另外，双向飞翼还具有空间利用率高，最大起飞重量低等优点。然而，与传统布局相比，该布局存在控制、发动机布置、客舱设计、安全性和舒适度等问题。

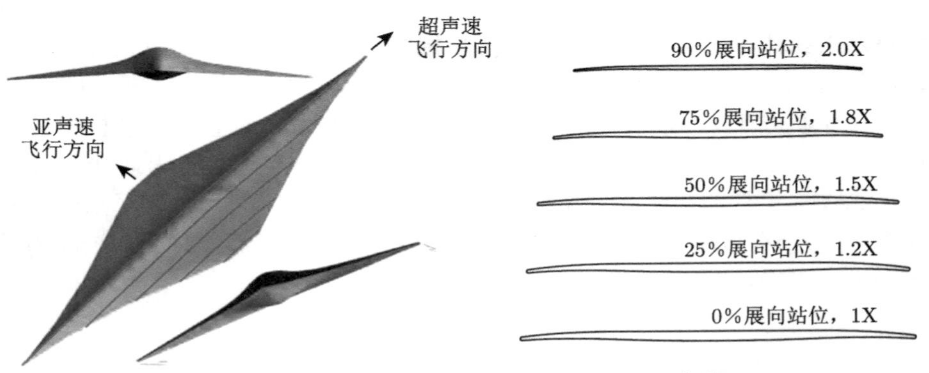

图 7.44　双向飞翼布局形式及其超声速翼型 [60]

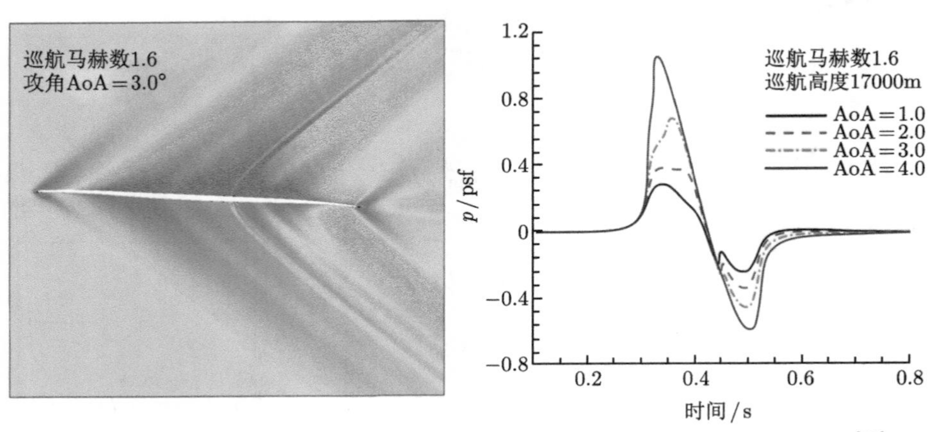

图 7.45　双向飞翼布局的激波膨胀波系及其声爆信号 (右图为地面声爆波形)[60]

7.5 用于方案设计的低声爆设计软件

工程实用化软件是核心技术的沉淀，也是最新技术应用于工程实践的重要途径。在超声速民机声爆问题相关领域，国外已持续研究近 70 年，已发展了多款集成声爆预测和低声爆设计等核心技术的相关软件。在声爆预测方面，比较著名的有：美国的 sBOOM、PCBoom，日本的 Xnoise，法国的 BANGV 等。针对超声速民机的方案设计，国外也已经发展了多款设计软件，如日本的 CAPAS、美国的 PASS 和 FLOPS 等。鉴于篇幅限制，本节对这三款设计软件作简要介绍。

7.5.1 基于 CAD 的自动面元分析系统 CAPAS[61]

CAPAS(CAD-based Automatic Panel Analysis System) 是日本 JAXA 开发的飞机概念设计工具。它包含 4 个模块：几何定义、CAD 模型生成、气动分析和声爆分析。几何定义和 CAD 模型生成是基于 CATIA V4 来实现的，设计者在定义飞机各个部件后，该工具通过 CATGEO(CATIA V4 的几何定义 API 接口) 工具自动生成 CAD 模型。气动分析模块采用开源的面元分析程序 Panair，在给定马赫数和攻角等参数情况下，它能够快速估算出飞机的气动性能。声爆分析模块分为两步计算，首先由 Panair 计算出近场声爆信号，然后采用波形参数法 (2.3 节) 计算远场声爆波形。

为方便设计人员的使用，CAPAS 具有基于 Java 开发的图形用户界面 (GUI)，如图 7.46 所示。而当其与优化工具整合到一起时，GUI 部分可以不被激活，进而加快优化流程中的分析速度。CAPAS 已经用于日本安静超声速技术验证 (S3TD) 计划中低阻/低声爆验证机的设计。

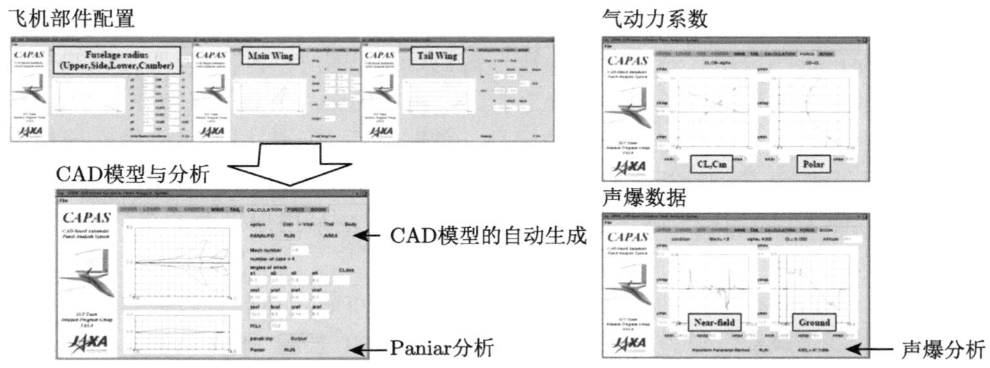

图 7.46 基于 CAD 的自动面元分析系统 CAPAS(日本) 的图形用户界面

7.5.2　飞机综合设计程序 PASS[62]

PASS(Program for Aircraft Synthesis Studies) 是由美国 Desktop Aeronautics 公司开发的飞机设计工具，包括任务分析模块和优化设计模块。其中，任务分析模块集成了飞机设计过程中所涉及的一系列预测功能，包括：阻力评估、重量及重心位置估算、操稳分析、任务剖面分析、推力匹配、声爆评估等。PASS 的突出特点是具有多可信度分析和设计能力，以声爆评估为例，近场声爆信号可以通过面元法程序 Panair 获得，也可以通过求解 Euler 或 RANS 方程来获得。

PASS 可以通过图形界面来定义飞机优化设计问题，通过设置相关参数来实现设计变量、目标函数和约束的定义。为适应不同学科间的分析，一架飞机在 PASS 中的表达形式不一，如图 7.47 所示。

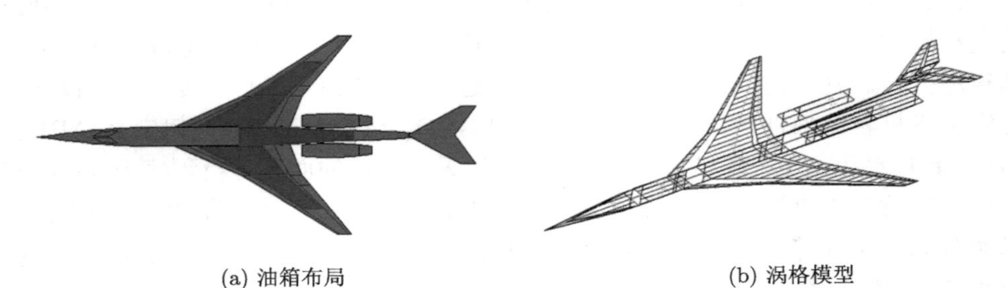

(a) 油箱布局　　(b) 涡格模型

图 7.47　飞机综合设计程序 PASS（美国）中同一架超声速民机不同学科的视图

7.5.3　飞行优化系统 FLOPS[63]

FLOPS(Flight Optimization System) 是由美国 NASA 开发的多学科计算机程序，用于飞机概念设计阶段的快速设计与评估。它主要由 9 个分析模块组成：重量估算、气动分析、发动机循环分析、推进数据缩放和插值、任务性能、起飞和降落、噪声影响分析、成本分析、程序控制。这些模块共同对一架飞机的整体性能、重量、成本和环境影响做系统分析，以满足先进概念评估的要求。FLOPS 能够根据已知的飞机数据来校准评估模型，使其更适用于新概念飞机的设计和评估。它是一个较复杂的分析软件，有超过 1000 种可能的输入参数和多种操作模式。为了方便用户使用，FLOPS 代码被整合到具有图形用户界面的 XFLOPS 软件中 (图 7.48)。

据悉，国内各研究院所和高校也在大力发展针对超声速民机方案设计的声爆预测软件和低声爆设计软件，已经取得了令人振奋的进展，限于篇幅，本节不再介绍。

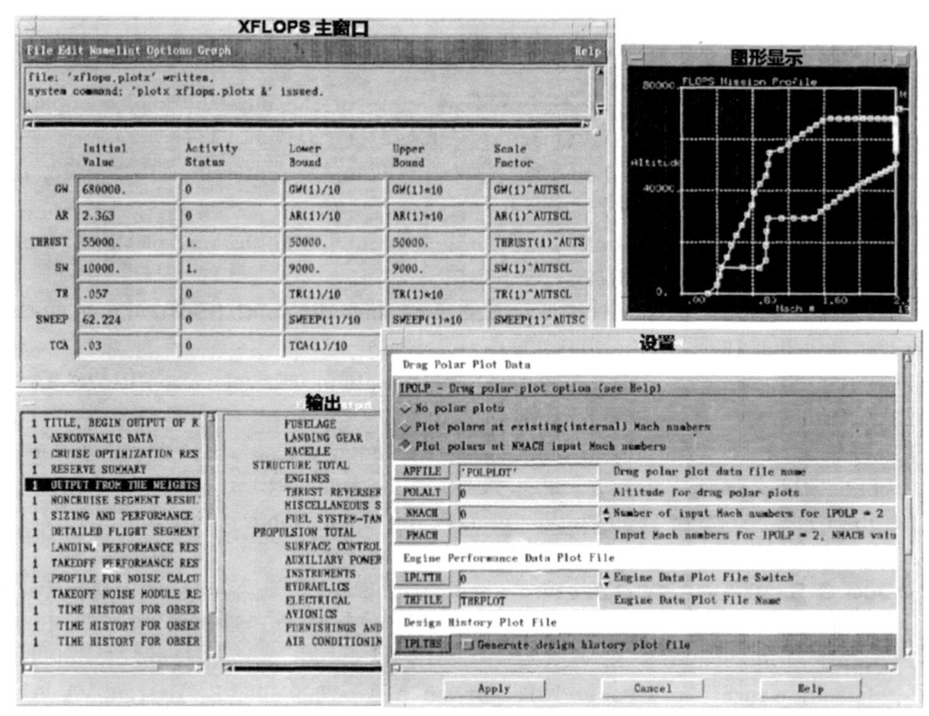

图 7.48 飞行优化系统 XFLOPS(美国) 操作界面示意

7.6 小 结

本章首先介绍了三种低声爆反设计方法，其中：JSGD 声爆最小化理论是低声爆设计方法的基础，但对复杂外形的低声爆设计效果不够理想；而采用高可信度 CFD 的反设计方法能有效解决这一问题，但设计效率较低；基于“反等效截面积”概念的混合可信度反设计方法，能够良好结合上述两种方法的优势。其次，介绍了作为低声爆设计新兴手段的直接优化方法，包括代理优化方法和梯度优化方法。然后，本章介绍了基于被动控制原理的机头静音锥技术和基于主动控制原理的能量注入技术。最后，为了方便读者运用上述方法开展低声爆布局设计研究，本章还介绍了四种国际上最新、最具有代表性的低声爆布局方案，以及三款适用于超声速民机方案设计的软件。

参 考 文 献

[1] Jones L B. Lower bounds for sonic bangs[J]. The Aeronautical Journal, 1961, 65(606): 433-436.

[2] Jones L B. Lower bounds for sonic bangs in the far field[J]. The Aeronautical Quarterly, 1967, 18(1): 1-21.

[3] Jones L B. Lower bounds for the pressure jump of the bow shock of a supersonic transport[J]. The Aeronautical Quarterly, 1970, 21(1): 1-17.

[4] Seebass R. Minimum sonic boom shock strengths and overpressures[J]. Nature, 1969, 221(5181): 651.

[5] Seebass R, George A R. Sonic-boom minimization[J]. The Journal of the Acoustical Society of America, 1972, 51(2C): 686-694.

[6] George A R, Seebass R. Sonic boom minimization including both front and rear shocks[J]. AIAA Journal, 1971, 9(10): 2091-2093.

[7] Darden C M. Sonic-boom minimization with nose-bluntness relaxation[R]. NASA TP-1348, 1979.

[8] Rallabhandi S K. Sonic boom minimization through vehicle shape optimization and probabilistic acoustic propagation[D]. Atlanta: Georgia Institute of Technology, 2005.

[9] Maglieri D J, Bobbitt P J, Plotkin K J, et al. Sonic boom six decades of research: NASA SP-622 [R]. Hampton, VA: NASA, 2014.

[10] Daniel G B. 1995 NASA high-speed research program sonic boom workshop: volume Ⅱ-configuration design, analysis, and testing[R]. NASA-CP-1999-209520, 1999.

[11] Plotkin K, Rallabhandi S, Li W. Generalized formulation and extension of sonic boom minimization theory for front and aft shaping: AIAA-2009-1052[R]. Reston, VA: AIAA, 2009.

[12] Haas A, Kroo I. A multi-shock inverse design method for low-boom supersonic aircraft: AIAA-2010-0843[C]. Reston, VA: AIAA, 2010.

[13] Li W, Rallabhandi S K. Inverse design of low-boom supersonic concepts using reversed equivalent-area targets[J]. Journal of Aircraft, 2014, 51(1): 29-36.

[14] Rallabhandi S K. Application of adjoint methodology to supersonic aircraft design using reversed equivalent areas[J]. Journal of Aircraft, 2014, 51(6): 1873-1882.

[15] 乔建领, 韩忠华, 宋文萍. 基于代理模型的高效全局低声爆优化设计方法 [J]. 航空学报, 2018, 39(5): 121736.

[16] 郝旋, 苏诚, 刘芳, 等. 超声速飞行器低声爆气动布局优化设计研究 [J]. 空气动力学学报, 2018, 36(2): 327-333.

[17] Rallabhandi S K, Nielsen E J, Diskin B. Sonic-boom mitigation through aircraft design and adjoint methodology[J]. Journal of Aircraft, 2014,51(2):502-510.

[18] 黄江涛, 张绎典, 高正红, 等. 基于流场/声爆耦合伴随方程的超声速公务机声爆优化 [J]. 航空学报, 2019, 40(5): 51-61.

[19] Gill P E, Murray W, Saunders M. SNOPT: an SQP algorithm for large-scale constrained optimization[J]. SIAM Review, 2005, 47(1): 99-131.

[20] Gill P E, Murray W, Saunders M A, et al. User's guide for NPSOL 5.0: a fortran package for nonlinear programming[Z]. https://web.stanford.edu/group/SOL/guides/npdoc.pdf [retrieved April 2021].

[21] Fox P A, Hall A P, Schryer N L. The PORT mathematical subroutine library[J]. ACM Transactions on Mathematical Software, 1978, 4(2): 104-126.

[22] Jameson A. Optimum aerodynamic design using CFD and control theory[R]. AIAA-1995-1729,1995.

[23] Jameson A. Aerodynamic design via control theory[J]. Journal of Scientific Computing, 1988, 3(3): 233-260.

[24] 韩忠华. Kriging 模型及代理优化算法研究新进展 [J]. 航空学报, 2016, 37(11): 3197-3225.

[25] 韩忠华, 许晨舟, 乔建领, 等. 基于代理模型的高效全局气动优化设计方法研究进展 [J]. 航空学报, 2020, 41(5): 623344.

[26] Schmit L A, Farshi B. Some approximation concepts for structural synthesis[J]. AIAA Journal, 1974, 12(5): 692-699.

[27] Sevant N E, Bloor M I G, Wilson M J. Aerodynamic design of a flying wing using response surface methodology[J]. Journal of Aircraft, 2000, 37(4): 562-569.

[28] Giunta A A, Wojtkiewicz S F J, Eldred M S. Overview of modern design of experiments methods for computational simulations: AIAA-2003-649 [R]. Reston, VA: AIAA, 2003.

[29] 福瑞特斯 A I J，索比斯特 A，肯尼 A. 2008. 基于代理模型的工程设计：适用指南 [M]. 韩忠华，张科施，译. 北京：航空工业出版社.

[30] Han Z H. SurroOpt a generic surrogate-based optimization code for aerodynamic and multidisciplinary design[R]. ICAS, 2016.

[31] Zhang Y, Han Z H, Leifsson L. Surrogate-based optmization applied to benchmark aerodynamic design problems: AIAA-2017-4367[R]. Reston, VA: AIAA, 2017.

[32] 韩少强, 宋文萍, 韩忠华, 等. 基于梯度增强型 Kriging 模型的气动反设计方法 [J]. 航空学报, 2017, 38(7): 120817.

[33] Zhang K S, Han Z H, Gao Z J, et al. Constraint aggregation for large number of constraints in wing surrogate-based optimization[J]. Structural & Multidisciplinary Optimization, 2018, 59(2): 421-438.

[34] Zhang Y, Han Z H, Zhang K S. Variable-fidelity expected improvement method for efficient global optimization of expensive functions[J]. Structural & Multidisciplinary Optimization, 2019, 58(4): 1431-1451.

[35] Liu J, Song W P, Han Z H, et al. Efficient aerodynamic shape optmization of transonic wings using a parallel infilling strategy and surrogate models[J]. Structural and Multidisciplinary Optimization, 2017, 55(3): 925-943.

[36] Wang Y, Han Z H, Zhang Y, et al. Efficient global optimization using multiple infill sampling criteria and surrogate models: AIAA-2018-0555[R]. Reston, VA: AIAA, 2018.

[37] Han Z H, Chen J, Zhang K S, et al. Aerodynamic shape optimization of natural-laminar-flow wing using surrogate-based approach[J]. AIAA Journal, 2018, 56(7): 2579-2593.

[38] 陈静, 宋文萍, 朱震, 等. 跨声速层流翼型的混合反设计/优化设计方法 [J]. 航空学报, 2018, 39(12): 12219.

[39] 孙祥程, 韩忠华, 柳斐, 等. 高超声速飞行器宽速域翼型/机翼设计与分析 [J]. 航空学报,

2018, 39(6): 121737.
[40] 韩忠华, 张瑜, 许晨舟, 等. 基于代理模型的大型民机机翼气动优化设计 [J]. 航空学报, 2019, 40(1): 522398.
[41] Wang K, Han Z H, Song W P, et al. Aerodynamic shape optimization of wing-body- tail configuration via efficient surrogate-based optmization: AIAA-2018-3122[R]. Reston, VA: AIAA, 2018.
[42] Xu C Z, Han Z H, Zhang K S, et al. Surrogate-based optimization method applied to multidisciplinary design optimization architectures: ICAS-2018[R]. Belo Horizont, Brazil: ICAS, 2018.
[43] Lions J L. Optimal Control of Systems Governed by Partial Differential Equations[M]. Berlin Heidelberg: Springer-verlag, 1971.
[44] Henne P A, Howe D C, Wolz R R, et al. Supersonic aircraft with spike for controlling and reducing sonic boom: U.S. Patent 6,698,684[P]. 2004-3-2.
[45] Howe D C. Improved sonic boom minimization with extendable nose spike[R]. AIAA-2005-1014, 2013.
[46] Freund D, Simmons F, Spivey N, et al. Quiet spike™ prototype flight test results[R]. AIAA-2007-1178, 2007.
[47] Simmons F, Freund D, Spivey N, et al. Quiet Spike™: The design and validation of an extendable nose boom prototype[R]. AIAA-2007-1774, 2007.
[48] Howe D C, Simmons F, Freund D. Development of the gulfstream quiet sike™ for sonic boom minimization[R]. AIAA-2008-124, 2008.
[49] 冯晓强, 宋笔锋, 李占科. 低声爆静音锥设计方法研究 [J]. 航空学报, 2013, 34(5): 1009-1017.
[50] 冯晓强. 超声速客机低声爆机理及设计方法研究 [D]. 西安: 西北工业大学, 2014.
[51] 沈沉, 周华. 细长杆降低超声速客机气动噪声的数值分析 [J]. 空气动力学学报, 2012, 30(1): 39-45.
[52] 兰世隆. 超声速民机声爆理论、预测和最小化方法概述 [J]. 空气动力学学报, 2019, 37(4): 645-654.
[53] Cheng S I. Device for sonic boom reduction and improving aircraft performance, US patent 3737119, field 1970[P]. Application Number: 05/046293, Publication Date: 06/05 /1973, Filing Date: 06/15/1970.
[54] Beaulieu W, Brovkin V. Microwave plasma influence on aerodynamic characters of body in airflow [R]. 2nd Weakly Ionized Gases Workshop, 1998.
[55] Zaidi H S, Shneider M N, Mansfield, et al. Influence of upstream pulsed energy deposition on a shockwave structure in supersonic flow[R]. AIAA-2002-2073, 2002.
[56] Zaidi H S, Shneider N M, Miles B R. Shock wave mitigation through off body pulsed energy deposition[J]. AIAA Journal, 2004, 42(2): 326-331.
[57] Nemec M, Aftosmis M, Spurlock W. Minimizing sonic boom through simulation-based design: the X-59 airplane[R]. Hampton, VA: NASA, 2020.
[58] 张启军, 李明. 洛马静音超声速客机方案分析 [J]. 航空动力, 2019(4):11-14.

[59] Liebhardt B, Lütjens K, Ueno A, et al. JAXA's S4 supersonic low-boom airliner—a collaborative study on aircraft design, sonic boom simulation, and market prospects: AIAA-2020-2731[R]. Reston, VA: AIAA, 2020.

[60] Gan J, Zha G. Analysis of a low boom supersonic flying wing preliminary design[C]. 53rd AIAA Aerospace Sciences Meeting: AIAA-2015-1249, Reston, VA: AIAA, 2015.

[61] Furukawa T, Makino Y. Conceptual design and aerodynamic optimization of silent supersonic aircraft at JAXA[R]. AIAA-2007-4166, 2007.

[62] Choi S, Alonso J J, Kroo I M, et al. Multifidelity design optimization of low-boom supersonic jets[J]. Journal of Aircraft, 2008,45(1):106-118.

[63] Lavelle T M, Curlett B P. Graphical user interface for the NASA FLOPS aircraft performance and sizing code[R]. NASA TM-106649, 1994.

附录 A　射线追踪初始条件

一架正在超声速巡航的飞机分别在 t_1 和 t_2 时刻产生的马赫锥如图 A.1 所示。设：飞机在 t_1 时刻的位置为坐标原点 O，飞行方向为 x 轴正方向，y 轴指向飞行员右侧并垂直于 x 轴，z 轴垂直于 xOy 所在平面并指向飞机下方。在飞机附近(大气分层效应的影响不明显)，声爆沿声射线 s 直线传播且垂直于马赫锥面。近场声爆的提取位置信息一般以 (r,ϕ) 的形式给出，其中 r 为提取位置到 x 轴的距离，ϕ 为提取位置与坐标原点的连线在 yOz 平面的投影和 z 轴正向的夹角，也称

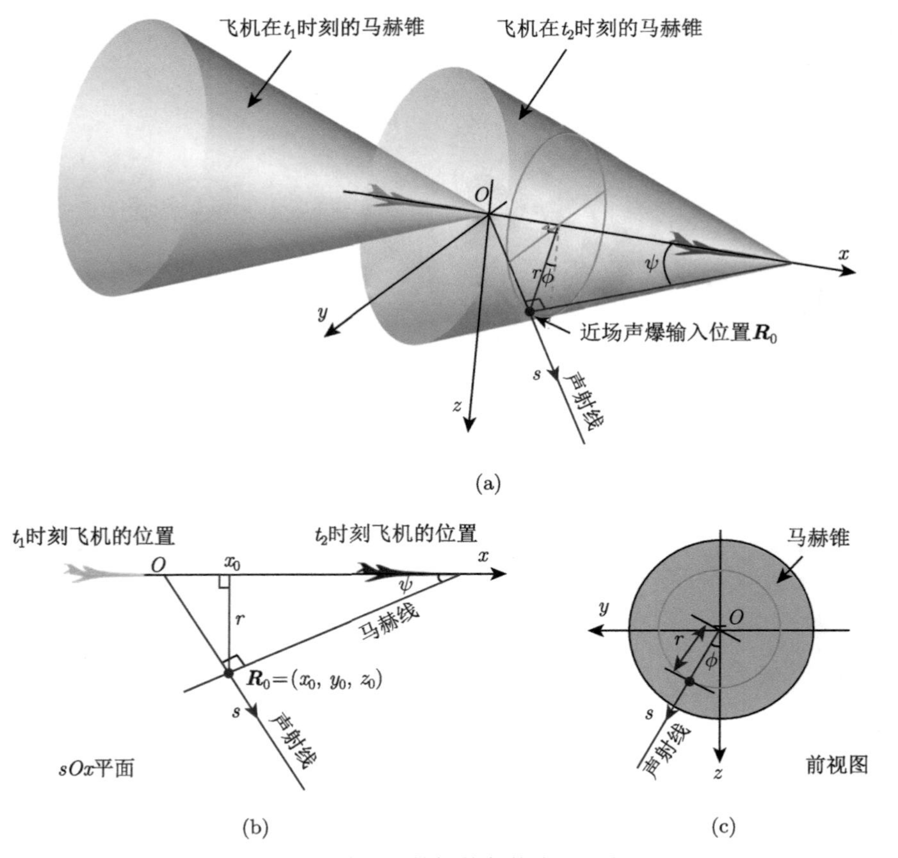

图 A.1　射线追踪的初始条件确定示意图

为声爆传播周向角。确定射线追踪的初始条件，就是在给定 (r, ϕ) 的情况下，得到提取位置在 $Oxyz$ 坐标系下的坐标 $\boldsymbol{R}_0 = (x_0, y_0, z_0)$ 及提取位置处声射线方向 $\boldsymbol{n}_0$。

飞机在原点 O 产生的声爆信号在经过 $(t_2 - t_1)$ 时间后，沿声射线 s 正好到达 t_2 时刻的马赫锥面上。于是在 sOx 平面内，满足图 A.1(b) 所示的关系。可以得到

$$x_0 = r \tan\psi, \tag{A.1}$$

式中，ψ 为马赫角，$\psi = \arcsin(1/Ma)$，Ma 为马赫数。

此外，从图 A.1(c) 所示的前视图可知：

$$\begin{cases} y_0 = r\sin\phi \\ z_0 = r\cos\phi \end{cases}. \tag{A.2}$$

在得到 $\boldsymbol{R}_0$ 的坐标后，声射线方向可由向量 $\overrightarrow{OR_0}$ 来计算：

$$\boldsymbol{n}_0 = \frac{\overrightarrow{OR_0}}{\left|\overrightarrow{OR_0}\right|}. \tag{A.3}$$

附录 B　标准大气参数

表 B.1　环境大气温度、压强随高度变化表

高度/km	温度/K	压强/Pa
0.0	288.1502	101325.00
11.0	216.6502	22679.54
20.0	216.6502	5497.27
32.0	228.6502	873.81
47.0	270.6502	111.97
51.0	270.6502	67.63
71.0	214.6502	4.01
84.852	186.9462	0.38

表 B.1 中数据点之间的大气参数采用插值方法获得，对于温度可采用线性插值方法，而对于压强要采用 4.1.5 节介绍的静力学压强插值方法。密度随高度的变化数据由气体状态方程计算获得

$$\rho = \frac{p}{RT} \tag{B.1}$$

式中，$R = 287\ \mathrm{J/(kg \cdot K)}$。

表 B.2　相对湿度随高度变化表

高度/km	相对湿度/%	高度/km	相对湿度/%	高度/km	相对湿度/%
0.000	59.62	3.660	70.05	7.320	71.47
0.300	60.48	3.960	70.46	7.620	66.96
0.610	62.03	4.270	71.12	7.920	61.38
0.910	63.83	4.570	72.04	8.230	55.07
1.220	65.57	4.880	73.19	8.530	48.44
1.520	67.06	5.180	74.48	8.840	41.95
1.830	68.20	5.490	75.77	9.140	36.01
2.130	68.97	5.790	76.90	9.450	30.95
2.440	69.41	6.100	77.61	9.750	27.01
2.740	69.62	6.400	77.66	10.060	24.38
3.050	69.72	6.710	76.77	10.360	23.31
3.350	69.83	7.010	74.75	10.670	24.29

续表

高度/km	相对湿度/%	高度/km	相对湿度/%	高度/km	相对湿度/%
10.970	28.60	14.630	6.40	18.290	5.40
11.280	25.61	14.940	5.97	18.590	5.50
11.580	22.10	15.240	5.63	18.890	5.58
11.890	19.04	15.540	5.38	19.202	5.64
12.190	16.42	15.850	5.20	19.507	5.68
12.500	14.20	16.150	5.08	19.812	5.70
12.800	12.34	16.460	5.02	20.000	5.70
13.110	10.80	16.760	5.01	32.000	5.70
13.410	9.53	17.070	5.03	47.000	5.70
13.720	8.49	17.370	5.09		
14.020	7.64	17.680	5.18		
14.330	6.95	17.980	5.28		

注：表中数据点之间的相对湿度值可采用线性插值方法获得。

附录 C　离散信号的傅里叶变换

连续时间非周期信号 $x(t)$ 的傅里叶变换与反变换公式为

$$\begin{cases} X(\Omega)=\displaystyle\int_{-\infty}^{\infty} x(t)\mathrm{e}^{-\mathrm{j}\Omega t}\mathrm{d}t \\ x(t)=\dfrac{1}{2\pi}\displaystyle\int_{-\infty}^{\infty} X(\Omega)\mathrm{e}^{\mathrm{j}\Omega t}\mathrm{d}\Omega \end{cases}, \tag{C.1}$$

式中，Ω 为角频率，j 为复数单位。

考察离散信号的傅里叶变换。将连续信号 $x(t)$ 在时间轴 t 上等间隔 T 进行分段 (采样)，于是当 T 趋于无穷小时有

$$T \to \mathrm{d}t,\ \ nT \to t,\ \ \sum_{n=-\infty}^{\infty} T \to \int_{-\infty}^{\infty} \mathrm{d}t,$$

于是，式 (C.1) 中傅里叶变换的离散形式为

$$X(\Omega)=\int_{-\infty}^{\infty} x(t)\mathrm{e}^{-\mathrm{j}\Omega t}\mathrm{d}t \approx T\sum_{n=-\infty}^{\infty} x(nT)\mathrm{e}^{-\mathrm{j}\Omega nT}. \tag{C.2}$$

考虑信号长度为 T_0 的有限长度离散信号，式 (C.2) 写为

$$X(\Omega)\approx T\sum_{n=0}^{N-1} x(nT)\mathrm{e}^{-\mathrm{j}\Omega nT}, \tag{C.3}$$

式中，N 为信号的采样间隔数，$N = T_0/T$；n 为信号的第 n 个采样点。针对变换后的频域信号，以间隔 Ω_0 进行采样，则 $\Omega = k\Omega_0$。令 $\Omega_0 = 2\pi/T_0$，于是式 (C.3) 可简化为

$$X(k\Omega_0)\approx T\sum_{n=0}^{N-1} x(nT)\mathrm{e}^{-\mathrm{j}\frac{2\pi}{N}nk},\quad k=0,1,2,\cdots,N-1, \tag{C.4}$$

式中，Ω_0 称为基准角频率。

对于离散信号的傅里叶反变换，通过以上类似的步骤可以得到

$$x(nT) \approx \frac{1}{T} \cdot \frac{1}{N} \sum_{k=0}^{N-1} X(k\Omega_0) \mathrm{e}^{\mathrm{j}\frac{2\pi}{N}nk}, \quad n = 0, 1, 2, \cdots, N-1. \tag{C.5}$$

考虑离散傅里叶变换与反变换公式：

$$\begin{cases} \mathrm{DFT}\,(x(n)):\ X(k) = \displaystyle\sum_{n=0}^{N-1} x(n) \mathrm{e}^{-\mathrm{j}\frac{2\pi}{N}nk}, \quad k = 0, 1, 2, \cdots, N-1 \\ \mathrm{IDFT}\,(X(k)):\ x(n) = \dfrac{1}{N} \displaystyle\sum_{k=0}^{N-1} X(k) \mathrm{e}^{\mathrm{j}\frac{2\pi}{N}nk}, \quad n = 0, 1, 2, \cdots, N-1 \end{cases}. \tag{C.6}$$

离散信号的傅里叶变换与反变换可写作：

$$\begin{cases} X(k\Omega_0) \approx T \cdot \mathrm{DFT}\,(x(n)), \quad k = 0, 1, 2, \cdots, N-1 \\ x(nT) \approx \dfrac{1}{T} \cdot \mathrm{IDFT}\,(X(k)), \quad n = 0, 1, 2, \cdots, N-1 \end{cases}, \tag{C.7}$$

其中，离散傅里叶变换与反变换的计算可以采用快速傅里叶变换 (FFT) 方法[①]。

傅里叶变换中采样频率 f_s、采样间隔 T、信号长度 T_0、基准角频率 Ω_0、基准频率 f_0、采样间隔数 N 之间的关系：

$$f_\mathrm{s} = \frac{1}{T}, \quad \Omega_0 = 2\pi/T_0 = 2\pi f_0, \quad f_0 = \frac{1}{T_0} = \frac{1}{N \cdot T} = \frac{f_\mathrm{s}}{N}.$$

① 著名的快速傅里叶变换库 FFTW，网址为：http://www.fftw.org/。

附录 D　三分之一倍频率

表 D.1　名义三分之一倍中心频率及频率范围

频带代号	名义中心频率/Hz	计算中心频率/Hz	频率范围/ Hz
0	1.00	0.97	0.89～1.12
1	1.25	1.22	1.12～1.41
2	1.60	1.54	1.41～1.78
3	2.00	1.94	1.78～2.24
4	2.50	2.44	2.24～2.82
5	3.15	3.08	2.82～3.55
6	4.00	3.88	3.55～4.47
7	5.00	4.88	4.47～5.62
8	6.30	6.15	5.62～7.08
9	8.00	7.75	7.08～8.91
10	10.00	9.77	8.91～11.2
11	12.50	12.30	11.2～14.1
12	16.00	15.50	14.1～17.8
13	20.00	19.53	17.8～22.4
14	25.00	24.61	22.4～28.2
15	31.50	31.01	28.2～35.5
16	40.00	39.06	35.5～44.7
17	50.00	49.22	44.7～56.2
18	63.00	62.01	56.2～70.8
19	80.00	78.13	70.8～89.1
20	100.00	98.44	89.1～112
21	125.00	124.00	112～141
22	160.00	156.00	141～178
23	200.00	197.00	178～224
24	250.00	248.00	224～282
25	315.00	313.00	282～355
26	400.00	394.00	355～447
27	500.00	496.00	447～562
28	630.00	625.00	562～708
29	800.00	788.00	708～891
30	1000.00	992.00	891～1120
31	1250.00	1250.00	1120～1410
32	1600.00	1575.00	1410～1780
33	2000.00	1984.00	1780～2240

续表

频带代号	名义中心频率/Hz	计算中心频率/Hz	频率范围/ Hz
34	2500.00	2500.00	2240～2820
35	3150.00	3150.00	2820～3550
36	4000.00	3969.00	3550～4470
37	5000.00	5000.00	4470～5620
38	6300.00	6300.00	5620～7080
39	8000.00	7938.00	7080～8910
40	10000.00	10000.00	8910～11200
41	12500.00	12600.00	11200～14100

表中的计算中心频率 $f_{\mathrm{C},i}$ 满足

$$\frac{f_{\mathrm{C},i+1}}{f_{\mathrm{C},i}} = 2^{1/3}. \tag{D.1}$$

以 3150 Hz 为参考频率，根据式 (D.1) 可以计算出其他频率值。名义中心频率在计算中心频率附近取值。表中频率范围上下界由对应的中心频率产生：

$$\begin{cases} f_{\mathrm{lower},i} = f_{\mathrm{C},i}/2^{1/6} \\ f_{\mathrm{upper},i} = f_{\mathrm{C},i} \cdot 2^{1/6} \end{cases}. \tag{D.2}$$

附录 E　Mark Ⅶ 响度数据

表 E.1　以中心频率为 3150 Hz 参考的等效声压级与 Mark Ⅶ 响度的关系表

频带的等效声压级 $L_{\mathrm{eq},i}$/dB	Mark Ⅶ 响度/sones	频带的等效声压级 $L_{\mathrm{eq},i}$/dB	Mark Ⅶ 响度/sones	频带的等效声压级 $L_{\mathrm{eq},i}$/dB	Mark Ⅶ 响度/sones	频带的等效声压级 $L_{\mathrm{eq},i}$/dB	Mark Ⅶ 响度/sones
1	0.079	36	1.36	71	20.2	106	299
2	0.087	37	1.47	72	21.8	107	323
3	0.097	38	1.59	73	23.5	108	348
4	0.107	39	1.71	74	25.4	109	376
5	0.118	40	1.85	75	27.4	110	406
6	0.129	41	2	76	29.6	111	439
7	0.141	42	2.16	77	32	112	474
8	0.153	43	2.33	78	34.6	113	512
9	0.166	44	2.52	79	37.3	114	553
10	0.181	45	2.72	80	40.3	115	597
11	0.196	46	2.94	81	43.5	116	645
12	0.212	47	3.18	82	47	117	697
13	0.23	48	3.43	83	50.8	118	752
14	0.248	49	3.7	84	54.9	119	813
15	0.269	50	4	85	59.3	120	878
16	0.29	51	4.32	86	64	121	948
17	0.314	52	4.67	87	69.1	122	1024
18	0.339	53	5.04	88	74.7	123	1106
19	0.367	54	5.44	89	80.6	124	1194
20	0.396	55	5.88	90	87.1	125	1290
21	0.428	56	6.35	91	94.1	126	1393
22	0.463	57	6.86	92	102	127	1505
23	0.5	58	7.41	93	110	128	1625
24	0.54	59	8	94	119	129	1756
25	0.583	60	8.64	95	128	130	1896
26	0.63	61	9.33	96	138	131	2048
27	0.68	62	10.1	97	149	132	2212
28	0.735	63	10.9	98	161	133	2389
29	0.794	64	11.8	99	174	134	2580
30	0.857	65	12.7	100	188	135	2787
31	0.926	66	13.7	101	203	136	3010
32	1	67	14.8	102	219	137	3251